战略性新兴领域“十四五”高等教育系列教材

产品智能优化设计技术

主　编　郝　佳
副主编　王国新　苏日新
参　编　白影春　郭宏伟　刘玉祥
　　　　满佳宁　牛红伟　贾良跃
　　　　肖世昌　姚丽亚　朱志成

机械工业出版社

当前，我国正处于由制造大国向制造强国转型的关键时期，先进的产品设计技术已成为新时代工程师知识体系中的重要组成部分。本书从产品设计技术的发展历史切入，围绕优化设计的核心理念，系统地构建了产品智能优化设计技术的体系框架，旨在帮助读者建立产品优化设计所需的基本知识体系。

本书共 8 章，内容安排循序渐进。第 1 章概述产品设计技术的发展历史及相关的设计理论基础；第 2 章深入探讨实验设计方法，为设计数据的有效获取提供坚实支撑；第 3 章介绍代理模型构建方法，为产品关键性能的预测提供实用的手段和工具；第 4 章阐述优化模型的基本概念与经典算法，奠定优化设计的理论基础；第 5 章聚焦于智能优化算法，详细解析遗传算法、粒子群算法等仿生算法，赋予读者全局优化求解的能力；第 6 章探讨多学科优化设计方法，阐述其基本框架及经典策略，拓宽读者的优化设计视野；第 7 章介绍设计方案决策方法，讲解经典的多属性决策方法，支持读者在设计过程中进行综合平衡选择；第 8 章简要展示解决实际问题的应用方法，增强读者的实践能力。整体而言，本书以产品智能优化设计的知识体系为主线，通过丰富的案例，对基本概念、模型和算法进行生动描述，旨在帮助读者更直观、更深入地理解并掌握相关知识体系。

本书可作为高等院校机械工程、智能制造工程、工业工程等专业的本科生或研究生的主干课程教材，也可作为企业管理人员、一线设计工程师、设计软件开发工程师等专业人士的宝贵参考书。本书配有以下教学资源：教学课件、研究课题、源代码与教学视频，参考 MOOC 课程链接为：https://smartcourse.zhihuishu.com/course/index/1710493280095047680? mapVersion=1。欢迎选用本书作教材的教师登录 www.cmpedu.com 注册后下载，或发邮件至 jinacmp@163.com 索取。

图书在版编目（CIP）数据

产品智能优化设计技术 / 郝佳主编. -- 北京 : 机械工业出版社，2024. 11. --（战略性新兴领域“十四五”高等教育系列教材）. -- ISBN 978-7-111-77281-1

I. TB472

中国国家版本馆 CIP 数据核字第 2024TX7849 号

机械工业出版社（北京市百万庄大街22号　邮政编码100037）

策划编辑：吉　玲　　责任编辑：吉　玲　汤　嘉

责任校对：张亚楠　李小宝　　封面设计：张　静

责任印制：常天培

固安县铭成印刷有限公司印刷

2024年12月第1版第1次印刷

184mm×260mm・15.25印张・378千字

标准书号：ISBN 978-7-111-77281-1

定价：58.00 元

电话服务　　网络服务

客服电话：010-88361066　　机　工　官　网：www.cmpbook.com

010-88379833　　机　工　官　博：weibo.com/cmp1952

010-68326294　　金　书　网：www.golden-book.com

　机工教育服务网：www.cmpedu.com

前言

PREFACE

当前，我国制造业正处于由规模扩张向质量提升转型的关键时期。在这一转型过程中，“创新设计”被视为核心驱动力。作为实现创新设计的重要方法和工具，产品设计技术的应用范围广泛，涵盖了设计思维、人工智能、运筹优化和工业软件等多个领域，旨在促进产品设计方案的生成与优化。产品设计技术包含多个分支，如创新设计方法、优化设计方法、可靠性设计方法和可制造性设计方法等，它们共同构成了一个复杂而丰富的设计体系。

特别地，优化设计技术在当前的发展中占据了举足轻重的地位，其应用范围已广泛扩展到航空、航天、汽车、电子等诸多领域，成为产品设计不可或缺的组成部分。随着数据驱动和智能学习等技术的快速发展，优化设计技术正展现出更加广阔的应用前景和潜力。

在此背景下，本书以智能优化设计为核心视角，致力于为读者构建优化设计知识体系，并助力其掌握优化设计的基本原理和技能。全书共 8 章，第 1 章从宏观层面介绍了设计技术的发展脉络，旨在帮助读者形成对设计技术整体发展格局的认识，并理解优化设计的基本技术框架。第 2 章~第 7 章深入探讨了与优化设计相关的关键技术，包括实验设计方法、代理模型构建方法、经典优化算法、智能优化算法、多学科优化设计方法、设计方案决策方法等，旨在帮助读者全面理解并掌握这些关键技术。最后一章通过具体的应用案例，展示了如何将这些技术应用于解决工程实际问题，实现了理论与实践的有机结合。

本书采用了案例教学方法，结合具体的算法和模型，通过案例分析引导读者深入理解基本概念和原理。同时，本书还提供了相应的程序代码（Python），旨在帮助读者将理论知识转化为实际操作能力。

编者

目 录

CONTENTS

第1章 产品优化设计概述

产品设计方法在推动产品创新与优化中扮演着核心角色，贯穿于产品开发的全流程，具有举足轻重的地位。它不仅能够帮助设计师深入洞察用户需求、精准预测市场动向，还极大地促进了不同学科团队之间的紧密协作，确保设计成果既富有创新性又兼具实用性。此外，产品设计方法在产品开发初期阶段便能助力企业精准识别潜在问题，实现成本的有效管控，并缩短开发周期，最终打造出满足用户期望的高品质产品。面对技术的不断革新与市场的日新月异，持续优化产品设计方法对于维持企业竞争优势、推动行业创新具有至关重要的作用，优化产品设计方法已成为未来工程师知识体系中不可或缺的重要组成部分。

本章的学习目标如下：

1. 了解产品设计方法的历史与技术变革。
2. 认识并掌握产品设计的基本流程。
3. 深入理解设计理论及其核心原理。
4. 理解并掌握产品智能设计的整体框架。
5. 熟悉并掌握产品优化设计的关键技术。

1.1 产品设计的发展历史

1.1.1 产品设计方法的分类

产品设计方法的分类可以从多个维度进行系统化梳理。

从设计思想的角度出发，产品设计方法可以划分为创新设计、公理设计、系统设计等多种类别，每种类别都体现了独特的设计理念和思维方式。

从设计过程的维度来划分，产品设计方法可细分为创意设计、概念设计、原理设计、详细设计以及工艺设计等关键步骤，这些步骤相互衔接，共同构成了完整的设计流程。

从设计内容的视角来审视，产品设计方法则涵盖了需求设计、功能设计、性能设计、质量设计、结构设计、布局设计以及可靠性设计等多个方面，这些方面共同构成了产品设计的全面内容。

在考量产品创新强度时，也可以进行明确的层级划分。由高强度至低强度，产品创新设计可以依次分为原始设计、创成设计、改进设计、集成设计以及衍生设计。具体而言，原始设计强调基于科学原理和工程技术的全新突破，致力于实现产品概念的具有原创性的创新；创成设计聚焦于产品需求的满足，通过原理、功能和性能的具有突破性的改进，创造出全新的效果和效能；改进设计侧重于在相同的基本原理下，对现有设计进行必要的改动和补充，以提升产品的性能和竞争力；集成设计注重通过不同设计要素的互补集成，实现产品功能的显著提升和质变，创造出更具竞争力的产品；而衍生设计则是通过分析和参考各种现象的原理，派生出具有相似结构和功能的产品设计，以满足市场的多样化需求。

1.1.2 产品设计理念的变迁

产品设计方法是一种经过精心规划、具有系统化、以目标为导向的创造流程，旨在满足产品质量、成本、功能、外观和用户体验等多重要求的前提下，实现预定的目标和需求。传统地，产品设计主要聚焦于产品的功能性和实用性，遵循“形式服务于功能”的设计原则，即产品的外观和形态是为了更好地满足其实际功能而设计的。然而，随着市场和用户需求的不断变化，产品设计开始更加注重用户体验和情感化设计。例如，“以用户为中心的设计”和“情感化设计”兴起，这些设计原则更加关注用户的心理需求和情感反应，致力于提供更加人性化、富有情感共鸣的产品。

产品设计方法的演进历程源远流长，其历史可追溯至古代。然而，直至现代工业化时代的来临，产品设计方法才开始系统地研究及广泛地应用。依据产品设计方法自古代至现代的演变脉络，可以将其大致划分为三个主要阶段：古代产品设计方法、近代产品设计方法以及现代产品设计方法。

1. 古代产品设计方法

古代产品设计方法的演进主要集中在手工艺制造领域。在古代社会，手工艺制造作为产品制造的主要途径，其产品设计方法主要依赖于手工艺人的丰富经验和精湛技艺。我国古代的产品设计方法在制陶、制瓷、制铁、制布等多个行业中都有显著体现。例如，在我国汉代，制陶工艺已经达到了高度发达的阶段，同时瓷器的设计与制作技术也逐渐成熟。而在古埃及，产品设计方法则主要体现在建筑、雕刻、金属加工等领域。古埃及的建筑师和雕刻家擅长运用石头、木材、金属等材料，精心设计与制作建筑物和雕塑，这些作品都体现了他们独特的设计理念和艺术价值。

古代产品设计方法的进步主要依赖于手工艺人的传统知识和实操技能，此时的设计更倾向于一种“技艺”的表达，尚未形成一套完整的方法论和明确的标准。产品的设计与生产通常是由手工艺人独立承担，缺乏系统化的协作与精细的分工。这种生产方式在一定程度上制约了设计和制造的整体效率，但也正是这样的环境，孕育出了众多独具匠心和精湛技艺的手工艺品。

2. 近代产品设计方法

随着科技和工业化的不断发展，产品设计方法也呈现出显著的演进趋势。回溯至 18 世纪，工业革命的兴起为产品设计领域注入了新的活力与挑战。彼时，英国企业家率先实施标准化生产策略，这一举措显著提升了产品制造的效率与品质，为产品设计方法的革新奠定了基础。进入 19 世纪，产品设计方法进一步系统化，设计师们开始通过草图和模型等直观方式，更为精准地呈现自己的设计理念与意图，这使得产品设计更加具体和直观。20 世纪初，产品设计方法迈入了科学化新阶段。设计师们开始运用计算机辅助设计(CAD)软件等先进工具和技术，为设计工作提供了有力支撑，极大地提高了设计效率和精度。同时，人机工程学、人因工程学、工程心理学等新兴理论的引入，为产品设计提供了更为科学的理论指导，使得产品设计更加注重用户体验和实际需求。

3. 现代产品设计方法

在 20 世纪末至 21 世纪初，产品设计方法经历了显著的演进与创新，其核心体现在对用户体验设计、人机交互设计、可持续性设计以及设计思维的重视与探索上。

(1) 用户体验设计

用户体验设计是在产品策划与设计过程中，以用户的核心需求和感受为主导原则，旨在确保所研发的产品能够精准满足用户的期望与需求。这一设计理念的演进始于 20 世纪 80 年代，并随着计算机、智能手机、平板计算机等智能设备的普及，逐渐在产品设计流程中占据了举足轻重的地位。

(2) 人机交互设计

人机交互设计作为一种设计理念，其核心在于将人与机器之间的互动作为产品设计过程中的关键考量因素，旨在确保产品能够与用户实现高效、顺畅的交流与互动。这一设计方法的演进可追溯至 20 世纪 70 年代，随着计算机技术的日益精进与广泛应用，人机交互设计已逐步成为产品设计流程中不可或缺的一环。

(3) 可持续性设计

可持续性设计指的是在产品设计的全过程中，将环境保护与可持续发展的原则置于核心地位，旨在实现产品在生产、使用以及废弃处理各阶段对环境的最低影响。该方法论自 20 世纪 80 年代逐步发展，随着全球环境保护意识的日益增强和可持续发展理念的广泛认同，可持续性设计已逐渐演化为产品设计流程中不可或缺的关键环节。

(4) 设计思维

设计思维作为一种以人为本、以解决问题为导向的创新方法，其核心在于综合考虑用户需求、技术可行性与商业可行性。该方法自 20 世纪 90 年代起逐渐兴起，随着全球竞争态势的加剧与创新意识的不断增强，现已成为产品设计流程中不可或缺的重要方法论。

总体看来，产品设计方法的发展历程是一个充满挑战和机遇的持续探索过程。从早期设计方法的萌芽，到现代设计研究的蓬勃发展，设计师们始终致力于寻找如何更好地满足人类需求的新途径，并不断推动设计方法和工具的创新。设计研究的不断突破与进展，为产品的持续革新提供了坚实的支撑，推动了整个设计领域的不断进步。

1.1.3 产品设计技术的变迁

产品设计技术，作为现代工业蓬勃发展的产物，其演进与科技进步紧密相连，并深刻反映了各时代经济、技术与文化的特征。回顾产品设计的发展脉络，从技术应用的视角出发，不难发现其主要历经了科学实验、理论分析、仿真计算、方案生成这四个关键阶段，如图 1-1 所示。在前三个阶段中，主要焦点集中在如何验证设计方案的性能上，而智能化生成设计方案并未成为其核心任务。直至进入第四阶段，产品设计技术才开始注重利用机器学习、优化算法等先进手段，实现设计方案的智能、快速生成。

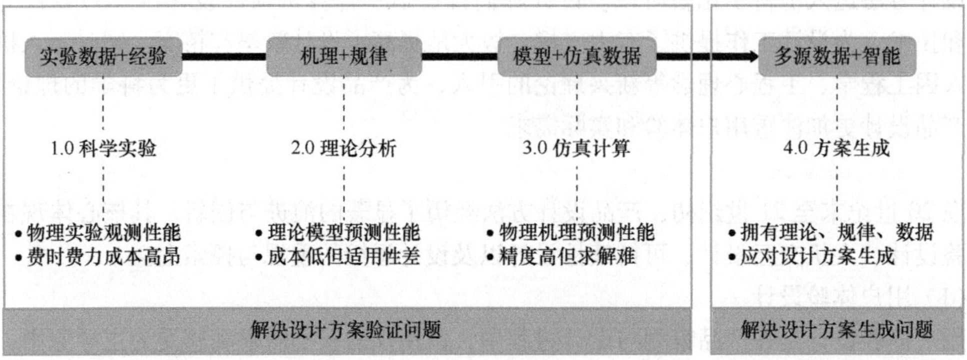

图 1-1　从技术应用的视角看产品设计方案的变迁

1. 以科学实验为主的 1.0 阶段

在早期产品设计阶段，产品设计主要依赖于专家的深厚经验和详尽的实验数据。设计人员会通过严谨的物理实验来观测产品的各项性能，从而验证设计方案的可行性与有效性。在设计初期，他们会依据丰富的历史经验和专业知识，初步规划出设计方案。随后，通过精心研制的原型产品以及组织系统的物理实验，来发现设计中存在的潜在缺陷与不足之处。获得实验结果后，设计团队会根据反馈情况，审慎地对方案进行修正与完善。这一过程需要反复迭代、持续优化，直至最终获得符合标准的产品设计方案。然而，这种以科学实验为主导的设计模式虽然高度依赖经验和专业知识，但也伴随着耗时耗力、成本高昂的问题，特别是在面对复杂产品的设计需求时，其局限性尤为显著。

2. 以理论分析为主的 2.0 阶段

随着设计经验公式与理论模型研究的日益深化，产品设计已迈入以理论分析为主导的 2.0 时代。在此阶段，设计人员首先需明确设计的基础需求，随后参照设计手册、设计标准等通用知识库，结合既有的经验公式，对产品的材料强度、受力分布及热传递等核心性能参数进行精确计算。基于这些计算结果，设计人员将对设计方案进行必要的调整与优化，直至全面满足既定的设计要求。这种以理论分析为核心的产品设计模式，因其高效性与成本效益，在简易产品设计领域得到了广泛应用。然而，鉴于经验公式的局限性，对于复杂产品设计而言，还需进一步结合仿真分析、实验验证等手段，以提升设计的精准性与可靠性。

3. 以仿真计算为主的 3.0 阶段

随着计算机辅助技术的不断进步，设计人员广泛采用诸如 AutoCAD、Autodesk Inventor、ANSYS 等计算机辅助软件，进行产品设计与仿真分析，显著提升设计效率，从而步入以仿真计算为主导的产品设计 3.0 时代。在此阶段中，设计者在深入考量产品的结构、材料、工艺等要素的基础上，利用计算机辅助软件实施产品性能的仿真分析，涵盖有限元分析、流体力学分析、多体动力学分析等多个维度。基于这些仿真分析的结果，设计者能够精准优化设计方案和调整相关参数，并结合实验验证与测试，确保仿真计算的精确性。产品仿真技术的应用，不仅显著降低了产品开发成本，缩短了实验周期，而且提供了高效、准确的预测与分析手段，已然成为现代产品设计过程中不可或缺的技术支持。然而，当产品设计涉及众多参数且工况复杂时，传统的仿真分析方法可能面临求解困难和时间消耗长的挑战，这会对产品设计进程造成一定影响。

4. 以方案生成为主的 4.0 阶段

与先前仅依赖单一信息源并采用“模型+仿真数据”的 3.0 设计阶段相比，新一代设计方法展现出了更为综合与智能化的特性。此方法整合了经验、数据、机理、规律以及模型等多重信息源，并结合人工智能技术，成功打造了一个以方案生成为主导核心的复杂产品智能设计助手。该助手具备高度的自动化能力，能够有效分析和整合各类设计资源，从而迅速生成多样且富有创意的设计方案。依托庞大的数据基础与先进的机器学习算法，该设计助手能够深入探索设计空间中的内在规律，揭示潜在的优化路径，为用户呈现全面、多元且具有创新性的设计解决方案。这种以方案生成为核心标志的新型设计模式，充分利用了多源信息的优势，实现了从依赖专家经验到智能化、高效化设计流程的转变，进而显著加速了复杂产品设计创新与优化的进程。

1.2　典型的产品设计理论

在学科发展的过程中，基础理论始终占据着举足轻重的地位。而产品设计理论，作为产品设计方法论的核心构成，搭建了一个清晰的思维框架，使我们能够深刻洞察设计的本质，并指引我们高效地思考问题和探索解决方案。通过学习设计理论，能够更全面地掌握设计流程，从最初的创意萌芽到最终产品的落地实现，每一步都了然于胸。与物理法则具有普遍适用性不同，产品设计理论展现出多元化的视角和层次，可以从多个维度进行构建和解读。为了丰富设计师们的理论资源，本节将对一些具有代表性的设计理论进行简要介绍。这些理论包括系统设计理论、公理设计理论、创新设计理论、通用设计理论以及 C-K 设计理论，每一种理论都蕴含着独特的设计思维和方法，能够为设计师们提供不同的设计视角和策略选择。

1.2.1　系统设计理论

系统设计理论，作为一种全面且系统化的设计方法论，其核心在于以结构化和逻辑化的方式来解决复杂问题并创造高效产品。这一理论的起源可以追溯到 20 世纪中叶，随着科技的飞速发展和复杂系统设计需求的不断增加，设计领域开始寻求更为科学和系统的设计方法。正是在这样的背景下，德国学者 Pahl 和 Beitz 于 20 世纪 70 年代，基于系统理论并结合他们丰富的设计流程经验，提出了系统化的产品设计理念，这一理念逐渐发展成为现今广受认可的系统设计理论，并在德国及欧洲其他多国得到了深入的实践与发展。

随着时间的推移，系统设计理论不断吸收计算机科学、工程学、管理学等多个学科的研究成果，逐渐形成了更为完善且深入的理论架构。该理论的核心理念是将设计对象视为一个完整的系统，并着重强调设计过程中的整体性和各部分的关联性。其基本原理包括以下几个方面：

（1）系统思维：将设计问题置于更宏观的系统中进行考量，深入理解各部分间的相互作用与影响。

（2）用户中心：设计过程始终围绕用户需求与体验展开，确保产品与服务能够精准满足市场需求。

（3）功能分析：明确产品或服务的功能定位，以及这些功能如何有效满足用户需求。

(4) 模块化设计：将复杂系统拆解为易于管理的模块，以提升设计的灵活性与可维护性。

(5) 迭代过程：将设计视为一个持续迭代的过程，通过反复测试与改进，不断优化解决方案。

(6) 多学科集成：设计团队由来自不同领域的专家组成，以确保设计的全面性与综合性。

系统设计理论的应用范围极为广泛，它不仅适用于传统的工业产品设计，还涵盖了服务设计、建筑设计、城市规划、交互设计等多个领域。随着科技的进步，该理论在以下几个方面取得了显著的进展：

(1) 数字化与信息化：利用数字工具与信息技术，显著提高了设计的效率与精确性。

(2) 可持续发展：在设计中充分考虑环境影响，积极推动可持续发展的实践。

(3) 用户体验：更加注重用户交互与体验，致力于提升用户满意度。

(4) 跨学科融合：在设计过程中融合不同学科的知识与方法，实现了设计的多元化与创新。

(5) 创新管理：系统设计理论在创新管理中发挥着关键作用，助力企业开发新产品。

近年来，随着人工智能与大数据技术的蓬勃发展，系统设计理论也开始探索与这些新技术的结合，以实现更智能化、个性化的设计。同时，设计思维(Design Thinking)的兴起为系统设计理论带来了新的视角，它强调以人为中心的创新过程，进一步丰富了系统设计理论的理论内涵与实践应用。

1.2.2 公理设计理论

公理设计理论，作为设计领域的一项重大创新，由美国麻省理工学院的 Nam P. Suh 教授于 20 世纪 90 年代初提出。Suh 教授作为工程与设计领域的杰出学者，致力于推动设计过程的科学化与系统化。该理论的诞生，标志着设计领域迈入了一个更为严谨与更具数学化的新阶段。

公理设计理论的发展历程可划分为四个阶段。初期阶段，Suh 教授提出了该理论的基本概念；随后，在 20 世纪 90 年代中后期，其理论框架得以完善，并开始在学术界和工业界中得到实践应用。进入 21 世纪，公理设计理论在多个领域，如机械设计与系统设计等，展现出了广泛的应用潜力。近年来，随着跨学科研究的深入，公理设计理论与管理学、心理学等学科的结合，进一步拓宽了其应用范围。

公理设计理论基于两大核心公理：独立性公理与信息公理。独立性公理强调设计的各个功能应保持独立，即每个设计参数仅对其对应的功能产生影响，以减少参数间的相互干扰。信息公理则主张设计应尽可能减少设计解决方案的信息内容，从而降低设计的复杂性。在此基础上，公理设计理论将设计过程划分为功能、结构、过程与需求四个主要领域，并将设计视为这些领域之间的动态映射过程。设计的目标在于寻找最优解，以满足用户需求并实现设计目标。

公理设计理论在产品设计、系统设计、服务设计与建筑设计等多个领域均得到了广泛应用。近年来，随着与环境科学的深度融合，公理设计理论衍生出了可持续设计等新兴领域。同时，数字化手段的广泛应用也为公理设计的发展提供了新的动力。在应用领域上，公理设计逐渐从产品设计拓展至创新管理与教育管理等领域。

综上所述，公理设计理论为设计领域提供了一种科学、严谨的方法论。它不仅在产品设计与系统设计中发挥着关键作用，还在服务设计、建筑设计等多个领域展现出了其独特的价值。随着技术的不断进步与跨学科研究的深入，公理设计理论的应用范围将进一步拓宽，为设计创新提供更为坚实的理论基础。

1.2.3　创新设计理论

产品创新设计(Innovation Design Theory)是设计师和研发企业所不断追求的，在学术界和工业界有一系列的创新设计方法被提出和应用，包括生物启发的设计、发明问题解决理论(Theory of Inventive Problem Solving，TRIZ)等。而 TRIZ 理论无疑是影响力最大和应用范围最广泛的方法，本节重点介绍 TRIZ 理论的基本原理和发展。

TRIZ 理论是由苏联发明家和专利审查员阿利特舒列尔(G. S. Altshuller)在 1946 年提出的。阿利特舒列尔在审查专利时发现，尽管技术领域众多，但许多发明遵循着可预测的模式。基于这一发现，他开始研究和总结解决复杂技术问题的通用原则和方法。TRIZ 理论的发展历史可以概括为五个阶段。1946 年，阿利特舒列尔开始系统化地研究发明原理。20 世纪 50 年代，他和团队分析了超过 200 万份专利，提炼出解决技术矛盾的规律。20 世纪 70 年代，TRIZ 理论在苏联得到广泛传播，并开始影响到其他国家。20 世纪 80 年代，随着冷战结束，TRIZ 理论开始在全球范围内传播。20 世纪 90 年代至今，TRIZ 理论被翻译成多种语言，并在工程、设计和创新领域得到广泛应用。

TRIZ 理论的核心在于帮助发明者系统化地解决问题，其基本原理是提供四个有效的工具开展创新设计，包括技术矛盾、发明原理、矛盾矩阵、创新过程。

1）技术矛盾(Technical Contradictions)指在试图改进一个技术系统或产品时遇到的两个或多个互相冲突的需求。例如，提高汽车的燃油效率可能需要减轻车重，但这又可能牺牲安全性。技术矛盾通常表现为"随着 X 的提高，Y 会降低"的情况。

2）发明原理(Inventive Principles)，TRIZ 理论总结了 40 个发明原理，这些原理是从数百万项专利中分析得出的，其中包括了分割、提取、局部质量、不对称、合并、万能性、配重、预先反作用等。每个原理都提供了一种思考问题和寻找解决方案的方法。例如，"分割"原理可能意味着将一个大问题分解成几个小问题来分别解决。

3）矛盾矩阵(Contradiction Matrix)是 TRIZ 理论中用于快速确定解决特定技术矛盾的发明原理的工具。矩阵中的行和列代表不同的技术参数，当某个参数(行)需要改善而对另一个参数(列)有负面影响时，就形成了矛盾。矩阵中的每个单元格都包含建议的发明原理，帮助设计师找到解决特定矛盾的方法。

4）创新过程(Innovation Process)是 TRIZ 理论所提出的产品创新过程化的重要工具。TRIZ 理论认为创新不是一个随机的过程，而是可以通过一系列步骤来系统化实现的。这个过程通常包括问题定义、矛盾分析、原理应用、概念发展、原型制作、迭代改进。

近年来，TRIZ 理论广泛应用于工程设计、产品开发、项目管理和创新咨询等领域。同时，数字化手段和 TRIZ 创新软件工具的应用也大大增强了其可及性和可用性。TRIZ 理论被许多大学和研究机构纳入到本科生、研究生的课程体系中，成为工程师教育的重要组成部分。

总结而言，TRIZ 理论是一种强大的创新问题解决方法，它通过系统化的技术矛盾分析和解决原理，帮助发明者和设计师提高创新效率。随着技术的发展和创新需求的增加，TRIZ 理论的应用范围和影响力将持续扩大。

1.2.4 通用设计理论

通用设计理论(General Design Theory, GDT),最早由日本东京大学的学者 Hiroshi Yoshikawa 在 20 世纪 80 年代提出。该理论旨在构建一个广泛适用的设计理论框架,以推动设计过程的系统化和科学化。Yoshikawa 在 20 世纪 80 年代初步阐述了 GDT 的概念,着重强调了设计活动的普遍性和一般性。随后,在 20 世纪 90 年代至 21 世纪初,GDT 理论得到了深入的发展和研究,并在全球范围内得到了广泛的推广与应用。近年来,随着人工智能、大数据等新兴技术的融合,GDT 呈现崭新的发展态势。

通用设计理论的核心在于提供一个普遍适用的设计框架,其主要基础包括两方面。首先,它将设计视为一个由分解、映射到合成的连续过程。在此过程中,分解是将复杂的设计问题细化为更小、更易管理的部分;映射则是在设计空间中寻找问题与解决方案之间的对应关系;而合成则是将分解后的部分重新整合为完整的设计方案。其次,GDT 采用元模型来逐步呈现设计对象在设计流程各阶段的状态,包括其构成要素、各要素之间的关系以及它们之间的依赖性。

综上所述,通用设计理论作为设计学科的重要分支,提供了一套普遍适用的设计原则和方法。随着设计领域的不断拓展和技术的飞速发展,GDT 在多个领域的应用显示出强大的生命力和广阔的发展前景。通过持续融合新技术和跨学科知识,GDT 将继续为设计创新提供坚实的理论支撑和实践指导。

1.2.5 C-K 设计理论

C-K 设计理论(C-K Design Theory)由法国工程师及学者 Hatchuel 和 Weil 于 2003 年共同创立。该理论旨在构建一个标准化的体系,以深刻理解和精确模拟设计流程中的创新活动。其核心在于将设计过程视为概念空间(Conceptual Space, C)与知识空间(Knowledge Space, K)之间动态且交互的关联。其中,概念空间(C)作为设计概念汇聚的抽象场所,是创新思维的起点,承载着设计方案的初步构想;而知识空间(K)则汇聚了现有的知识体系和技术手段,为设计实践提供实质性的支持和指导。

C-K 设计理论将设计活动视作在 C 空间和 K 空间之间构建动态映射的过程。通过这一机制,初始的设计概念能够逐步转化为切实可行的解决方案。在具体实践层面,C-K 设计理论引入了一系列基础设计算子(C→C、C→K、K→K、K→C),这些算子定义了概念与知识之间转换与交互的标准化流程。不同的设计方法则对应于这些算子的不同实现路径。值得强调的是,这些算子不仅为设计方案的演变提供了统一的描述框架,同时也为知识的动态发展提供了系统性的阐述工具。

1.3 产品智能设计方法

1.3.1 现代产品的典型特征

在当今科技迅猛发展的浪潮中,现代产品凭借其显著的机电一体化、软硬件深度融合、高度智能化及集成化特性脱颖而出。这些产品通过融合人工智能、机器学习、大数据分析和物联网等尖端技术，有效打破了硬件与软件的界限，实现了对传统产品的智能化革新。智能产品的演进深受数字化和网络化双重力量的驱动。数字化不仅为智能产品提供了坚实的数据基础，还使其能够高效地进行数据采集、分析和处理，从而充分挖掘大数据的智能潜力。同时，网络化实现了智能产品间的互联互通以及与用户的实时互动，极大地促进了信息的交流与共享。

智能产品以智能化、互联互通和数据驱动为核心竞争力，进而实现高级别的感知、学习、决策、控制和服务功能。这些功能的提升旨在优化产品性能，确保产品的安全性和可靠性，并显著提升用户的使用体验。智能手机、智能手表和智能家居设备等作为智能产品的杰出代表，通过高度集成的处理器、传感器、存储器、通信模块和交互显示系统等，充分展示了其在动态存储、通信连接、交互分析等方面的强大能力。现代智能产品主要具备以下典型特征，如图 1-2 所示。

智能感知：智能产品集成了多样化的传感器和数据采集装置，能够实时捕捉环境、用户和产品自身的状态信息，并将这些数据及时反馈给产品的控制系统，为智能化控制和决策提供精准的重要依据。

智能控制：智能产品运用先进的智能化算法和控制策略，以最优化的方式调控产品的运行和功能，从而提升产品的效率、稳定性和可靠性，确保产品性能达到最佳状态。

智能联网：智能产品支持互联网互通，能够为用户提供更为广泛的信息和服务，推动产品的智能化、自动化进程，并促进其在更广泛领域的普及化应用。

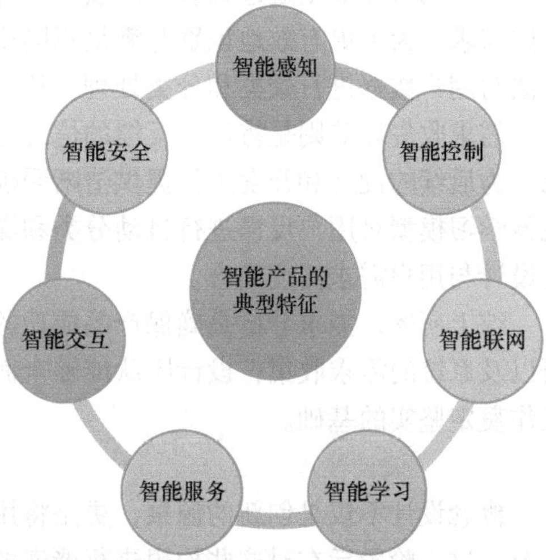

图 1-2　智能产品典型特征

智能学习：智能产品具备出色的自我学习和优化能力，它们能够根据用户的行为和反馈，自动调整运行模式和功能，以灵活适应不断变化的用户需求和环境。这种能力不仅有助于持续提升用户体验，还能显著提高产品效率。

智能服务：智能产品通过采用先进的智能化技术和服务模式，为用户提供更高效、更便捷且更加个性化的服务体验。这些服务旨在精准满足不同用户的特殊需求，进而提升用户满意度。

智能交互：智能产品拥有卓越的人机交互能力，支持用户采用多种交互方式，如手势、眼动和语音等，实现无障碍的自然交互过程。这些多模态交互信息的应用，极大地提升了用户体验。

智能安全：智能产品通过采用身份认证、数据加密以及智能监控等多重安全手段，确保产品使用的安全性和可靠性。这些全面的安全措施有效保护用户隐私和数据安全，进一步增强用户对产品的信任度。

1.3.2　产品设计的一般过程

产品设计是一个精心策划的过程，它巧妙地将技术创新与市场需求相融合，通过一系列有序的工作步骤，将理论概念逐步转化为实际可用的产品。一般而言，产品设计的过程可分为五个关键阶段：需求分析阶段、概念设计阶段、详细设计阶段、原型制作和测试阶段，以及最终的产品开发阶段。

1. 需求分析阶段

需求分析作为产品设计过程的基石，承载着举足轻重的角色。在设计团队的工作中，首要且核心的任务便是深入剖析目标市场和用户的实际需求。这一过程涵盖了市场调研、用户调研以及需求收集三个核心环节，每一环节都至关重要。

市场调研环节通过细致入微地分析竞争对手的态势、市场的发展趋势以及行业动态，为设计团队提供了全面且精准的市场需求和机会洞察。在此过程中，设计团队借助自然语言处理技术的强大功能，对海量的文本数据进行深度挖掘，从而精确把握用户的需求和市场趋势信息，为产品设计提供有力的数据支撑。

用户调研环节则通过访谈、问卷调查等多种方式，广泛而深入地收集用户的真实反馈和具体需求。为了更有效地识别并满足不同用户群体的需求模式，设计团队可以运用机器学习算法对用户数据进行聚类和分类处理，从而更准确地把握用户的需求。

需求收集环节则是将用户反馈的信息进行系统的整理和归纳，明确产品的功能和性能要求，为后续的设计和开发工作提供清晰明确的方向和指引。在此过程中，设计团队可以运用机器学习模型对用户反馈进行自动分类和深入分析，精准提取关键词和核心主题，确保产品的设计与用户需求高度契合。

综上所述，需求分析是确保产品成功的关键步骤。通过严谨的市场调研、深入的用户调研以及系统的需求收集，设计团队能够全面把握市场需求和用户需求，为后续的设计和开发工作奠定坚实的基础。

2. 概念设计阶段

概念设计不仅是创新的源泉，更是将用户的期望和需求精准转化为实际设计构想的关键环节。这一阶段旨在对这些构想进行严谨的分析和筛选，确保最终的设计既贴合用户需求，又蕴含商业成功的潜力。设计团队在此阶段将运用多样化的工具和方法，严谨而富有创造性地开展工作。以下是概念设计阶段的一般流程与步骤。

(1) 需求洞察

设计团队首要的任务是深入洞察用户需求。借助市场调研、用户访谈、数据分析等多种手段，团队能够精准把握用户的真实需求与期望，为后续的概念设计奠定坚实基础。同时，团队还会密切关注市场动态和竞争态势，以确保设计出的产品不仅满足市场需求，更具备独特的竞争优势。

(2) 创意孵化

在深刻理解用户需求的基础上，设计团队将开始孵化创意。通过头脑风暴、设计研讨会、灵感收集等多元化的方式，团队将孕育出一系列既创新又符合用户需求的设计概念。这些概念将全面涵盖产品的外观、功能、交互方式等多个维度，旨在为用户带来更加卓越的使用体验。

(3) 概念筛选

创意孵化后，设计团队将对众多概念进行细致的筛选。团队将综合评估每个概念的可行性、市场潜力、技术实现难度等关键因素，从而筛选出最具潜力的概念方案。此外，设计团队还会运用SWOT分析、决策矩阵等专业的工具和方法，对概念进行全面而深入的评估，确保最终选择的概念方案具备卓越的商业价值和强劲的市场竞争力。

（4）框架构建

在选定核心概念后，设计团队将着手构建产品的整体框架。这包括明确产品的硬件和软件架构、合理划分功能模块、确定交互方式等，以确保产品能够全面满足用户需求并提供卓越的用户体验。在框架构建过程中，设计团队会特别注重产品的可扩展性和可维护性，为产品的后续升级和优化奠定坚实基础。

（5）概念验证

框架构建完成后，设计团队将对概念进行严格的验证。通过原型制作、用户测试、模拟实验等多种方式，团队将全面评估概念的可行性和用户体验，并根据测试反馈进行必要的调整和优化。在这一过程中，设计团队会始终保持对用户反馈的密切关注，确保产品能够真正满足用户的真实需求并提供卓越的用户体验。

（6）最终决策

经过概念验证后，设计团队将做出最终决策，选择最具潜力和可行性的概念方案作为后续设计开发的基础。这一决策将基于对市场、技术、用户等多方面的深入分析和综合考虑，确保产品能够成功推向市场并实现商业价值。同时，设计团队还会制订详尽的设计开发计划，为产品的后续阶段提供明确的指导和方向。

3. 详细设计阶段

详细设计阶段，作为产品设计中至关重要的一个环节，其目的在于将已选定的概念深入细化与具体化，实现从概念设计到具体设计的转化。在当前的产品设计中，除了满足基本的功能需求之外，安全性、可靠性及易用性等因素亦需被充分考虑。设计一个成功的产品，必须综合权衡工业设计、结构设计、硬件设计、软件设计以及集成设计等多个维度的要素。

（1）工业设计

在产品设计过程中，需紧密结合用户需求与市场动态，充分考虑产品的外观、形态和结构，以打造出既具吸引力又易于用户交互的优质产品。在智能产品的工业设计环节中，必须全面考量产品的整体视觉呈现、人机交互界面的设计、易用性特征以及安全性能等因素，进而精确确定产品的外观造型、尺寸规格、重量分布以及配色方案，以确保产品最终能够满足用户的期望和市场的需求。

（2）结构设计

在产品的制造过程中，需将各零部件进行精准组合，以构建出具备高度稳定性和可靠性的产品。特别是在智能产品设计的环节中，对于结构设计的考量至关重要。在此过程中，必须全面考虑产品的结构强度、稳定性、抗振性和防水性等因素，以确保产品能在各种环境下稳定运作。结构设计的实施包含了对产品进行力学分析、结构优化以及模拟测试等多个关键步骤，通过这些步骤，能够精确确定产品的结构参数，并选择合适的材料，以确保产品的质量和性能。

（3）硬件设计

在产品的制造过程中，为确保电子产品具备高度的稳定性和可靠性，致力于对各个零部件进行精确的电路设计和电子元器件的审慎选择。在智能产品设计的领域，硬件设计的重要性不容忽视，需要综合考虑产品的电路稳定性、电磁兼容性、功耗效率以及成本控制等多维度因素。在硬件设计的具体实践中，遵循一系列严谨的步骤，包括电路设计、电路仿真、

PCB 布局设计以及 BOM(物料清单)管理等，以确保产品电路结构的科学性和电子元器件的合理配置。

(4) 软件设计

经过严格的软件开发和算法实现，构建一款既稳定又可靠的软件系统，以满足产品的各项功能需求。在智能产品的设计流程中，软件设计需充分考量产品的功能性、可靠性及安全性等核心要素。因此，在软件设计的各个环节中，遵循需求分析、算法设计、软件开发及软件测试等严谨步骤，以确保产品的软件结构清晰合理，软件实现准确无误。

(5) 集成设计

在构建具备稳定性和可靠性的智能产品过程中，致力于硬件与软件的深度融合。这包括精心设计的硬件与软件接口、严谨的调试与测试流程、持续的优化与改进机制，以及高效的集成管理。在集成设计中，硬件设计与软件设计之间的协同至关重要。确保硬件设计需求与软件设计需求相互匹配、协调一致，是保障产品整体性能和稳定性的关键。此外，还将进行全面的产品测试和验证，以确保产品的质量和可靠性达到最高标准。

4. 原型制作和测试阶段

在产品设计流程中，原型制作和测试阶段占据着举足轻重的地位，其核心目标是通过原型的构建与验证来优化产品设计。这一过程旨在通过实际制作与测试原型，预先识别并解决设计环节中潜在的问题，进而验证设计的可行性与实效性。此阶段不仅能为后续的制造与开发提供明确的指引与参考，还有助于优化资源配置，提升工作效率，进而达到节约时间与成本的目的。此外，通过原型测试，确保最终产品的质量与用户体验，提升用户满意度。以下是原型制作与测试阶段的一般流程与步骤。

(1) 制作初步原型

在产品设计的初步阶段，推荐采用低成本的手工或数字工具来构建初步原型。此类原型通常呈现为简化的模型或界面形式，旨在有效展示并交流设计概念。初步原型的创建有助于设计团队更深入地理解产品需求，及时识别潜在问题，并为后续的设计迭代与优化提供有力的参考依据。

(2) 制作详细原型

在现有初步原型的基础上，进行深入的详细原型制作。详细原型往往依赖于计算机辅助设计(CAD)软件或三维打印等先进技术来构建实物模型。此类模型在形态和功能上更贴近最终产品，适用于评估产品的用户体验、人机交互效果以及结构稳定性等多个方面。通过详细原型的制作，及时发现并有效解决设计过程中潜在的问题，以确保产品的最终质量。

(3) 开展原型测试

在产品开发流程中，已完成的原型需经历严谨的测试流程，以全面评估其性能与功能表现。测试环节包括但不限于实验室环境下的性能测试、用户体验测试以及详尽的功能测试。这些测试旨在通过与目标用户的实际交互并收集其反馈，深入探究产品的易用性、用户需求满足程度以及可能存在的潜在问题。测试所得结果将作为产品后续改进与优化的重要参考依据，以确保产品能够满足市场需求并提升用户体验。

(4) 优化原型设计

基于原型测试所得结果与用户反馈，对原型进行审慎且系统的优化设计。这一优化过程可能涵盖界面布局的微调、功能模块的增强以及材料选择的优化等多个方面。通过这一优化过程，提升原型的整体性能、实际效果及用户体验，从而确保最终产品能够满足设计标准和用户期待。

（5）制作最终原型

在历经数次精细化的迭代优化之后，根据既定的设计需求与规格，成功制作出最终产品原型。此原型旨在精准模拟最终产品的外观、功能及性能表现，以作为制造前的最终验证环节，确保产品设计的精确性与实施可行性。

5. 产品开发阶段

产品开发阶段，作为产品设计流程中的终端环节，涵盖了从初步原型构建直至最终产品交付的完整周期。在此阶段，将涉及制造与生产的预备工作、批量生产的组织、产品测试与验证的严格把控，以及营销与销售准备的策划。这一系列流程旨在确保产品能够高效、准确地交付至客户手中，同时，为了不断满足市场的动态需求，还将持续进行产品的改进与迭代工作。以下是产品开发阶段所涵盖的一般性流程与步骤。

（1）制造和生产准备

在产品开发的过程中，制造与生产的准备工作是不可或缺的一环。为确保产品的顺利生产，必须首先明确供应链和原材料供应商，并据此制订详尽的制造计划与流程。此外，建立高效的生产线和配置必要的生产设备同样至关重要。在制造过程中，质量控制和成本管理的实施将直接影响产品的质量与成本效益。最后，针对产品的具体需求，还需制订相应的生产标准和测试方法，以确保产品满足既定要求。

（2）批量生产

一旦制造和生产流程达到预设标准，即可启动批量生产。在此过程中，务必严格遵循既定的制造计划和流程，以确保产品质量和交付时间的稳定性。同时，必须实施全面的生产监控和质量检查机制，对于出现的任何生产问题和异常情况，需及时采取相应措施予以解决。

（3）测试和验证

在产品开发阶段，产品的测试和验证环节至关重要。为确保产品满足设计规格及用户期望，需进行详尽的测试，涵盖功能测试、性能测试以及可靠性测试等多个维度。这些测试结果将为产品的进一步优化和改进提供明确的指引，同时也为产品的稳定性与可靠性提供了坚实保障。

（4）营销和销售准备

在产品开发阶段，进行市场营销和销售准备工作至关重要。这涉及策略规划、用户群体分析、销售计划编排和渠道策略制订等核心要素。同时，为了确保产品能够成功进入市场，还需要进行产品推广和品牌建设，以及销售团队的专业培训。此外，保障供应链的顺畅和分销渠道的稳固，也是实现产品顺利上市和销售的关键环节。

（5）最终产品交付

在完成产品的全面开发与充分准备之后，随即进入最终的产品交付阶段。此阶段旨在将产品精准地送达客户或各分销渠道，并提供全面的售后服务与支持，以确保客户能够充分享受产品带来的价值。同时，为确保产品的持续优化与满足市场需求，还将持续追踪产品表现，监测市场动态，并积极收集来自用户和市场的反馈，以期在未来的产品迭代中，实现更为精准的产品改进与用户体验升级。

（6）持续改进和迭代

产品开发阶段并非终点，而是一个循环不息、迭代不止的过程。在此过程中，企业需积极收集用户及市场反馈，对产品进行不断的改进与优化。通过这种方式，企业能够持续提升产品的竞争力，确保产品始终与市场需求保持同步。

上述内容详细概述了产品设计的基本流程与关键步骤，每一环节都有不可或缺的重要性，面临着特定挑战。在实际操作中，设计团队需依据项目的具体需求与特性，灵活调整并优化各个环节。通过持续不断的迭代与改进，设计团队能够不断精进产品，以应对市场需求的日新月异，进而实现商业上的成功。

1.3.3 智能设计技术的特点

当前，随着现代产品功能性和结构复杂性的日益提升，产品设计已逐渐演变为一个跨越多学科领域的综合性过程。这一过程不仅涵盖了基于数学和数值计算的分析，还涉及了基于符号知识和符号处理的逻辑推理。例如，在设计方案的选定、关键参数的确定、几何结构的优化以及分析模型的构建等关键环节，都需要紧密结合计算机辅助设计工具与设计师的专业知识，共同协作以完成设计任务。

智能设计的核心目标在于利用先进的人工智能系统来辅助或替代设计师的某些思维过程，从而实现产品设计的自动化和智能化，显著减少设计过程中的迭代次数和重复性劳动。智能设计通过巧妙应用现代信息技术，模拟人类的思维活动，使得计算机能够承担更多、更复杂的设计任务，成为设计师不可或缺的重要工具。其主要特点体现在以下几个方面。

1. 以设计方法学为指导

智能设计方法的发展，从根本上取决于对设计本质的深入理解。设计方法学对设计本质、过程设计思维特征及其方法学的深入研究，为智能设计模拟人工设计提供了基本依据和理论支撑。

2. 以人工智能技术为实现手段

借助专家系统技术在知识处理上的强大功能，结合人工神经网络和机器学习技术的最新进展，智能设计能够更好地支持设计过程的自动化，提升设计效率和质量。

3. 以传统 CAD 技术为数值计算和图形处理工具

智能设计充分利用传统 CAD 技术在优化设计、有限元分析和图形显示输出等方面的优势，为设计对象提供全面的数值计算和图形处理支持。

4. 面向集成智能化

智能设计不仅支持设计的全过程，还充分考虑了与计算机辅助制造（Computer Aided Manufacturing，CAM）的集成，提供了统一的数据模型和数据交换接口，实现了设计与制造的无缝衔接。

5. 提供强大的人机交互功能

智能设计注重人机交互体验，提供了强大的人机交互功能，使得设计师能够轻松干预智能设计过程，实现了人工智能与人类智能的有机融合。

1.3.4 智能设计技术的分类

智能设计作为一个宽泛的概念，并不局限于某一种特定的方法或技术。在学术和工业界的持续探索下，智能设计的实现路径已展现出多样化的特点，这主要包括基于规则的智能设计、基于优化的智能设计、基于知识的智能设计、基于进化算法的智能设计以及基于深度学习的智能设计等多种方法。值得注意的是，这些智能设计方法在实际应用中并非孤立地存在，而是广泛且深入地相互交叉、相互融合，共同推动着智能设计领域的发展与进步。

1. 基于规则的智能设计

这类技术依托预定义的规则和逻辑，对设计问题展开系统性的分析与求解。规则既可以是基于专家经验的人工设定，也可以是通过数据挖掘技术从历史数据中归纳提炼得出的。基于规则的智能设计技术具有操作简便、逻辑清晰、结果易于解释等优势，但也存在灵活性不足、适应性较弱、创新能力缺乏等局限性。因此，在处理复杂多变、充满不确定性的设计问题时，这类技术往往面临较大挑战。其核心技术实现手段主要包括以下方面。

（1）专家系统

专家系统是一种模拟人类专家进行问题解决的计算机程序，构成严谨且系统。它由三大核心组件构成：知识库、推理机以及用户界面。知识库作为系统的基石，存储了专家领域内的核心规则、详尽事实及启发式信息，确保系统决策依据的高度专业性。推理机基于知识库中的规则，进行精确且逻辑严密的正向或反向推理，以实现问题的有效解决。用户界面则负责与用户交互，接收用户指令并展示系统处理结果，确保用户能够直观、便捷地与系统进行交互。

（2）关联规则挖掘

关联规则挖掘是一种数据分析技术，旨在从海量数据中揭示潜在的关联关系和模式。该过程分为两个阶段：首先进行频繁项集挖掘，识别在数据集中频繁出现的项集，这些项集的出现次数超过预设的阈值；然后从频繁项集中生成关联规则，这些规则具有高度的置信度和支持度。通过关联规则挖掘，可以深入洞察数据中的隐藏知识，并将其应用于预测和推荐系统中，以提高决策的科学性和准确性。

（3）模糊系统

模糊系统是一种应对不确定性和模糊性的计算机程序，其核心由模糊集合、模糊逻辑及模糊推理构成。模糊集合允许其中的元素拥有不同的隶属度，模糊逻辑则是一种基于这种模糊集合的多值逻辑体系，而模糊推理是建立在模糊逻辑之上的推理方法。该系统具备处理人类语言中模糊概念和量词的能力，如"高""低""多""少"等，并能实现人类常识推理和近似推理的功能。

2. 基于优化的智能设计

该类技术依托先进的数学模型和算法，对设计问题实施精准建模和系统优化，无论是单一目标还是多元目标，均能有效应对。其优化方法灵活多样，可根据具体场景选择确定性或随机性方法。基于优化的智能设计技术的核心优势在于能够精准捕捉并生成最优或接近最优的设计方案。但同样值得注意的是，该技术对计算资源的需求较高，且存在一定的陷入局部最优的风险。其核心技术实现手段主要包括以下方面。

（1）线性规划

线性规划是一种系统化求解技术，旨在找到满足线性目标函数和线性约束条件的最优解。在求解过程中，可采用诸如单纯形法、内点法等算法进行有效计算。线性规划在处理某些设计问题上表现出色，如生产计划方案设计、资源分配方案设计等。然而，需明确的是，线性规划并不适用于处理非线性或具有离散特性的设计问题。

（2）非线性规划

非线性规划是一种数学方法，用于在非线性目标函数和非线性约束条件下寻求最优解。

在求解过程中，可以运用梯度下降法、牛顿法、拟牛顿法等算法进行精确计算。该方法在处理复杂设计问题，如结构优化、参数估计、机器学习等领域，展现出显著优势。但需注意，非线性规划在求解过程中可能会遇到多个局部最优解或无解的情况，需结合具体情境审慎使用。

(3) 整数规划

整数规划是一种用于求解目标函数与约束条件中均涉及整数变量的优化问题的方法。在求解过程中，可采用如分支定界法、割平面法等算法进行精确计算。此方法在处理离散设计问题，如布局规划与路径规划等场景中表现出色。但需注意，由于问题复杂性的提升，可能遭遇组合爆炸或算法无法收敛的挑战。

(4) 多目标优化

多目标优化是一种系统性的求解策略，旨在在多个可能相互冲突或协同的目标函数下寻找最优解的集合。在实际操作中，可采用诸如加权和法、约束法和分层法等多种算法来进行计算和分析。这种方法特别适用于处理涉及多个评价标准和不同利益相关者的复杂设计问题。但需注意，多目标优化需要结合具体的应用背景和决策要求来综合考虑。

3. 基于知识的智能设计

这类技术通过整合知识库与推理机，实现对设计问题的精准表示与逻辑推理。知识库内容丰富，涵盖领域知识、经验知识及启发式知识等多元化信息；而推理机则运用演绎推理、归纳推理、类比推理等多种推理方式。基于知识的智能设计技术的显著优势在于能够充分融合并利用人类的专家知识与经验，从而显著提升设计的质量与效率。然而，该技术亦存在若干挑战，主要体现在需要投入大量的资源进行知识获取与维护，同时亦存在知识不完备或不一致的潜在风险。其核心技术实现手段主要包括：

(1) 基于框架的智能设计

基于框架的智能设计采用框架结构来系统地表征和存储设计知识。该方法的核心构成包括框架、槽与填充三个部分。其中，框架作为一种抽象的数据结构，旨在明确阐述一个特定概念或对象的全面属性与关联关系；槽作为框架的细分单元，用于专门存储某一特定的属性或关系；而填充则是槽内具体的数值或指向其他信息的指针。基于框架的智能设计具备显著的优势，能够实现对设计对象的层次化梳理、分类化管理以及实例化应用。此外，通过利用继承、默认值和约束等高级机制，该方法还能够有效进行逻辑推理。这一技术在多个设计领域展现出广阔的应用前景，特别是在建筑设计、机械设计以及软件设计等领域，其应用价值尤为显著。

(2) 基于案例的智能设计

基于案例的智能设计是通过借鉴已有的成功或失败设计案例来解决实际问题。该方法的核心组件包括案例库、检索机、适应机和学习机。具体而言，案例库负责存储具有详细特征描述和相应解决方案的设计案例，作为设计的参考基础。检索机则负责根据当前问题的特性，在案例库中进行相似度匹配，以寻找与当前问题最为接近的设计案例。适应机根据当前问题的具体需求，对检索到的案例进行适当的修改或组合，以适应新的问题情境。而学习机则基于实际应用的反馈，对案例库进行更新或扩充，以不断提升设计案例的适用性和准确性。基于案例的智能设计通过利用历史设计经验进行类比和迁移，不仅提高了设计的效率，而且能够充分利用已有的成功案例，降低设计风险。在工业设计、艺术设计、游戏设计等多元化领域，基于案例的智能设计均展现出广泛的应用前景。

（3）基于本体的智能设计

基于本体的智能设计是一种创新的设计方法，它利用本体进行知识的规范化表达和推理。该方法的核心架构由三大组件构成：本体、推理器和通信器。本体作为一种形式化的语言工具，被精心设计用来阐述特定领域的概念、属性、关系等丰富的语义信息。推理器则依据本体中预设的规则进行逻辑推断，实现智能化的设计推理过程。而通信器则是基于本体定义的协议，实现信息的高效交换与无缝协作。

4. 基于进化算法的智能设计

这类技术依托于生物进化的原理和方法，旨在针对设计问题展开搜索与演化过程。进化算法通过模拟自然选择、变异、交叉、迁移等生物进化机制，有效地生成并评估一系列候选解决方案。其优势在于能够在广泛且多变的设计空间中发掘出多样化与创新性的设计策略。然而，基于进化算法的智能设计技术亦存在其局限性，即需要依赖大量的评估函数和控制参数，并且在某些情况下可能遭遇早熟收敛或过度多样化的问题。其核心技术体系主要包括：

（1）遗传算法

遗传算法，作为一种模拟达尔文生物进化理论的随机搜索方法，其结构严谨且逻辑性强。其构成主要包括编码、初始化、选择、变异、交叉以及替换等关键步骤。在编码阶段，算法将设计问题中的关键变量转换为二进制或实数字符串，以便于后续处理。初始化步骤则随机生成一定数量的初始解，作为算法的起始点。在选择阶段，算法根据适应度函数对当前解进行排序和筛选，以保留优秀解。变异过程则是对部分解进行随机改变，以引入新的遗传变异。交叉步骤则对某些解进行部分交换，以模拟生物进化中的基因重组。最后，替换步骤将新生成的解替换当前解，实现解的迭代更新。遗传算法因其独特的搜索机制，能够高效处理一系列非线性或离散的优化问题，如函数优化、旅行商问题、机器人控制等，展现出了其广泛的应用前景和实用价值。

（2）模拟退火算法

模拟退火算法，作为一种模拟物理退火过程的优化算法，由四个主要阶段构成：初始化、扰动、接受与冷却。在初始化阶段，算法随机选择一个初始解作为起点。进入扰动阶段后，算法对当前解进行小幅度的随机调整。随后，在接受阶段，算法根据目标函数的评估值和当前温度参数，决定是否接受新生成的解。最后，在冷却阶段，算法按照预设的规则逐渐降低温度参数。模拟退火算法在处理具有多个局部最优解或受噪声干扰的优化问题，如图着色问题、作业调度问题和电路布局问题等方面，表现出显著的效果和适用性。

（3）粒子群优化算法

粒子群优化算法，作为一种模拟鸟群或鱼群行为特征的随机搜索方法，其流程严谨且系统，主要涵盖初始化、速度更新和位置更新三个核心步骤。首先，在初始化阶段，算法会随机生成一定数目的粒子，并赋予它们初始的速度和位置。接着，在速度更新阶段，算法会根据每个粒子自身的历史最优位置以及全局最优位置，对粒子的速度进行相应调整。最后，在位置更新阶段，算法则根据粒子的当前速度，进一步更新其位置。这种算法在解决连续或离散的优化问题方面表现出色，包括但不限于函数优化、神经网络训练、图像分割等复杂场景。

（4）差分进化算法

差分进化算法，作为一种基于差分操作的随机优化方法，其核心流程包括初始化、变异、交叉和选择四个步骤。初始化阶段通过随机方式产生初始解集；变异阶段则通过差分运算对当前解进行扰动，以产生新的变异解；交叉阶段涉及当前解与变异解的基因混合，形成新的候选解；最后，选择阶段基于目标函数的评估，选择保留性能更佳的解。差分进化算法在应对非线性或多峰性优化问题时，如函数优化、参数估计和图像处理等领域，展现出了其独特的优势。

5. 基于深度学习的智能设计

此类技术通过集成深度神经网络与大数据分析方法，旨在实现对设计问题的深入学习与自主生成。深度神经网络凭借其多层非线性变换的能力，能够精准地从大量数据中提炼出高层次的特征与潜在规律。基于深度学习的智能设计技术的显著优势在于其处理高维度、高复杂度数据的能力，并能够实现端到端的自动化设计流程。然而，该技术亦有其局限性，主要体现为对大量标注数据的依赖、较长的训练时间，以及可能存在的过拟合或模型不可解释性等问题。基于深度学习的智能设计所运用的关键技术主要包括：

（1）卷积神经网络

卷积神经网络，作为一种深度神经网络架构，其核心组件包括卷积层、池化层及全连接层。该网络结构在处理图像、视频等视觉数据时表现出色，能有效执行图像分类、检测、分割及生成等多项任务。此外，卷积神经网络还通过应用迁移学习和微调技术，显著提升了其泛化能力。在图像设计、视频设计、游戏设计等领域，卷积神经网络已得到广泛而深入的应用。

（2）循环神经网络

循环神经网络，作为一种深度神经网络架构，其核心构成包括循环层和全连接层，旨在高效处理文本、语音等序列数据。该网络能够出色地完成序列数据的分类、生成、翻译、摘要等多样化任务，并通过引入注意力机制和记忆单元等先进技术，显著提升了其处理长期依赖关系的能力。

（3）生成对抗网络

生成对抗网络，作为一种由生成器和判别器共同构成的深度神经网络架构，展现出了在数据生成方面的卓越性能。它能够高效地生成出高质量且具备多样性的数据，满足了多样化数据处理需求。具体而言，生成对抗网络能够胜任图像、文本、音频等多种类型数据的生成、增强及转换任务，并且借助条件生成和风格迁移等先进技术，进一步提升了其定制化生成的能力，使得用户能够更为精确地定制所需数据。

1.4 产品优化设计的框架

1.4.1 优化设计的基本概念

基于优化的智能设计是学术界和工业界广泛研究和应用的一种方法，其通过数学模型和计算方法，帮助设计者在复杂的设计空间中找到最优解（系统地调整设计参数），以达到某种优化目标。优化的目标可以最小化成本、最大化性能、提高效率等。优化设计在工程、经济、管理等多个领域都有广泛应用。

优化设计模型是实现优化设计的关键，一般包括优化变量、优化目标和约束条件三个要素。其中，优化变量指的是描述产品方案的主要参数及其取值范围；优化目标指的是优化设计希望实现的目的，该目的与优化变量呈现一种函数关系；约束条件指的是达到优化目标所必须满足的不同视角的限制，这些限制同样与优化变量呈现一种函数关系。

目标函数通常用数学表达式表示，例如：

$$f(x)=c_1x_1+c_2x_2+\cdots+c_nx_n$$

其中，x_i 是优化变量，c_i 是相应的权重或系数。约束条件可以表示为等式或不等式：

$$g_i(x)\leqslant 0,\ i=1,2,\cdots,m$$

值得注意的是，上述模型中的$f(x)$在很多情况下无法显式地表达出来，往往以仿真模型等形式存在，且仿真模型的运行成本高昂，具有“黑箱”和“成本高昂”的特点。同时，优化变量 x_i 的维数往往非常高，即优化变量的数量非常多，具有“高维”的特点。可以说，产品优化设计领域的优化模型几乎包含了所有优化难题，通过优化方法实现自动化设计并非易事。

1.4.2　优化设计的总体框架

优化设计是一个循环往复、追求极致的过程，旨在通过不断迭代寻找并确定最佳方案。该过程的核心在于应用一系列高效的优化方法，如非线性优化、线性优化、多目标优化和智能优化等。此流程从明确的问题定义开始，随后进行细致的数据和知识采集，接着构建精确的代理模型，进行深度优化求解，并最终通过审慎的决策选择得出最优方案。整体技术架构如图 1-3 所示，每一步都严格遵循科学、严谨的原则，以确保达到最优化的目标。

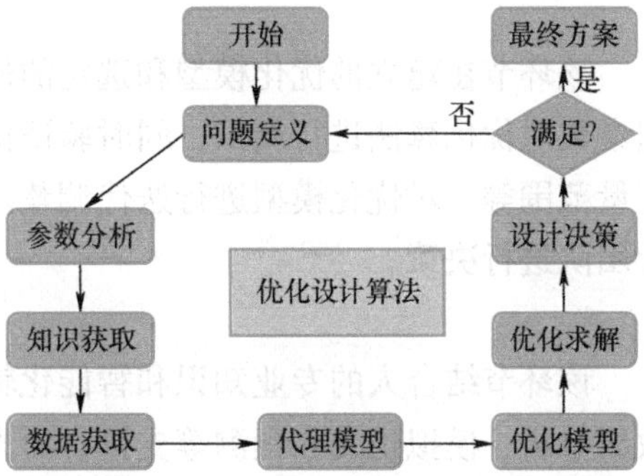

图 1-3　产品优化设计整体技术架构

1. 问题定义

该环节主要明确目标、变量与约束，需要将设计问题转化为数学模型，通过定义目标指标、设计变量和约束限制，建立一个可优化的数学模型。在这个环节中，需要考虑的问题包括：优化目标是否清晰，能否合理表征设计问题；优化问题的难点是什么，对优化算法的要求和限制是什么。

2. 参数分析

该环节涉及对系统或产品的关键参数进行详细分析和评估，以确保设计的可行性和性能。这个环节需要考虑参数的重要性、相互之间的影响关系、优化目标和限制条件。通过建立模型、进行仿真和实验，可以对不同参数进行测试和优化。

3. 知识获取

该环节涉及收集、整理和分析相关领域的工程知识和经验，以提高代理模型的精度。这个环节包括文献调研、专家咨询、案例分析和技术资料收集等活动，从而获取有关技术标准、最佳实践和先进解决方案的信息。通过充分了解相关领域的工程知识，寻找相关工程经验，以融合工程经验的方式补充缺失的映射规律，支撑高精度代理模型的构建。

4. 数据获取

该环节涉及使用仿真工具和技术生成大量的虚拟数据，以模拟实际系统的运行和行为。

通过仿真数据采集，设计团队可以评估和验证设计方案的性能、稳定性和可靠性。这个环节需要确定仿真参数和场景，并进行大量的仿真运算和测试，以收集不同工况和情境下的数据。采集到的仿真数据可以用于优化设计、验证假设和指导后续决策，从而减少实际试验和开发成本，加快设计过程的速度和效率。

5. 代理模型

该环节以机器学习和统计学方法为基础，利用采集的数据和知识构建代理模型，以代替复杂、耗时的仿真分析。在这个环节中，需要选择适当的算法和模型结构，并使用已有的数据进行训练和验证。构建代理模型需要充分理解系统的工作原理和特性，并与实际数据进行对比和校准，以确保模型的准确性和可靠性。代理模型可以快速预测和优化设计方案的性能，提高设计的效率和可行性，为后续决策和优化提供依据。

6. 优化模型

该环节通过分析已经建立优化模型和代理模型，对优化算法进行选型。在长期的研究中，学术领域形成了不同的多学科优化框架(协同优化等)，而且学科内的优化算法又包含梯度算法、非梯度算法、线性规划、启发式算法等，选择适合的算法对于设计方案生成的效率和质量具有重要的影响。

7. 优化求解

该环节在建立的优化模型和选定的优化算法基础上开展优化求解，通过调试优化算法的超参数对优化算法进行测试，同时验证优化模型的完备性，识别缺失的约束条件、不合理的变量范围等，对优化模型进行迭代调整。通过优化算法的运行获得多个设计方案，提供给设计团队进行决策。

8. 设计决策

该环节结合人的专业知识和智能化辅助系统对设计方案进行选择，智能化辅助系统提供数据分析、模拟仿真和预测等支持，而人的经验和判断则在决策过程中发挥重要作用。通过人在回路的决策，设计团队可以综合考虑技术、经济、可行性等多个因素，从而选择最佳的设计方案。

1.4.3 优化设计的关键技术

实现产品优化设计依赖于众多技术，最为重要的包括实验设计方法、代理模型构建方法、典型的优化算法、智能优化算法、多学科优化设计方法、设计方案决策方法等方面，本书后续章节将分别对上述技术和方法做详细介绍。以下仅给出简要介绍。

1. 实验设计方法

实验设计方法(Design of Experiment，DOE)是科学研究和工程领域中一种重要的统计工具，用于系统地规划和执行实验。其核心理念在于通过精心设计的实验方案，以最小的成本高效评估多个因素对实验结果的影响。常见的实验设计方法包括完全随机化设计、拉丁方设计、因子设计等。实验设计方法的显著价值在于提高实验效率，减少资源消耗，并通过精确的数据分析为决策提供可靠依据。在产品研发和工程实践中，实验设计方法扮演着优化流程、提升产品性能的关键角色。借助这一方法，研究人员能够迅速识别关键因素，优化产品参数，推动科技创新和工程进步。本书第 2 章详细阐述了实验设计方法的原理和应用。

2. 代理模型构建方法

代理模型构建方法，又称替代模型或响应面方法，乃是一种在工程设计与系统分析领域广泛应用的数据驱动模型，旨在近似处理复杂模型。其核心在于构建一个简化的、近似的模型，以此替代实际复杂系统，从而实现设计阶段与分析阶段对系统行为的快速预测，有效降低计算成本。典型方法涵盖多项式响应面、径向基函数、克里金模型及神经网络等。代理模型构建方法的价值显著，尤其在减少设计优化过程中的计算负担、加速设计迭代方面表现突出，同时确保对设计性能的精确预测。在工程设计实践中，代理模型使得工程师能在不损失精度的前提下，迅速评估设计方案，实现多目标优化，进而缩短产品开发周期、降低成本并提升设计质量。本书第 3 章详细介绍了代理模型构建方法。

3. 典型的优化算法

典型的优化算法，作为应用数学领域中的一类重要方法，其特点在于依据明确的数学原理，旨在求解函数的极值(最大值或最小值)。其核心运作原理基于梯度信息或迭代逼近策略，通过有序且系统地搜索解空间，实现对候选解的逐步改进。这些方法涵盖了线性规划(LP)、梯度下降法及其变体(如随机梯度下降 SGD)、牛顿法、共轭梯度法等多种典型技术。典型的优化算法的价值在于其坚实的理论基础，对于特定类型的优化问题，展现出极高的效率和准确性。它们为包括产品设计在内的多个领域，提供了一种可靠且系统化的求解最优或近似最优解的方法。本书第 4 章详细介绍了典型的优化算法。

4. 智能优化算法

智能优化算法是一类模拟自然界和社会现象中的优化机制，用以解决工程和科学研究中的复杂优化问题。这些算法的核心原理是利用迭代过程逐步改进解决方案，最终逼近最优解或可行解。它们通常包括随机性、启发式规则和自适应学习能力。典型方法涵盖了遗传算法(GA)、粒子群优化(PSO)、模拟退火(SA)和蚁群算法(ACO)等。智能优化算法的价值在于它们能够处理广泛的优化问题，包括非线性、多峰值、多目标和动态环境问题。这些算法不依赖问题的特定数学结构，具有很好的通用性和适应性。在产品设计领域，智能优化算法已成为寻找近似最优解的有效工具，有助于提高产品设计质量。本书第 5 章详细介绍了智能优化算法。

5. 多学科优化设计方法

多学科优化设计(Multi-disciplinary Design Optimization，MDO)方法是一种系统化的工程设计技术，旨在同时考虑产品在不同学科领域(如力学、热力学、控制理论等)的性能要求和约束条件，实现全局最优设计。其原理是通过建立一个集成的框架，协调各学科间的相互作用和依赖关系，以并行或顺序的方式进行设计优化。典型方法包括协同优化、分层优化和集成优化等。多学科优化设计方法的价值在于它能够提供更为全面和综合的设计方案，确保产品在多个性能指标上均达到最优。这种方法特别适用于航空航天、汽车制造和电子产品等复杂系统的设计，能够显著提高产品性能，缩短设计周期，降低研发成本。本书第 6 章详细介绍了多学科优化设计方法。

6. 设计方案决策方法

设计方案决策方法作为一种典型的多属性决策方法(Multiattribute Decision Making，MADM)，旨在从多个候选方案中选定最终的设计方案。MADM 在面对多元目标和属性时，为决策者提供了一套理论框架和实用工具。其核心在于将决策问题中的多元属性(例如成本、效率、风险等）予以量化，并基于这些属性对备选方案进行综合评价和排序。具体方法包括层次分析法（AHP）、模糊综合评价法和理想点法等。多属性决策方法的价值在于其提供了一套系统化、量化的决策支持机制，尤其适用于涉及多目标、多属性或多备选方案的复杂决策环境。此方法能协助决策者全面考量各种因素，辨识主要矛盾，明晰各方案之优劣，进而做出更为科学、合理的决策。本书第 7 章对设计方案决策方法进行了详尽的阐述。

本章小结

本章对产品设计的发展历史进行了简要的梳理，深入剖析了产品设计理论与技术两个层面的演变。详述了五种具有代表性的设计理论，包括系统设计理论、公理设计理论、创新设计理论、通用设计理论以及 C-K 设计理论，这些理论方法为全方位理解产品设计提供了多元化的视角。在此基础上，本章进一步阐述了现代产品的典型特征以及产品设计的一般流程，并针对智能设计的特点，详细探讨了实现智能设计的多种途径，如基于规则知识、优化、进化算法以及深度学习的智能设计等。最后，对产品优化设计的基本概念、总体框架及关键技术进行了系统性的分析。本章旨在强化读者对产品设计基本逻辑的掌握，增进对设计方法应用的理解，并激励读者在设计实践中，持续运用、探索和创新产品设计方法。

本章习题

1-1　请列举有哪些典型的设计理论，通过查阅文献，分析这些设计理论有什么优缺点。

1-2　请简述设计理论研究的价值和意义，为何设计理论不能直接支撑产品设计但又十分重要？

1-3　请简要介绍智能设计的实现方法。

1-4　请简述优化设计方法的基本过程和关键技术。

1-5　请简要论述产品设计方法的发展脉络。

第 2 章　实验设计方法

一个精心设计的实验可以用少量的实验次数获得最有效的信息。实验设计是科学地安排实验并分析数据的方法，实现用较少的人力、物力和时间获得尽可能多且可靠的信息。实验设计通常包括两方面内容：一是对实验进行科学、有效的设计规划；二是对实验所得数据的准确、恰当分析。本章结合纺纱工艺改进、抗腐蚀涂层性能对比、防护服隔热性能验证以及高速齿轮箱设计优化等案例，概述了实验设计的基本要素和原则，进一步介绍完全随机设计、拉丁方设计和正交设计等常用的实验设计方法。

本章的学习目标如下：

1. 理解实验设计的核心要素及基本原则。
2. 掌握实验设计的基本流程。
3. 掌握随机实验设计、拉丁方实验设计、正交实验设计等方法。

2.1　实验设计概述

20 世纪 20 年代，英国学者费希尔(R. A. Fisher)率先在农业生产中引入实验设计方法，并提出了拉丁方实验设计，日本统计学家田口玄一提出正交实验设计方法，我国学者王元、方开泰则创立了均匀设计方法。当前，实验设计已成为一门独立的学科，在工业、农业、生物、医药等多个领域得到广泛应用，并展现出日益显著的作用。本章旨在介绍实验设计的基本概念、主要原则及关键步骤，并进一步剖析其核心理念和基本特性，为学习后续章节内容提供坚实的理论基础。

2.1.1　案例介绍

1953 年 11 月，英国棉花工业研究协会的研究员罗伯特·皮克(Robert Peake)在享有盛誉的《应用统计学杂志》(*Journal of Applied Statistics*)上发表了一篇关于棉纺行业实验设计方法的专业文章。本节以该文章为例，简要阐述实验设计在实际生产中的应用。

棉纺工艺流程一般包括清棉、梳棉、精梳、并条、制成粗纱、制成细纱等环节。在将粗纱进一步加工成筒状产品之前，必须经过加捻处理以增强其性能，这一过程通过名为“锭翼”的纺纱部件实现。在该研究中，选用了两种类型的锭翼进行对比分析，分别是传统型旧式锭翼与新设计的特殊型锭翼。

尽管增加捻度能够有效提升棉线性能，但这一调整也会引发生产周期延长和成本上升的问题。因此，该研究聚焦于两个问题：首先，探讨不同捻度(以 1 转每英寸(1r/in)为量化指标，1in=2.54cm)对粗纱断裂率的具体影响；其次，对比传统型锭翼与新设计特殊型锭翼在实际应用中的性能差异。

2.1.2 实验设计的基本概念

实验设计的基本概念主要包括实验因素、水平、处理和响应变量。实验因素，亦称因子，指实验过程中拟探讨的变量，因素的不同取值被称作水平。根据所提供的因素水平，对实验单元实施的操作被称为处理。衡量实验结果优劣程度的准则称为实验指标，或称其为响应变量。

现以棉纺工艺实验为例介绍上述概念，该实验选用粗纱作为实验单元，探讨不同捻度对粗纱断裂率的影响，以及不同锭翼类型对粗纱性能的影响。捻度和锭翼类型为本实验的实验因素。其中，锭翼类型分为“普通”和“特殊”两个水平。对于捻度因素，在可行范围内选取了四个不等间距的水平，即 1.63r/in、1.69r/in、1.78r/in 和 1.90r/in。通过综合考量这两个因素，形成八种不同处理组合，具体详情见表 2-1。本实验以粗纱为实验单元，实验指标(即响应变量)为粗纱断裂率。

表 2-1 棉纺实验的粗纱断裂率

锭翼	捻度/($r \cdot in^{-1}$)			
	1.63	1.69	1.78	1.90
普通	11	12	13	14
特殊	21	22	23	24

根据实验因素的数量，实验通常可分为单因素实验、双因素实验以及多因素实验。前述案例符合双因素实验的定义。若仅探讨捻度对粗纱断裂率的影响，则其为单因素实验。若扩展研究范围，纳入不同类型粗纱对断裂率的影响，设定三种类型粗纱，即 A、B、C，则该实验为多因素实验，涉及三个因子：捻度、锭翼类型以及粗纱类型。这三个因素在不同水平上的组合，将形成 24 种不同的处理。

在实验结果分析过程中，通常会涉及二次方和、自由度两个重要的概念。

二次方和是指一组数据中各数据与其均值之差的二次方的总和。二次方和可以衡量数据的变异程度，即数据点与整体均值之间的离散程度。在方差分析或回归分析中，二次方和经常用来计算误差的二次方和(Sum of Squared Error，SSE)、因素的二次方和(Sum of Squares for Regression，SSR)等，有助于评估不同因素对结果的影响程度。

在统计分析中，自由度(Degree of Freedom，DF)是指用于估计总体参数或统计量时，样本中独立或能够自由变化的数据的个数，即可以自由变动的观测值的个数。如，计算某一统计量时，n 为样本数量，k 为被限制的条件数或变量个数，自由度则为 $DF=n-k$。对于二次方和而言，自由度可以帮助确定二次方和值的准确性和可靠性。在方差分析和回归分析中，自由度通常用于计算均方和(Mean Square)，以进一步进行显著性检验和推断统计。

2.1.3 实验设计的基本原则

费希尔在实验设计领域贡献卓越，提出了三大核心原则，即随机化原则、重复原则以及局部控制原则。这些原则在经过半个多世纪的深入研究与实践经验的积累后，得到了广泛的拓展和优化。其中，局部控制原则进一步被细化，分解为对照原则和区组原则，从而构成了实验设计的四大基本原则：随机化原则、重复原则、对照原则及区组原则。这四大原则在确保实验结果的准确性和可靠性方面发挥了重要的作用。

1. 随机化原则

随机化原则指的是在实验过程中，以等概率的方式随机选择实验单元。例如，在不同工况下，考察 150 个零件使用一个月后的性能退化程度。首先对零件进行编号，并通过抽签的方式随机选取 30 个零件，分配给 A1 组。类似地，完成其他组的分配，形成 A1 至 A5 共五组，每组在不同工况下运行一个月。在性能参数测量环节同样遵循随机化原则。对于同一批次生产的零件，随机选取零件进行测量；若零件来自不同批次，采取分层随机抽样方法。具体而言，首先生成一个 1~5 之间的随机数(例如3)，然后在 A3 组中随机选取一个零件进行测量。这种实验设计能够有效减少实验中的偏差，确保各组之间的分配和测量均呈现随机性。

违背随机化原则将严重影响实验结果的准确性，并可能引入系统性偏差。例如，若按照 A1~A5 的顺序依次测量，由于测量人员疲劳等因素的影响，可能导致后续组别的误差增大。此外，随机化原则还有助于应用各种统计分析方法，因为许多统计学方法都建立在独立样本的基础上。若违反随机化原则，如因主观因素导致数据失真，则无法通过统计方法弥补其固有缺陷，可能导致实验效率低下，甚至产生偏差极大的结论。因此，遵循随机化原则能够确保实验数据的独立性和随机性，是确保实验结果准确性和可靠性的重要保障。

2. 重复原则

重复指的是在相同处理条件下对同一实验处理进行多次实施，或在不同实验单元上重复相同的处理。重复实验能够评估实验误差，对处理效应进行科学的统计分析。从统计学角度审视，实验重复的频次(即样本量)与实验结果的可信度呈现正相关，同时也需考虑对人力、物力和时间的消耗。实验设计追求的是以最小的样本量实现实验结果的高可信度。

3. 对照原则

对照原则的作用是通过对照实验的比较能够得出准确、无争议的判断或结论。对照实验包括阳性对照和阴性对照等。

阳性对照，即已知明确有效的对照实验，预期会产生积极的结果。以设计一款新型耐高温合金部件为例，研究者检测该合金在不同温度下的微观结构变化特性。若测试结果显示，合金在高温、常温及低温下的微观结构均保持一致，则可能引发疑问：一是测试系统可能存在问题，导致结果相似；二是合金性能确实具有这种一致性。为解决此疑问，研究者需要引入合理的对照实验，即选择一种已知性能随温度显著变化的同类合金作为阳性对照，采用相同的测试设备和方法进行分析。若对照合金的测试结果与其已知的温度响应特性相符，则可确认测试系统的准确性，进而增强对新型耐高温合金测试结果的信心。

阴性对照包括空白对照、安慰剂对照、实验条件对照、标准对照、历史或中外对照几种，具体如下：

（1）空白对照。在对照组中，不施加任何处理因素。

（2）安慰剂对照。该对照通常应用于生物医疗领域，主要是由于精神心理因素对实验产生影响，需要采用一种无药理作用的安慰剂。

（3）实验条件对照。对照组不施加处理因素，但施加与处理因素相同的实验条件。任何对实验结果产生影响的实验条件，都应采用对照加以控制。

(4) 标准对照。采用现有标准方法或常规方法作为对照。

(5) 历史或中外对照。将实验结果与历史或国内外同类实验结果进行比较。

在实验设计中，对照作为一种重要的处理方式，在统计分析中常被视为实验因素的一个基准水平。例如，在探究不同润滑剂量对机械设备效率影响的研究中，设定了四个不同处理水平，即无润滑油添加(0L)、少量润滑油(1L)、适中量润滑油(2L)以及大量润滑油(3L)。此时，“无润滑油添加”构成了空白对照组，提供了一个评估其他处理水平效果的基准。

4. 区组原则

区组是指在实验中人为界定的时间、空间、设备等实验条件的范畴。区组因素，是一个非处理因素，特指在实验中对实验指标产生影响的因素，但并非研究者直接关注的处理变量。鉴于实验过程中难以确保所有实验条件完全一致，将区组因素纳入实验设计的考量中，并视为实验因素，在设计阶段和数据分析阶段均予以考虑。

以润滑剂量实验为例，实验的主要焦点是润滑油添加量对设备运行效率的影响。然而，必须认识到，设备的磨损状态和工作负荷同样对效率有影响。因此，设备的磨损状态和工作负荷需要被考虑，设置为区组因素。

根据设备的磨损状态和工作负荷将其分为不同的区组，并在实验设计中确保每个区组包含所有润滑油剂量的测试，能够更有效地控制并降低这些外部变量对实验结果的干扰。在数据分析阶段，利用统计方法对比不同区组的数据，可以准确评估不同剂量的润滑油在特定工作条件下对机械设备效率的影响。

实验设计四大基本原则：随机化原则、重复原则、对照原则和区组原则，彼此相辅相成。区组原则为核心，确保区组内条件一致，比较不同区组差异，剔除非处理因素干扰。随机化原则保证区组分配无偏，避免偶然影响。重复原则通过多次实验提升结果可靠性。对照原则设立基准，准确判断处理效应。

2.1.4 实验设计的一般步骤

1. 明确实验目标

在确定实验目标时，应简明扼要地列出要解决的确切问题，编制目标清单。

2. 辨识变异源

变异源是观测值差异的来源，涉及处理因素、水平、实验单元和区组等。部分变异源影响轻微，仅产生微小差异，而有些则影响显著，需在实验中加以控制和规划。建议列出所有变异源，并区分其重要性。主要变异源有两类：处理因素，即实验者特别关注的因素；噪声因素，对实验有干扰且非主要关注对象。

3. 设计实验

实验的分配规则主要明确实验单元的分配或选取，遵循实验设计的四大基本原则进行。

4. 规定实验指标、实验程序

从实验得到的数据称为响应变量，如作物产量、机器运行效果，测量时需指定合适单位，反映实验目标。

5. 开展试点实验

试点实验是小型实验，仅涉及少量观察。其目的不在于得出结论，而是检查实验设计的合理性，有助于发现实验操作和数据收集中的问题。

6. 确定模型类型

模型定义了响应变量与其变异源之间的关系框架。在分析实验数据时，会依据模型的具体类型来确定相应的数据分析方法。

7. 确立分析模型

实验数据分析一般取决于实验目标及模型类型。

8. 计算所需观察次数

计算实验所需的最优观察次数是实验设计的关键步骤。观察次数不足会影响结果的可靠性，而过多则会无谓地浪费资源。

9. 审核上述决策

观察次数超出预期，无法满足时间或预算要求，需要修改。修正从第 1 步开始，通常需要缩减实验范围。

2.1.5　实验设计的案例

本节以棉纺实验为例，介绍实验设计的基本步骤如何应用。

1. 实验目标

在棉纺实验中，研究不同捻度对粗纱断裂率的影响以及普通锭翼和特殊锭翼的效果。

2. 辨识变异源

(1) 处理因素及其水平

实验中包含两个处理因素，即“锭翼”和“捻度”。其中，锭翼有两个级别，分别是“普通”和“特殊”。而对于捻度，需要在可行的范围内选择水平。为了确定这个范围，通过初步实验，选择了四个不等间距的水平，分别是 1.63r/in、1.69r/in、1.78r/in 和 1.90r/in。综合考虑这两个因素，共有八种可能的处理组合，具体见表 2-1。

(2) 区组、噪声因素和协变量

除了两个处理因素外，不同的机器、不同的操作员、实验材料(棉花)和大气环境条件都是影响因素。经与专家讨论，实验者决定将不同的机器作为一个区组因素，每个水平代表一台机器，每台机器的操作人员是固定的。为了确保区组内的实验条件相似，每个区组的实验单元数量限制为六个(试点试验排除两组)。

3. 实验单元的分配规则

每个区组的六个实验单元随机分配到六个处理组合中，最终的实验设计见表 2-2。

表 2-2　棉纺实验设计部分

区组	时间顺序					
	1	2	3	4	5	6
Ⅰ	22	12	14	21	13	23
Ⅱ	21	14	12	13	22	23
Ⅲ	23	21	21	12	13	22
Ⅳ	23	21	22	…	…	…
⋮	⋮	⋮	⋮	⋮	⋮	⋮

4. 规定实验指标

基于实验目标，本实验以每 100lb(1lb≈0.45kg)材料的断裂数量作为衡量处理效果的量化指标。

5. 开展试点实验

试点实验结果表明，组合 11 和 24 方式形成的粗纱效果较差。因此，在后续实验中不再考虑这两种处理组合。实验者最终选择六种处理组合，包括：12、13、14、21、22 和 23。

6. 确定模型类型

根据实验的特性，拟选用线性模型。

7. 确定分析模型

模型构建为：断裂率=常量+处理组合效应+区组效应+误差。

8. 计算所需观察次数

该实验是为了检测出每 100lb 至少 2 次断裂的概率，基于试点实验的方差及统计分析结果，得出需要观测 56 个区组(共 336 个观测点)。

9. 严格审核上述决策。

10. 实验结果分析

根据实际情况，每个区组需要大约一周的观察时间，开展 56 个区组的实验耗时过久。因此，实验者决定在前 13 个区组实验完成后进行数据分析，但是这会显著降低检验能力(检测到每 100lb 2 个断裂的概率)。相应数据见表 2-3，其中 5 个区组的数据如图 2-1 所示。

表 2-3　棉纺实验数据　(%)

处理组合	编号					
	1	2	3	4	5	6
12	6.0	9.7	7.4	11.5	17.9	11.9
13	6.4	8.3	7.9	8.8	10.1	11.5
14	2.3	3.3	7.3	10.6	7.9	5.5
21	3.3	6.4	4.1	6.9	6.0	7.4
22	3.7	6.4	8.3	3.3	7.8	5.9
23	4.2	4.6	5.0	4.1	5.5	3.2

处理组合	编号						
	7	8	9	10	11	12	13
12	10.2	7.8	10.6	17.5	10.6	10.6	8.7
13	8.7	9.7	8.3	9.2	9.2	10.1	12.4
14	7.8	5.0	7.8	6.4	8.3	9.2	12.0
21	6.0	7.3	7.8	7.4	7.3	10.1	7.8
22	8.3	5.1	6.0	3.7	11.5	13.8	8.3
23	10.1	4.2	5.1	4.6	11.5	5.0	6.4

资料来源：Peake R E, 1953. Planning an experiment in a cotton spinning mill. Applied Statistics **2**, 184-192.

从图 2-1 中可以看到，不同区组之间存在明显差异，例如区组 5 的数据表现始终优于区组 1。另外，处理组合 12 和 13 的断裂率相对处理组合 23 而言较高。然而，必须强调的是，观察到的这些差异可能仅仅是数据本身的随机波动造成的。因此，为了准确评估这些差异是否具有实际意义，需要对数据进行深入的统计分析，并通过严谨的统计测试来验证这些差异是否具备统计学上的显著性，从而保证所得出结论的可靠性。

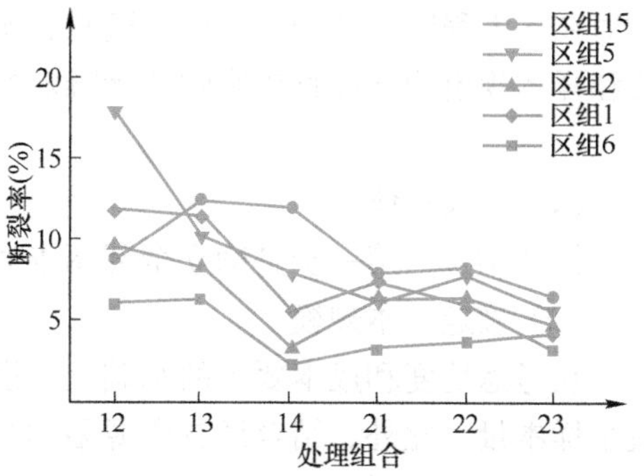

图 2-1　部分实验数据折线图

2.2　随机实验设计

实验设计的总体目标是用较少的实验次数，即较少的人力、物力和时间，获得尽可能多且可靠的数据资料。本节重点介绍完全随机设计、随机区组设计、平衡不完全区组和裂区设计的概念、特征和一般实施步骤等。

2.2.1　案例介绍

在工程装备的服役过程中，腐蚀问题一直是工业设备面临的严峻挑战，特别是在海洋、化工、建筑等易受腐蚀影响的行业领域。金属材料，如广泛应用的钢材和铝合金，尽管具备优秀的物理性能，但其在潮湿、盐雾等恶劣环境下的耐腐蚀性是决定其使用寿命的关键。为了应对这一挑战，科研团队与工程师们不断致力于研发新型的防腐涂层技术，以期达到延长材料使用寿命、降低维护成本，并减少因腐蚀造成的经济损失与环境影响的目的。本研究的主要任务是对四种新型防腐涂层（代号 C1～C4），在两种常见金属材料（钢材 S1 与铝合金 A1）上的耐腐蚀性能进行全面评估。

2.2.2　完全随机设计

1. 完全随机设计的基本原理

完全随机设计确保实验单元被无偏地分配到不同的处理组（如实验组和对照组），排除潜在因素的干扰。其核心在于通过随机分配来控制和平衡已知及未知因素的影响，使研究者能够更为准确地评估效应。

当研究单元数量过多时，无须对所有单元进行实验，抽样调查成为完全随机设计的一个重要环节，用以筛选和确定实验单元。抽样调查作为统计研究的重要工具，通过对总体中部分单元的研究和数据挖掘，实现对总体特性的有效推断。

在抽样调查中，全体研究单元被称为“总体”，而实际选取并进行分析的部分单元则构成“样本”。研究的核心在于通过对样本数据的分析，准确估计和推断总体特征。抽样调查可根据样本抽选方式分为概率抽样和非概率抽样。概率抽样依据概率论和统计学原理，通过随机原则从总体中抽取样本，并利用这些样本对总体参数进行估计和预测，同时能够在概率层面上控制推断误差。非概率抽样是指调查者根据自己的方便或主观判断抽取样本的方法。它不是严格按随机抽样原则来抽取样本，也就无法确定抽样误差，无法正确地说明样本的统计值在多大程度上适合于总体。通常，所提及的抽样调查主要指的是概率抽样方法。抽样方法和样本规模的选择直接影响统计推断的准确性。

2. 完全随机设计的基本步骤

(1) 明确总体

抽样调查的第一步是确立全部调查对象及其范围。

(2) 确定样本规模

在考虑精度和成本要求的基础上，设定合适的样本容量。在给定精度下，可以计算得出最小样本量，此外，结合调查资源限制与成本要求可确定最大可行样本量。

(3) 选择抽样方法

首先设定抽样方法，例如随机抽样或非随机抽样，一次性抽样或连续性抽样等。

在抽样方法的选择上，除完全随机抽样外，系统抽样作为一种补充方式，同样具有广泛的应用价值。系统抽样，也被称为顺序抽样，其核心在于依据预设的顺序，抽取固定数量的抽样单位以构建样本。此方法显著特点在于其操作的便捷性和实用性。若总体中的单位可进行编号处理，则可先行对每个单位进行编号，随后按照既定的间隔顺序，逐个抽取样本单位。若编号操作存在困难，亦可选择每隔一定距离抽取一个样本单位作为替代方案。系统抽样的具体实现形式多样，包括但不限于对角线式、棋盘式、分行式、平行线式以及 Z(或 S) 形式等，如图 2-2 所示。

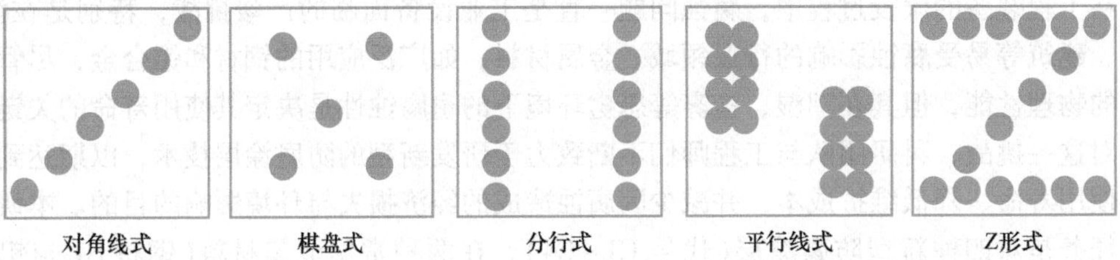

图 2-2　系统抽样的常见方式

对于 2.2.1 节的涂层耐腐蚀性能实验，4 种涂层分别应用于 2 种基材，若不考虑重复，共有 8 种组合需要进行试验。假设 2 种基材分别有 100 件，从 100 件随机抽取 4 件随机施加 4 种不同的涂层，或进行系统抽样选取基材，进而进行耐腐蚀试验。在进行随机抽样过程中，可以先将 100 件样品编号(1~100)，运用 Python 语句直接获取随机样本编号，从而进行基材的随机抽样。

	对应文件：2_2. 2_1. py

2.2.3　随机区组设计

1. 随机区组设计的基本原理

随机区组设计依据局部控制和随机化原则，将实验单元按其性质分为与重复数相匹配的区组。此设计旨在最小化区组内非实验因素的差异，同时最大化区组间非实验因素的差异，并确保每个区组涵盖所有处理。在随机区组设计中，各区组内的处理将随机排列，而不同区组之间处理亦独立随机排列。

随机区组设计通过区组的划分，降低了对实验单元整体条件的严格要求，仅需确保各区组内非实验因素条件尽可能一致，有效减少了非实验因素的单向差异，从而降低实验误差。然而，此方法对于处理水平数量有一定限制，通常建议处理水平数量不超过 10 个。若处理水平数量过多，将导致区组规模增大，增加组内误差，进而影响局部控制的效果。

在对随机区组设计的实验结果进行统计分析时，将区组视为一个因素（随机效应），与实验因素一起进行方差分析。这相当于比实验因素多了一个因素的方差分析。如，对于单因素随机区组设计，采用二因素无重复观测值的方差分析方法进行分析。对于二因素随机区组设计实验，需要进行三因素的方差分析。

2. 随机区组设计的基本步骤

随机区组设计的实施主要分为三个步骤。

（1）划分区组

根据局部控制原则，将实验材料和其他可控的非处理因素一致性较好的划为同一组，将所有实验单元划分为若干组。

（2）区组内处理的随机化

在每个区组内，通过抽签或随机数生成等方法将所有实验处理随机排列。这需要对所有区组逐个操作，确保每个区组内的处理都是随机排列的。采用随机数字法对区组内的各处理进行随机排列的方法如下。首先，将所有处理进行编号，当有 n 个处理时，将每个处理分别编号为 1，2，…，n；其次，将各处理进行随机排列。

（3）区组的随机排列

对于所有区组，需要对其进行随机排列，具体方法同上。

3. 随机区组设计案例的求解

以抗腐蚀涂层性能对比分析为例，实验共设置 16 个组合，包括 4 种涂层分别应用于 2 种基材，每种组合实施两次实验，一次在实验室环境（区组一），另一次在户外模拟环境（区组二），以探索环境因素如何影响涂层效果。涂层类型视为固定效应，区组作为随机效应，而基材类型则用于探索与涂层效果的交互作用。实验结果见表 2-4。

表 2-4　不同涂层在两种基材上的平均腐蚀速率　（单位：mm/a）

涂层	基材	区组 1	区组 2
C1	S1	0.02	0.03
C1	A1	0.01	0.015
C2	S1	0.018	0.025
C2	A1	0.012	0.018
C3	S1	0.015	0.022
C3	A1	0.011	0.016
C4	S1	0.013	0.019
C4	A1	0.009	0.014
区组均值		0.0135	0.019875

运用 Python 可以直接进行相应的方差分析，代码请见二维码。

对应文件：2_2. 3_2. py

方差分析的运行结果见表 2-5。

表 2-5　方差分析

变异来源	平方和	自由度	均方和	F	P
涂层	0. 00006	3	0. 00002	14. 83	0. 0002037
基材	0. 0002	1	0. 0002	143. 03	0. 000007
涂层×基材	0. 00004	3	0. 00001	9. 55	0. 007180
区组	0. 00016	1	0. 00016	114. 51	0. 000014
误差	0. 00001	7	0. 000001		
总变异	0. 00048	15			

从方差分析可见，涂层类型对耐腐蚀性能有显著影响（$P=0.0002037<0.05$），基材类型影响也显著（$P=0.000007<0.05$），且二者存在交互作用（$P=0.007180<0.05$），这意味着某些涂层在特定基材上的表现优于其他基材。区组间的差异也表明测试环境对结果有一定影响（$P=0.000014<0.05$）。随机区组设计有效地分离了处理效应（涂层类型）与非处理效应（基材类型、测试环境），并考虑到了它们之间的交互作用，提高了研究结论的可靠性和实用性。

2. 2. 4　平衡不完全区组设计

1. 平衡不完全区组设计的基本原理

在随机区组设计中，通常每个区组都包含了全部的处理。在某些情况下，由于实验材料或其他非实验因素的不均一性，或者由于时间限制，无法在每个区组中包含所有处理。为了解决这个问题，可以减小区组容量进行不完全区组设计。

平衡不完全区组设计就是一种不完全区组设计的方法，每个区组只包含部分处理。其特点包括：

1）每个处理在每个区组中最多出现一次。

2）每个处理在整个实验中出现的次数相等。

3）任意两个处理都有机会出现在同一区组中，且在全部实验中任意两个处理在同一区组中出现的次数相等。

假设有 v 个实验处理，每个区组包含 k 个处理，每个处理重复 r 次，总共有 b 个区组，λ 为任意两个处理在同一区组中相遇的次数。根据平衡不完全区组设计的特点，各参数之间满足如下关系：$rv=bk$，$\lambda=r(k-1)/(v-1)$，$b\geqslant v$。需要注意的是，对于不同的参数值需要采用不同的设计方案，并非所有参数值都能满足平衡不完全区组设计的特征而进行设计。

平衡不完全区组设计的优点在于，可以利用不完全区组来安排实验处理，并仍然能够正确比较各处理之间的差异。其主要缺点是实验精确度相对较低。与随机区组设计相比，平衡不完全区组设计中两个处理之间的比较精确度仅为随机区组设计的 $E\%$，其中，$E=100\times[1-(1/k)/[1-(1/v)]]$。因此，只有在难以进行随机区组设计时才会采用平衡不完全区组设计。

2. 平衡不完全区组设计的基本步骤

平衡不完全区组设计的基本步骤如下：

1）根据给定参数选择适宜的平衡不完全区组设计方案。

2）在区组内对各处理进行随机排列。

3）对各区组进行随机排列。

3. 平衡不完全区组设计的实验结果分析

方差分析的方法可用于对平衡不完全区组实验结果的分析，运用计算得出的 F 值对处理因素进行显著性检验。

首先需对二次方和与自由度进行分解。总二次方和与总自由度均可分解为区组、处理及误差的相应部分，即：

$$SS_{\mathrm{T}}=SS_{\mathrm{r}}+SS_{\mathrm{t(调整的)}}+SS_{\mathrm{e}} \tag{2-1}$$

$$df_{\mathrm{T}}=df_{\mathrm{r}}+df_{\mathrm{t}}+df_{\mathrm{e}} \tag{2-2}$$

其中各项的计算方法如下：

$$SS_{\mathrm{T}}=\sum_{i=1}^{v}\sum_{j=1}^{b}x_{ij}^{2}-C,\quad C=\frac{T^{2}}{N},\quad N=rv \tag{2-3}$$

$$SS_{\mathrm{r}}=\frac{\sum_{j=1}^{b}R_{j}^{2}}{k}-C \tag{2-4}$$

$$SS_{\mathrm{t(调整的)}}=\frac{\sum_{i=1}^{v}Q_{i}^{2}}{\lambda kv},\quad Q_{i}=kV_{i}-T_{i} \tag{2-5}$$

$$df_{\mathrm{T}}=N-1,\quad df_{\mathrm{r}}=b-1,\quad df_{\mathrm{t}}=v-1 \tag{2-6}$$

式中，SS_{T} 为总二次方和；SS_{r} 为区组间二次方和；$SS_{\mathrm{t(调整的)}}$ 为处理间二次方和；SS_{e} 为误差二次方和；自由度分解公式的各项含义相似；x_{ij} 为第 i 处理第 j 区组的观察值；T 为所有观察值的总和；R_j 为第 j 区组各观察值的总和；V_i 为第 i 处理各观察值的总和；T_i 为第 i 个处理所有区组的 R_j 之和。

F 检验：

$$F=\frac{s_{\mathrm{t(调整的)}}^{2}}{s_{\mathrm{e}}^{2}} \tag{2-7}$$

当多重比较时，要进一步调整平均数 $\bar{v}_i$：

$$\bar{v}_i=\frac{Q_i}{\lambda v}+\frac{T}{N} \tag{2-8}$$

标准误 $s_{\bar{v}}$ 为：

$$s_{\bar{v}}=\sqrt{s_e^2\cdot\frac{k}{\lambda v}} \tag{2-9}$$

4. 平衡不完全区组设计的案例求解

假设在 2.2.1 节的案例中，实验环境由原本的两种增加为 7 种，故需安排 7 个区组，且由于材料保存出现问题，处理 C4A1 受到损坏，又没有充足时间重新制备，处理数减少为 7 种。在传统完全区组设计中，每个处理均需在所有区组中出现。但在资源和实验条件的限制下，无法进行完全区组设计。由此，可以采用平衡不完全区组策略，安排 7 个区组(标记为 A 至 G)，使得每个涂层-基材组合在不同区组中恰好出现三次，且每个区组包含三组不同的处理组合，确保了平衡性(见表 2-6)。

表 2-6 不同涂层在两种基材上的平均腐蚀速率 (单位：mm/a)

区组	处理							R_j
	C1S1	C1A1	C2S1	C2A1	C3S1	C3A1	C4S1	
A		0.027			0.034		0.042	0.103
B	0.022				0.035	0.014		0.071
C	0.024	0.026	0.038					0.089
D	0.024			0.041			0.047	0.112
E			0.039			0.016	0.044	0.100
F		0.029		0.043		0.016		0.088
G			0.041	0.047	0.032			0.119
V_i	0.071	0.082	0.118	0.131	0.101	0.046	0.132	0.682
T_i	0.272	0.279	0.308	0.319	0.293	0.259	0.314	
Q_i	-0.06	-0.033	0.048	0.073	0.010	-0.121	0.083	

根据以上数据，可知 $v=7$，$k=3$(相对应的设计参数为 $r=3$，$b=7$，$\lambda=1$)。通过程序求解的 Python 代码如二维码所示。

对应文件：2_2.4_3.py

方差分析结果见表 2-7。

表 2-7 平衡不完全区组方差分析结果

方差来源	二次方和	自由度	均方和	F
处理	0.001621	6	3.67×10^{-4}	74.03
区组	0.000544	6		
误差	0.000039	8	4.96×10^{-6}	
总变异	0.002205	20		

进行 F 检验：$F=74.03$，查 $F_{0.01(6,8)}=6.37$，所以各种处理对于基材的耐腐蚀性都有显著影响。

2.2.5　裂区设计

1. 裂区设计的基本原理

裂区设计作为一种多因子实验设计方法，特别适用于处理因素在空间布局、时间安排和成本投入上呈现出显著不对称性的场景。实验单元被划分为两个层次，其中一层涉及主处理因素，如工艺参数和材料选择等，这些处理通常需要覆盖较大空间范围或涉及较高的成本，因此被安排在“主区”。另一层则聚焦于副处理因素，如次要的工艺变量，这些处理可以安排在相对较小的“副区”，副区嵌套于主区中。裂区设计优先考虑的情况有以下三种情形。

1）空间上的不对称要求。处理因素在空间上具有不同的要求，例如在建筑结构抗震性能研究实验中，主处理因素是不同结构设计方案，建筑材料的种类或厚度以及施工工艺等副处理因素则在各小区内进行变化。

2）时间上的不对称要求。处理因素需要在不同的时间段内应用，例如在两个不同季节的时间区间内进行某材料结构性能研究实验，主处理考虑不同季节设置带来的差异，而副处理则可以考虑在每个时间区间内的变化。

3）成本上的不对称要求。处理因素具有不同的成本要求，例如在一项工程研究中，主区可能涉及高成本的处理（如制造工艺），而副区可以灵活地进行低成本的处理（如不同质量水平的材料）。

2. 裂区设计的基本步骤

裂区设计的基本步骤如下（见图 2-3）：

1）将实验材料及其他可控非处理因素一致性较高的划分为同一区组，进而将整个实验单元划分为多个区组。

2）在各区组内，根据主要因素的水平数设置主处理的小区数量，并随机排列主处理各水平的小区顺序，可采用抽签法与随机数字法，该过程需对所有区组逐一进行随机化设计。

3）在主处理的小区内引入第二个因素的各个处理（副处理）的小区。

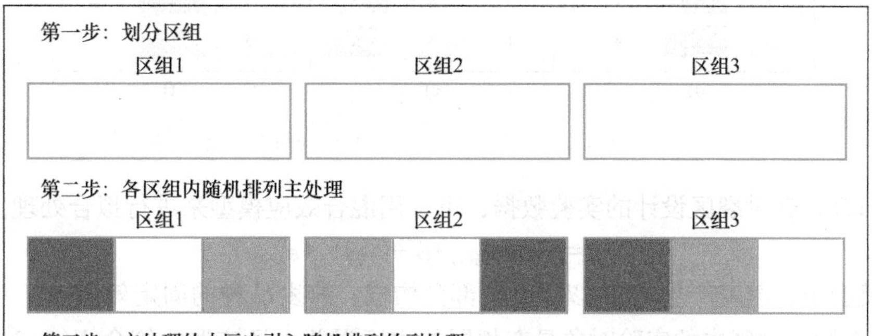

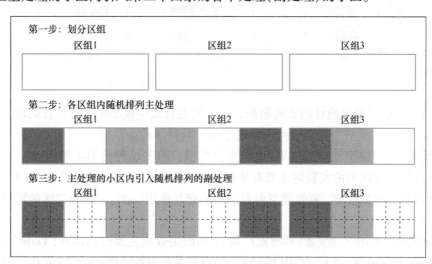

图 2-3　二因素裂区变异来源

在实验中，主处理所划分的主要区域被称为主区或整区，而主区内的各个小区域，根据副处理的划分，被称为副区或分区。从次要因素(副处理)的角度来看，一个主区可以被视为一个区组。然而，从整个实验的所有处理组合来看，一个主区仅仅是一个不完全的区组。相较于主区而言，副区之间更为接近，因此，副处理之间的比较相较于主处理之间的比较更为精确。

裂区设计在小区排列方式上可有所变化，主处理与副处理均可排成拉丁方(在方形格子中安排实验处理，确保每行每列处理唯一且均衡出现，详见 2.3 节)，从而提高实验精确度。特别是主区，由于其误差较大，采用拉丁方排列更为有利。然而，主区与副区均使用拉丁方时可能会导致小区数量显著增加。

在进行裂区设计的实验结果统计分析时，通常采用方差分析。与随机区组设计不同的是，裂区设计方差分析存在两个误差项：区组与主处理为同一误差，而裂区副处理及交互作用为另一个误差项。对于裂区而言，主区相当于区组处理。

3. 裂区设计的案例求解

有一数据集记录了燕麦产量在裂区设计下的田间实验结果。此实验涉及三个不同品种的燕麦以及 4 个不同水平的氮元素处理，总共包含 6 个区组。每个区组由 3 个主区组成，而每个主区又细分为 4 个副区。在实验中，不同品种的处理施用于主区，而不同施肥处理则施用于裂区(见图 2-4)。

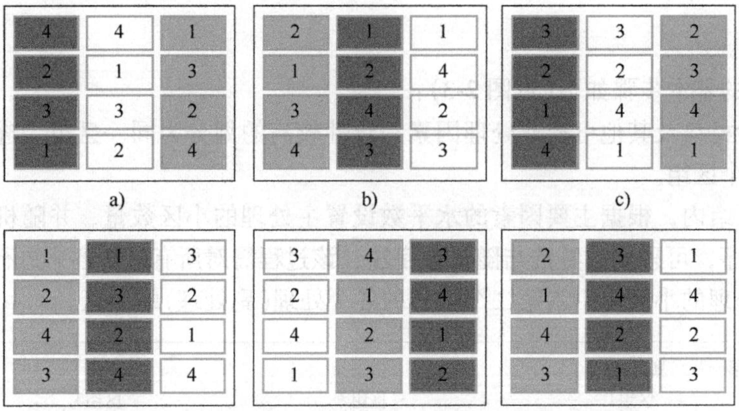

图 2-4　燕麦产量田间实验的裂区设计示意图

一般而言，针对裂区设计的实验数据，可采用混合效应模型来进行拟合处理。

$$Y_{ijk}=\mu+\alpha+\eta_{k(i)}+\beta_j+(\alpha\beta)_{ij}+\varepsilon_{k(ij)}$$

在此模型中，燕麦产量 Y_{ijk} 由以下几个部分构成：燕麦品种的固定效应 α_i，主区的随机效应 $\eta_{k(i)}$(在同一主区内的实验对象具有相同的主区误差，且该误差符合 $N(0,\delta_\eta^2)$ 的正态分布)，氮处理的固定效应 β，氮处理与燕麦品系的交互作用 $(\alpha\beta)_{ij}$，以及裂区的随机效应误差项 $\varepsilon_{k(i,j)}$。

在本研究中，影响响应变量(即燕麦产量) y 的固定效应主要包括品种(Varieties，V)、氮处理(Nitrogen Treatment，N)、区组(Blocks，B)以及品种与氮处理之间的交互作用(V×N)。此外，模型中还纳入了一个额外的随机效应，用以控制不同品种在不同区组中可能存在的随机误差。可运用 Python 语言实现相应的方差分析，代码如二维码所示。

对应文件：2_2. 5_4. py

方差分析的运行结果见表 2-8。

表 2-8　线性混合模型输出

方差来源	二次方和	自由度	均方和	F	P
B	4675. 0	5	935. 0	5. 2800	0. 01244
V	526. 1	2	263. 0	1. 2853	0. 27239
N	20020. 5	3	6673. 5	37. 6856	2.45×10^{-12}
V×N	321. 8	6	53. 6	0. 3028	0. 93220

从上述研究结果可以知，氮元素处理对燕麦产量的影响最为显著（$P=2.45\times10^{-12}<0.001$）。同时，区组处理也对实验中燕麦产量的变化产生了显著影响（$P=0.01244<0.05$）。然而，燕麦品种以及品种与氮处理之间的交互作用对产量的影响并不显著。在裂区设计中，主区因素的效应检测敏感性相对较低，而将需要更高精确度的因素作为副处理。

2. 3　拉丁方实验设计

拉丁方实验设计主要适用于只有一个处理因素和两个区组因素的水平比较，是析因设计、正交设计和均匀设计的起源，在实验设计方法的发展过程中发挥了重要作用。本节将结合案例对拉丁方实验设计的原理与特点、拉丁方表格及变形、拉丁方设计的基本步骤展开介绍。

2. 3. 1　案例介绍

实验者需要比较 5 套不同防护服在高温下的防护效果。为了尽量避免外界条件和个体差异对实验结果的影响，需要控制在相同条件下进行比较。为此，采用拉丁方实验设计方法，通过随机抽样选取了 5 名受试者，并在 5 个不同的实验日期中，请受试者分别穿戴 5 套不同的防护服进行实验，同时测量他们的脉搏数。为了实现随机化，使用随机数字表或其他随机化工具为防护服分配了 A、B、C、D、E 这五个随机代号，并将受试者随机编号为甲、乙、丙、丁、戊，实验日期则编号为 1~5。

2. 3. 2　拉丁方实验设计的原理

拉丁方实验设计由统计学家费希尔提出，其以 k 个拉丁字母为元素构建 k 阶方阵，这些字母在 k 阶方阵中每行每列都仅出现一次时，该方阵就被定义为 $k\times k$ 阶拉丁方。

拉丁方实验设计的核心特点在于其独特的双维度控制机制，即每一行和列都被设计成独立且完整的控制单元，确保每个处理仅在每行或每列中出现一次。这意味着实验设计中，处理的总数、行组成的单位组数、列构成的单位组数，以及每个处理重复的次数都是一致的。

拉丁方阵可以采用多样的结构，其中最基本的形式是标准拉丁方，其特点是首行与首列遵循字母的自然排序。随着待处理水平数量(k)的增加，可构建的标准拉丁方数目也随之增加。例如，2×2 和 3×3 的标准拉丁方各有一个唯一的解，当扩展到 4×4 时，解的数量增至 4 个，而到达 5×5 的规模，有 56 个不同的解。值得注意的是，通过对这些标准拉丁方的行或列随机对换，可以衍生出更多的拉丁方变体。

拉丁方实验设计在统计分析方面的一大优势在于，它能够有效区分行和列两个方向的单位组间变异。不过，由于其实验设定严格要求行与列单位组的数量、处理总数以及每个处理的重复次数必须相等，拉丁方实验设计的应用场景受限。此外，对于处理数量较少的场合，可能会导致重复数不足，使得误差估计的自由度较小，从而降低统计检验的敏感性和可靠性。

针对处理水平数不超过 4 的情形，可考虑采用复合拉丁方实验设计，即对同一拉丁方实验设计多次重复实验，并将数据汇总分析。然而，处理数量过多则需要相应增加重复次数及行、列单位组的数量，这无疑加重了实验的操作负担。在实际操作中，倾向于将拉丁方实验设计中的处理数限定在 5~8 之间，以此平衡实验的精确度与可行性。

拉丁方实验设计的结果分析以方差分析为基础，按三因素(两个单位组因素和实验处理因素)实验单独观测值进行方差分析，相应的二次方和与自由度公式如下：

$$SS_{\mathrm{T}}=SS_A+SS_B+SS_C+SS_{\mathrm{e}} \tag{2-10}$$

$$df_{\mathrm{T}}=df_{\mathrm{r}}+df_{\mathrm{t}}+df_{\mathrm{e}} \tag{2-11}$$

式中，处理因素为 A，行单位为 B，列单位为 C。

F 检验：

$$F_A=\frac{MS_A}{MS_{\mathrm{e}}},\ F_B=\frac{MS_B}{MS_{\mathrm{e}}},\ F_C=\frac{MS_C}{MS_{\mathrm{e}}} \tag{2-12}$$

2.3.3 标准拉丁方表格及变形

拉丁方是用字母或数字排列的满足一定性质的方阵，该性质要求每一个字母或数字在每行和每列中恰好出现一次，方阵的行数或列数称为拉丁方的阶数。图 2-5 展示了最简单的 2 阶拉丁方，其中图 2-5a~d 四个 2 阶拉丁方分别采用了不同字母或数字表示，它们的性质完全相同。

图 2-6a 与图 2-6b 分别呈现了两种 3 阶拉丁方的表现形式。其中，图 2-6a 展现了一个标准拉丁方，其显著特点在于其第 1 行与第 1 列均依照字母(或数字)的序列进行有序排列。相对之下，图 2-6b 中的拉丁方则是通过对图 2-6a 中标准拉丁方的第 1 列与第 2 列进行互换操作后所得到的。

a)

A	B
B	A

b)

a	b
b	a

c)

α	β
β	α

d)

1	2
2	1

图 2-5 2 阶拉丁方

a)

A	B	C
B	C	A
C	A	B

b)

B	A	C
C	B	A
A	C	B

图 2-6 3 阶拉丁方

拉丁方阶数大于 3 时，标准拉丁方并非唯一。如图 2-7a 与图 2-7b 展示的两个 5 阶标准拉丁方，而图 2-7c 所示拉丁方则是通过将图 2-7a 标准拉丁方的第 1 与第 2 行互换，同时将第 1 与第 2 列互换所得。

A	B	C	D	E		A	B	C	D	E		C	B	D	E	A
B	C	D	E	A		B	A	E	C	D		B	A	C	D	E
C	D	E	A	B		C	D	A	E	B		D	C	E	A	B
D	E	A	B	C		D	E	B	A	C		E	D	A	B	C
E	A	B	C	D		E	C	D	B	A		A	E	B	C	D
		a)						b)						c)		

图 2-7　5 阶拉丁方

2.3.4　拉丁方设计的基本步骤

拉丁方设计主要用于需控制或减小来自两个不同方面的系统误差的实验。在实验处理数与实验重复次数相等的条件下，可考虑采用拉丁方设计，基本操作步骤为：

1）确定并选用合适拉丁方。首先，依据实验中处理的数量及行、列单位组的数量，明确所需的拉丁方阶数（记作 k），随后选取与之匹配的标准拉丁方。举例来说，若实验目的是对比制造工艺的效果，那么一个 5×5 的标准拉丁方布局是恰当的选择。

2）实施拉丁方随机化处理。依据拉丁方的规模，采取对应的随机化策略来安排处理。例如，在处理规模为 4×4 的拉丁方时，可以通过随机置换所有列以及第 2～4 行来实现随机化。而对于 5×5 及以上阶数的拉丁方，则采取更全面的随机化手段，即不仅交换所有的行与列，同时也对各个处理进行随机调整，以确保实验设计的均衡性和有效性。

例如，某工程师想要探讨四种催化剂（处理因素 A）的效果，同时考虑反应温度（区组因素 B）和原材料批次（区组因素 C）的影响，二者均设四个水平。若实验中仅有一个区组因素 B，则可采用 2.2 节所述的随机区组设计开展实验，属于双因素方差分析方法。然而，当前问题中涉及两个区组因素，因此可采用拉丁方设计方法。

在此问题中，因素 A 与两个区组因素各自呈现 4 个水平，若进行全方位搭配，需开展 $4^3=64$ 次实验。然而，通过采用拉丁方设计，仅需进行 16 次实验。尽管这些实验并非全面覆盖，但 16 个实验点足以有效代表全部 64 个实验点。具体实验安排详见表 2-9。

表 2-9　4 阶拉丁方设计

区组因素 B	区组因素 C			
	1	2	3	4
1	b	a	c	d
2	d	c	a	b
3	c	d	b	a
4	a	b	d	c

在上述 4 阶拉丁方设计中，区组因素 B 与 C 实现全面组合，每个组合开展一次实验，共计实施 16 次实验。这 16 次实验遵循拉丁方设计规律，字母 a、b、c、d 分别代表处理因素 A 的四个水平。

以上的 4 阶拉丁方设计表可以用表格形式展开，见表 2-10，其中的数字表示因素的水平。这种表格形式使得拉丁方设计更容易推广，并被因子设计、正交设计、均匀设计等现代实验设计方法采用。

表 2-10　表格化的 4 阶拉丁方设计

实验号	区组因素 B	区组因素 C	区组因素 A
1	1	1	2
2	1	2	1
3	1	3	3
4	1	4	4
5	2	1	4
6	2	2	3
7	2	3	1
8	2	4	2
9	3	1	3
10	3	2	4
11	3	3	2
12	3	4	1
13	4	1	1
14	4	2	2
15	4	3	4
16	4	4	3

从以上表格形式可以观察到拉丁方设计具有正交性，这一性质对于理解和实施高效的实验设计至关重要。正交性体现在以下两个方面。

(1) 均匀分散性：表中每一列中，不同数字出现的次数均相等。

(2) 整齐可比性：表内任意两列所构成的有序数对出现的次数相等。

拉丁方设计，也被称为两向区组设计，是一种平衡的实验设计策略，整合了一个处理变量与两个区组变量。区组因素与实验处理因素在设计中的位置可以灵活互换，这一灵活性并不损害设计固有的正交属性，凸显了其结构的对称性和稳健性。正交设计是在拉丁方设计的基础上发展起来的，拉丁发设计可以看作是正交设计的特例。

2.3.5　拉丁方设计案例的求解

考虑到每套防护服将由不同的个体在不同的时间进行实验，构建一个拉丁方实验设计表(见表 2-11)，在消除外界条件和个体差异的影响下，公平地比较这些防护服的防护效果。通过测量脉搏数等指标，评估防护服对高温环境的效能。

表 2-11　五套防护服、五个受试者、五个实验日期的拉丁方设计表

试验日期	受试者				
序号	甲	乙	丙	丁	戊
1	A	B	C	D	E
2	B	C	D	E	A
3	C	D	E	A	B
4	D	E	A	B	C
5	E	A	B	C	D

基于 Python 的 latinsq 包，可以生成 5 阶拉丁方，代码如二维码所示。

对应文件：2_3. 5_5. py

依据表 2-11 的设计，实验结果见表 2-12。

表 2-12　不同日期五个受试者穿着五种不同防护服的脉搏数　　（单位：次数/min）

实验日期序号	受试者					
	甲	乙	丙	丁	戊	$\sum_{jk} x_{ijk}$
1	A 129. 8	B 116. 2	C 114. 8	D 104. 0	E. 100. 6	565. 4
2	B 144. 4	C 119. 2	D 113. 2	E 132. 8	A 115. 2	624. 8
3	C 143. 0	D 118. 0	E 115. 8	A 123. 0	B 103. 8	603. 6
4	D 133. 4	E 110. 8	A 114. 0	B 98. 0	C 110. 6	566. 8
5	E. 142. 8	A 110. 6	B 105. 8	C 120. 0	D 109. 8	589. 0
$\sum_{jk} x_{ijk}$	693. 4	574. 8	563. 6	577. 8	540. 0	2949. 6
n	5	5	5	5	5	25
$\bar{x}_i$	138. 68	114. 96	112. 72	115. 56	108. 0	
$\sum_{jk} x_{ijk}^2$	96335. 80	66144. 08	63592. 56	67584. 84	58414. 24	352111. 52 ($\sum_{ijk} x_{ijk}^2$)

基于实验数据运用 Python 进行方差分析(代码如二维码所示)。

对应文件：2_3. 5_6. py

方差分析见表 2-13。

表 2-13　方差分析

变异来源	自由度	二次方和	均方和	F	P
受试者	4	2853. 67	713. 42	16. 27	<0. 01
日期	4	508. 07	127. 02	2. 90	>0. 05
防护服	4	218. 02	54. 5	1. 24	>0. 05
误差	12	526. 15	43. 85		
总变异	24	4105. 91			

通过方差分析发现，不同防护服引起的脉搏数差异可能是由抽样误差造成的，并且不同实验日期的脉搏数差异也可能受到抽样误差的影响。因此，不能确定不同防护服或不同实验日期之间在脉搏数上的差异是真实存在的。方差分析显示，在高温条件下，不同受试者的脉搏数差异可以排除抽样误差的干扰，这表明个体之间的脉搏数确实存在差异。

基于实验结果可以得出结论：在高温环境下，个体之间的脉搏数存在差异，而不同防护服或不同实验日期对脉搏数的影响尚不确定。为了更准确地评估防护服的效果以及排除其他因素的干扰，需要进一步研究和调整实验设计。

2.4 正交实验设计

正交实验设计是多因素的实验设计，它是从全面实验的样本点中挑选出部分有代表性的样本点做实验，这些点具有正交性，实现了以较少的实验次数就可以找出因素水平间的最优搭配。此种方法是按照设计好的正交表安排实验，简单易行，应用广泛。本节从正交表、正交性、无交互的正交设计、有交互的正交设计、水平不等的正交设计几个方面展开介绍。

2.4.1 案例介绍

在制造业领域，高速齿轮箱凭借其卓越的转速、高功率密度和低噪声特性，得到了广泛应用。齿轮箱箱体不仅负责固定传动齿轮的位置，还要承受齿轮啮合所产生的振动，对整个齿轮箱的工作稳定性具有举足轻重的作用(见图 2-8)。随着对高速齿轮箱性能要求的不断提高，对其箱体承载能力和稳定性能的期望也相应增加。因此，对箱体零件进行深入的静动态分析并进行优化设计，对于提升产品性能具有重要意义。

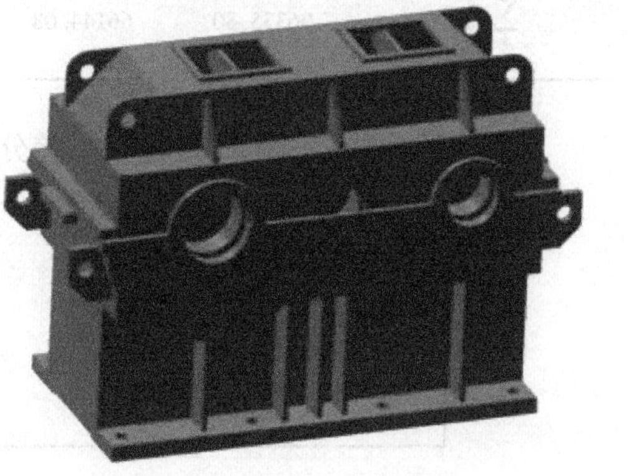

图 2-8　箱体模型结构简化图

该案例针对箱体优化设计，研究了影响箱体承载能力和工作稳定性的关键因素，包括箱体底座厚度(H_1)、内壁厚度(H_2)、肋板厚度(H_3)、肋板数量(S_1)、内支撑板厚度(H_4)及数量(S_2)，每个因素设定三个水平。具体而言，箱体底座厚度可选值为 61mm、58mm、55mm；内壁厚度为 30mm、27mm、24mm；肋板厚度为 30mm、25mm、20mm；肋板数量为 3、4、5；内支撑板厚度为 30mm、25mm、20mm；内支撑板数量同样为 3、4、5。

2.4.2 正交表及正交设计

正交实验设计就是使用正交表来安排实验的方法，自 20 世纪 40 年代后期，日本统计学家田口玄一开始采用精心设计的正交表安排实验。正交表基于均衡分散原则，在拉丁方设计基础上，结合组合数学理论进行构建。正交设计能够同时考察多个因素，在各个因素均发生变化的情况下，以较少的实验次数找出主要影响因素和较优方案。

正交实验设计依托正交表的均匀分散性与整齐可比性，在保留析因设计特质的同时，弥补了实验次数要求过多的缺点。此方法适宜于多因素全面实验，不需要针对每个因素的每个水平进行相互搭配的实验，既能分析各因素对实验指标的独立影响，也能识别关键因子及交互作用。为确保正交表在实验安排中的正确运用，接下来将对其进行介绍，使读者具备初步认识。

1. 正交表的构造

以表 2-14 呈现的正交表为例，记为 $L_9(3^4)$。该表主体部分包含 9 行 4 列，由数字 1、2、3 构成。利用此表进行实验时，最多可涉及 4 个因素，每个因素具有 3 个水平，共计需进行 9 次实验。

表 2-14　$L_9(3^4)$ 正交表

实验号	列号			
	1	2	3	4
1	1	1	1	1
2	1	2	2	2
3	1	3	3	3
4	2	1	2	3
5	2	2	3	1
6	2	3	1	2
7	3	1	3	2
8	3	2	1	3
9	3	3	2	1

正交表的一般表示形式为 $L_n(a^p)$，其中 p 是表的列数，n 是表的行数，表中的数字都由 1 到 a 这 a 个整数构成。字母 L 表示正交表，实际上是来源于拉丁方的名称。常见的正交表有 $L_4(2^3)$，$L_8(2^7)$，$L_{16}(2^{15})$，$L_{27}(3^{13})$，$L_{16}(4^5)$，$L_{25}(5^6)$ 以及混合水平 $L_{18}(2^1\times3^7)$ 等。

正交表安排实验的方法是将实验中所涉及的因素（包括区组因素）置于正交表的列，允许存在空白列，并将因素水平分配至正交表的行。具体而言，正交表的列用于安排因素，表中的数字代表因素的水平。使用 $L_n(a^p)$ 正交表时，最多可以安排 p 个水平数为 a 的因素，所需进行 n 次实验（包含 n 个处理）。

2. 正交性

正交表的列之间具有正交性，这种性质确保了在统计学上，每两个因素的水平之间不存在相关性。正交性体现在以下两个方面：

（1）均匀分散性。在正交表的每一列中，各个数字的出现次数相同。例如 $L_8(2^7)$ 正交表中，数字 1、2 在每列中各出现 4 次。

（2）整齐可比性。在正交表中，对于任意两列，将同一行中的两个数字视为有序数对，各个数对在表中出现的次数保持相同。例如 $L_9(3^4)$ 表，有序数对共有 9 个，(1,1)、(1,2)、(1,3)、(2,1)、(2,2)、(2,3)、(3,1)、(3,2)、(3,3)各出现一次。

在获取一张正交表之后，可以通过三种初等变换生成一系列与其等价的正交表。

1）任意两列可以相互交换，从而实现因素在正交表各列间的自由安排。

2）任意两行可以相互交换，使得实验顺序具有可选性。

3）每一列中不同数字之间可以任意交换，即进行水平置换，以实现因素水平的自由调整。

3. 正交性的直观解释

正交设计具有均匀分散性和整齐可比性两个重要性质。下面通过图形对这两个性质进行直观解释，以 $L_9(3^4)$ 正交表为例。在图 2-9 中，展示了 9 个实验点在三维空间中的分布。正方体的所有 27 个交叉点代表全面实验所可能的 27 个实验点，而经过正交表确定的 9 个实验点均匀地分布在其中。具体来说，可以将正方体从任何一个方

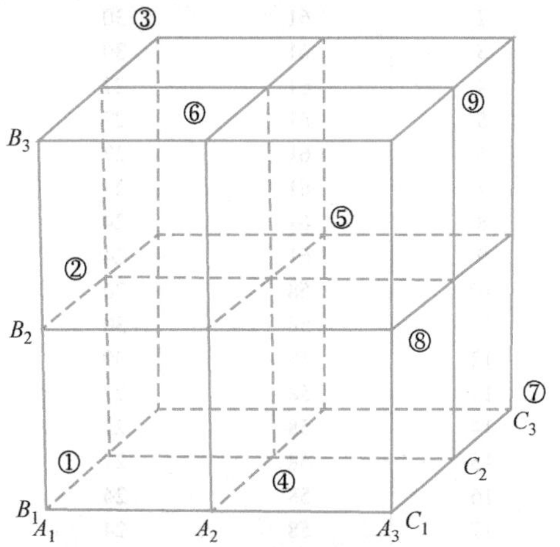

图 2-9　正交表 9 个实验点的分布

向分成 3 个平面，每个平面都包含 9 个交叉点。在每个平面上，恰好有 3 个交叉点是正交表所安排的实验点。此外，还可以在每个平面的中间位置添加一条行线段和一条列线段。这样，每个平面上都有三条等距离的行线段和列线段。

通过这种安排，每个行线段上都有一个实验点，每个列线段上也有一个实验点。这个图形化的解释直观地展示了正交设计的均匀分散性，表明在正交设计中，实验点被合理地分布在整个设计空间中，确保了实验对不同因素和水平的均衡考察。

2. 4. 3　箱体优化的正交设计

根据 2. 4. 1 节中给出的因素及水平，构建了正交因素水平表，见表 2-15。

表 2-15　箱体关键部位尺寸与数量正交因素水平表

水平	因素					
	H_1/mm	H_2/mm	H_3/mm	S_1	H_4/mm	S_2
1	61	30	30	3	30	3
2	58	27	25	4	25	4
3	55	24	20	5	20	5

运用 Python 进行正交设计的代码如二维码所示。

对应文件：2_4. 3_7. py

生成的正交实验表见表 2-16。

表 2-16　箱体关键部位尺寸与数量正交实验表

序号	H_1/mm	H_2/mm	H_3/mm	S_1	H_4/mm	S_2
1	61	30	30	3	30	3
2	61	30	30	3	25	4
3	61	30	30	3	20	5
4	61	27	25	4	30	3
5	61	27	25	4	25	4
6	61	27	25	4	20	5
7	61	24	20	5	30	3
8	61	24	20	5	25	4
9	61	24	20	5	20	5
10	58	30	25	5	30	4
11	58	30	25	5	25	5
12	58	30	25	5	20	3
13	58	27	20	3	30	4
14	58	27	20	3	25	5
15	58	27	20	3	20	3
16	58	24	30	4	30	4
17	58	24	30	4	25	5
18	58	24	30	4	20	3
19	55	30	20	4	30	5

（续）

序号	H_1/mm	H_2/mm	H_3/mm	S_1	H_4/mm	S_2
20	55	30	20	4	25	3
21	55	30	20	4	20	4
22	55	27	30	5	30	5
23	55	27	30	5	25	3
24	55	27	30	5	20	4
25	55	24	25	3	30	5
26	55	24	25	3	25	3
27	55	24	25	3	20	4

基于表 2-16 的数据对高速齿轮箱箱体进行约束模态分析，得出了不同实验组的前 6 阶固有频率。见表 2-17。

表 2-17　箱体正交组的前 6 阶固有频率　（单位：Hz）

序号	1 阶	2 阶	3 阶	4 阶	5 阶	6 阶
1	164. 11	265. 23	298. 39	311. 10	338. 84	362. 35
2	167. 78	263. 86	303. 24	312. 58	335. 20	362. 46
3	168. 2	269. 55	301. 57	312. 10	312. 42	321. 81
4	158. 92	257. 23	298. 64	301. 50	329. 77	361. 71
5	161. 08	263. 99	297. 65	301. 66	328. 02	362. 47
6	162. 85	262. 65	301. 02	302. 96	308. 77	320. 41
7	172. 30	271. 78	298. 44	301. 37	323. 50	323. 86
8	174. 45	279. 29	298. 96	300. 41	323. 47	323. 87
9	177. 99	276. 67	299. 74	305. 11	314. 71	321. 25
10	174. 99	266. 51	306. 85	314. 69	338. 43	362. 76
11	176. 04	273. 90	305. 75	314. 90	335. 69	363. 40
12	161. 69	261. 23	295. 93	311. 11	315. 61	321. 93
13	160. 06	265. 64	297. 56	301. 28	329. 93	362. 64
14	162. 56	263. 59	301. 91	303. 99	326. 20	362. 39
15	151. 52	254. 66	296. 93	301. 13	312. 42	320. 43
16	178. 20	282. 98	299. 33	302. 47	323. 52	323. 87
17	181. 60	280. 85	300. 15	307. 15	323. 61	323. 88
18	168. 11	269. 09	297. 61	298. 56	317. 27	321. 28
19	174. 11	275. 43	304. 91	314. 47	338. 51	363. 62
20	161. 17	262. 44	296. 48	310. 61	337. 64	362. 32
21	162. 24	260. 71	301. 09	311. 88	313. 80	321. 88
22	175. 38	270. 89	306. 33	315. 19	330. 83	362. 79
23	161. 67	258. 76	303. 56	304. 08	330. 39	361. 80
24	165. 85	257. 16	304. 44	310. 16	310. 76	320. 48
25	179. 73	282. 65	300. 26	305. 87	323. 61	323. 88
26	167. 04	270. 70	297. 35	298. 14	323. 45	323. 85
27	168. 42	277. 04	296. 62	297. 65	316. 12	321. 24

某因素折算系数下固有频率之和：

$$K_i = \sum_{i=1}^{n} (k_i R d) \quad (n=1,2,3) \tag{2-13}$$

式中，k_i 为某因素折算系数下固有频率均值；R 为某因素折算系数下固有频率均值的极差；d 为折算系数。

依据箱体前 6 阶固有频率重要性确定，其中第 1、2 阶模态权重均为 30%，第 3、4、5、6

阶模态权重均为 10%。

对于正交实验的结果，通过极差分析来评估各参数对箱体固有频率的显著性影响程度，见表 2-18。较大的极差值表明该参数对箱体固有频率的影响程度较大。通过极差结果分析发现，内支撑板的厚度(H_4)对箱体固有频率的影响最为显著，而底座厚度(H_1)对固有频率的影响相对较小。从显著性影响的程度大小来看，内支撑板厚度(H_4)> 内支撑板数量(S_2)>内壁厚度(H_2)>肋板数量(S_1)>肋板厚度(H_3)>底座厚度(H_1)。

这说明，在考虑箱体固有频率时，内支撑板的厚度(H_4)是最重要的因素，其变化对固有频率的影响最为显著。而底座厚度(H_1)的变化对固有频率的影响相对较小，可以在实际应用中更灵活地控制。

表 2-18　箱体正交实验组极差分析表

项目	因素					
	H_1/mm	H_2/mm	H_3/mm	S_1	H_4/mm	S_2
K_1	2 317.51	2 336.39	2 331.94	2 312.39	2 353.15	2 292.23
K_2	2 324.22	2 293.56	2 320.97	2 320.14	2 121.96	2 323.02
K_3	2 326.02	2 337.81	2 314.85	2 335.22	2 278.51	2 352.51
k_1	772.50	778.80	777.31	770.80	784.38	764.08
k_2	774.74	764.52	773.66	773.38	707.32	774.34
k_3	775.34	779.27	771.62	778.41	759.50	784.17
R	2.84	14.75	5.69	7.61	77.06	20.09

2.4.4　有交互作用的正交设计

本节将深入讨论在正交设计框架内处理因素间交互作用的方法。

1. 表头设计

在降低柴油机耗油率($g \cdot kW^{-1} \cdot h^{-1}$)的研究中，经过专业技术人员的深入分析，总结出影响耗油率的四个核心因素及其相应水平，见表 2-19。

表 2-19　因素水平表

因素	名称	单位	1 水平	2 水平
A	喷嘴器的喷嘴形式		Ⅰ	Ⅱ
B	喷油泵柱塞直径	mm	16	14
C	供油提前角度	(°)	30	33
D	配气相位	(°)	120	140

实验中每个变量有两个不同水平，同时考虑变量 A 与 B 之间潜在的交互效应 A×B，以及变量 A 与 C 之间可能的交互作用 A×C。目标是通过精心设计的实验方案，揭示出最优的变量水平组合，从而有效减少柴油发动机的燃油消耗率。

在本案例中，实验的主要指标为耗油率 y，实验指标数值越小，表示实验结果越优。本次实验涉及四个 2 水平因素，为了高效地进行实验设计和数据分析，初步选择采用 $L_8(2^7)$ 正交表进行实验设计。

设计包含交互作用的正交实验，不仅要将各实验因素置于正交表的列中，还需借助该正交表配套的交互作用表，识别并定位出各因素间交互作用所对应的列位置。这一过程涉及将所有考虑的因素及其指定的交互效应一并纳入正交表的列配置之中，这一初步规划步骤即称为“表头设计”。

首先，需对涉及交互作用的两个因素 A 和 B 进行有序安排，将其分别置于第 1 列和第 2 列。通过查阅交互作用表(表 2-20)，可以明确观察到第 1 列与第 2 列之间的交互作用结果会在第 3 列中得以体现。因此，在第 3 列上明确标注为 A×B，以确保该列不再用于安排其他实验因素或考察其他交互作用，此举旨在遵循避免混杂的原则。

表 2-20　$L_8(2^7)$ 正交表的交互作用表

列号	1	2	3	4	5	6	7
1		3	2	5	4	7	6
2			1	6	7	4	5
3				7	6	5	4
4					1	2	3
5						3	2
6							1

随后，按照既定顺序将 C 因素安排在第 4 列。再次参考交互作用表，可以发现第 1 列与第 4 列之间的交互作用结果将在第 5 列中呈现。因此，在第 5 列上相应标注为 A×C。

最后，对于 D 因素，其可灵活安排在第 6 列或第 7 列中的任一位置。在此假设中，选择将其安排在第 6 列，而第 7 列则保持为空。

通过以上步骤，就完成了表头的设计。具体的表头设计可参考表 2-21。

表 2-21　表头设计

表头设计	A	B	A×B	C	A×C	D	空白
列号	1	2	3	4	5	6	7

2. 分析实验结果

在完成了表头设计后，便可进一步规划并实施实验。在此需要特别强调，表头设计中涉及的交互作用列仅在分析实验结果时发挥效用。

(1) 实验结果的直观分析

在表 2-22 中，上半部分详细记录了实验的具体安排以及所获得的实验结果。而下半部分则呈现了针对实验结果进行的直观分析，其中涵盖了部分关键计算结果的汇总。

表 2-22　实验结果与直观分析表

实验号	A	B	AB	C	AC	D	空白	y
	1	2	3	4	5	6	7	
1	1	1	1	1	1	1	1	228.6
2	1	1	1	2	2	2	2	225.8
3	1	2	2	1	1	2	2	230.2
4	1	2	2	2	2	1	1	218.0
5	2	1	2	1	2	1	2	220.8

（续）

实验号	A	B	AB	C	AC	D	空白	y
	1	2	3	4	5	6	7	
6	2	1	2	2	1	2	1	215. 8
7	2	2	1	1	2	2	1	228. 5
8	2	2	1	2	1	1	2	214. 8
$\overline{T_1}$-220	5. 65	2. 75	4. 25	7. 025	2. 35	0. 55	2. 725	
$\overline{T_2}$-220	-0. 025	2. 875	1. 2	-1. 4	3. 275	5. 075	2. 9	
R	5. 675	0. 125	3. 225	8. 425	0. 925	4. 525	0. 175	

经直接观察，发现第 8 号实验 $A_2B_2C_2D_1$ 为直接观察的理想条件，其耗油率 y 记录为 214. 8。在诸多影响因素中，C 因素的极差为各因素中最大，达到了 8. 425，这充分表明供油提前角度 C 对耗油率 y 具有显著影响，并且影响程度最为突出。紧随其后的是 A 因素，其极差为 5. 675，表明喷嘴器的喷嘴形式 A 同样对耗油率 y 具有较大影响。

尽管 B 因素的极差仅为 0. 125，数值相对较小，但这并不能完全排除喷油泵柱塞直径 B 对耗油率的影响。值得注意的是，第 3 列交互作用 A×B 的极差达到了 3. 225，这一数值并不小，暗示喷油泵柱塞直径 B 与喷嘴器的喷嘴形式 A 之间可能存在某种交互作用，对耗油率产生联合影响。

此外，第 5 列交互作用 A×C 的极差为 0. 925，数值相对较小，这表明在供油提前角度 C 与喷嘴器的喷嘴形式 A 之间不存在明显的交互作用。综上所述，各因素对耗油率的影响程度及交互作用需综合考量，以便更准确地分析耗油率的变动原因。

（2）实验结果的方差分析

总离差二次方和计算公式仍为：

$$SS_T = \sum_{i=1}^{n} (y_i - \bar{y})^2 \tag{2-14}$$

本例 $n=8$。各列离差二次方和的计算公式仍为：

$$SS_A = \sum_{i=1}^{a} n_i (\bar{T}_i - \bar{y})^2 \tag{2-15}$$

式中 $a=2$ 是每列的水平数，$n_i = n/a = 8/2 = 4$，这时式(2-15)简化为

$$SS_A = \sum_{i=1}^{2} 4(\bar{T}_i - \bar{y})^2 = 2(\bar{T}_1 - \bar{T}_2) \tag{2-16}$$

运用 Python 对数据进行方差分析，代码如二维码所示。

对应文件：2_4. 4_8. py

方差分析的运行结果见表 2-23。

表 2-23　方差分析表

变异来源	自由度	二次方和	均方和	*F*	*P*
模型	6	269.867	44.9779	734.33	0.0282
误差	1	0.06125	0.06125		
总变异	7	269.928			
A	1	64.4112	64.4112	1051.61	0.0196
B	1	0.03125	0.03125	0.51	0.6051
C	1	141.961	141.961	2317.73	0.0132
D	1	40.9512	40.9512	668.59	0.0246
A×B	1	20.8012	20.8012	339.61	0.0345
A×C	1	1.71125	1.71125	27.94	0.1190

在方差分析表中，B 因素的 *P* 值最大，为 0.6051(>0.05)。其次是交互作用 A×C 的 *P* 值，为 0.1190，也大于 0.05。可以得出结论，B 因素是不显著的。

然而，对于交互作用 A×C 的显著性还需要进一步考察。一种方法是在剔除 B 因素后重新进行方差分析。但统计软件规定，如果方差分析模型中包含某个交互作用，那么就必须同时包含构成该交互作用的两个因素。在这个例子中，方差分析模型包含了交互作用 A×B，因此无法剔除 B 因素后重新进行方差分析。

为了解决这个问题，有两种方法可供选择。第一种方法是在已计算出的各因素的离差二次方和表格的基础上，借助 Excel 软件进行简单计算，得到剔除 B 因素后的新方差分析表。第二种方法是将交互作用 A×B 和 A×C 视为两个因素 AB 和 AC，并将对应的水平值输入到数据中。然后对程序做简单修改，即可得到剔除 B 因素后的方差分析结果。具体计算过程不再列出，剔除 B 因素后的方差分析表见表 2-24。

表 2-24　剔除 B 因素后的方差分析表

变异来源	自由度	二次方和	均方和	*F*	*P*
误差	2	0.0925	0.04625		
总变异	7	269.928			
A	1	64.4112	64.4112	1392.67	0.0007
C	1	141.961	141.961	3069.43	0.0003
D	1	40.9512	40.9512	885.43	0.0011
A×B	1	20.8012	20.8012	449.76	0.0022
A×C	1	1.71125	1.71125	37.00	0.0260

根据剔除 B 因素后的方差分析表，可以观察到交互作用 A×C 的 *P* 值为 0.0260<0.05，因此影响显著。各因素和交互作用的显著性按照由高到低(即 *P* 值由小到大)的顺序排列如下：

$$\text{高}\xrightarrow{\text{C A D A×B A×C}}\text{低}$$

根据表 2-22 的数据，可以得出以下结论：因素 C、A 和 D 的最优水平分别为 C_2、A_2 和 D_1。而因素 B 本身并未表现出显著影响，因此无法直接确定其最优水平。为了准确判断因素 B 的最优水平，需要依据因素 A 与 B 之间的交互作用进一步分析。为此，计算了 A×B 的水平搭配，并整理成表 2-25，以便更准确地确定因素 B 的最优水平。

表 2-25　A×B 的水平搭配表

因素	A_1	A_2
B_1	(228.6+225.8)/2=227.2	(220.8+215.8)/2=218.3
B_2	(230.2+218.0)/2=224.1	(228.5+214.8)/2=221.65

根据表 2-25 所展示的信息，交互作用 A×B 所揭示的 A 和 B 的最优水平组合为 A_2B_1。值得注意的是，在此组合中，A 因素的最优水平与单独审视 A 因素时所确定的最优水平相吻合。接下来，进一步考察交互作用 A×C，并据此计算得到 A×C 的水平搭配，参见表 2-26。

表 2-26　A×C 的水平搭配表

因素	A_1	A_2
C_1	(228.6+230.2)/2=229.4	(220.8+228.5)/2=224.65
C_2	(225.8+218.0)/2=221.9	(215.8+214.8)/2=215.3

在 A×C 的水平搭配表中，可以看到最优搭配是 A_2C_2，这与单独观察 C 和 A 两个因素得出的最优搭配是一致的。综上所述，因素的最优搭配理论值为 $A_2B_1C_2D_1$，在所进行的 8 个实验中并没有出现这个搭配。这正是正交设计的优点之一，可以通过少量的实验来推导出理论上的最优实验。当然，对于理论上的最优搭配 $A_2B_1C_2D_1$ 还需要进一步实验来验证其有效性。

2.4.5　水平不等的正交设计

在特定情况下，由于客观条件的限制，实验中所涉及的因素水平数可能无法保持完全一致。为了应对这种情形，可以选择采用混合水平正交表来安排实验，或者对常规的正交表进行适当修正，以实现正交表的灵活应用。这样的处理方式有助于在水平数不完全相等的情况下，依然能够进行有效的实验设计和分析。

1. 案例介绍

在针对特定化油器设计的优化过程中，研究者致力于探索一种能够显著降低油耗的化油器设计结构。为实现这一目标，深入研究了多个影响因素，并详细列举于表 2-27 中。其中包含四个具有三个水平的因素，以及一个具有两个水平的因素。

表 2-27　化油器设计因素水平表

因素	1 水平	2 水平	3 水平
A：大喉管直径	32	34	36
B：中喉管直径	22	21	20
C：小喉管直径	10	9	8
D：空气量孔直径	1.2	1.0	0.8
E：天气	高气压	低气压	

2. 水平不等的正交设计和案例求解

为确保实验结果的准确性和可靠性，选用了混合水平正交表 $L_{18}(2\times3^7)$ 来进行实验设计。

该正交表共包含 18 行，意味着需要进行 18 次独立的实验。在表头设计中，第一列被设定为 2 水平列，而其余 7 列则均为 3 水平列。

表 2-28 详细记录了表头设计以及每次实验的结果。

表 2-28　实验设计和实验结果分析

实验号	因素								实验结果 y
	E		A	B	C	D			
	1	2	3	4	5	6	7	8	
1	1	1	1	1	1	1	1	1	240.7
2	1	1	2	2	2	2	2	2	230.1
3	1	1	3	3	3	3	3	3	236.5
4	1	2	1	1	2	2	3	3	217.1
5	1	2	2	2	3	3	1	1	210.5
6	1	2	3	3	1	1	2	1	306.8
7	1	3	1	2	1	3	2	3	247.1
8	1	3	2	3	2	1	3	1	228.3
9	1	3	3	1	3	2	1	2	237.7
10	2	1	1	3	3	2	2	1	208.4
11	2	1	2	1	1	3	3	2	253.3
12	2	1	3	2	2	1	1	3	232.0
13	2	2	1	2	3	1	3	2	209.2
14	2	2	2	3	1	2	1	3	245.1
15	2	2	3	1	2	3	2	1	234.1
16	2	3	1	3	2	3	1	2	217.7
17	2	3	2	1	3	1	2	3	209.7
18	2	3	3	2	1	2	3	1	339.8
$\overline{T_1}$	239.4		223.4	232.1	272.1	237.8			
$\overline{T_2}$	238.8		229.5	244.8	226.6	246.4			
$\overline{T_3}$			264.5	240.5	218.7	233.2			

通过对表 2-28 的直接观察，发现第 10 号实验呈现出显著优势。其具体的配置组合为 $A_1B_3C_3D_2E_2$，在此配置下，实验所测得的油耗值为 $y=208.4$，表现出优秀的性能。此外，还观察到第 5、13、17 号实验的油耗值同样保持在相对较低的水平，显示出良好的油耗表现。

在混合水平正交设计的分析中，对于数据的直接观察存在一个问题，由于不同因素具有不同的水平数，这导致了它们之间的极差难以进行直接的比较。为了克服这一难题，可以采取一种系数调整的策略，以便使各因素间的极差具备可比性。公式如下：

$$R'_j = d_a R_j \tag{2-17}$$

式中，d_a 是与因素的水平数 a 有关的调整系数，取值见表 2-29。

尽管通过调整可以使极差具备可比性，然而其数值大小仅具备相对意义。因此，本书不采用此种方法，而是直接对数据进行方差分析。

表 2-29　修正系数表

a	2	3	4	5	6	7	8	9	10
d_a	0.71	0.52	0.45	0.40	0.37	0.35	0.34	0.32	0.31

用 Python 软件做方差分析，代码如二维码所示。

对应文件：2_4. 5_9. py

方差分析的运行结果见表 2-30。

表 2-30　方差分析表(1)

变异来源	自由度	二次方和	均方和	*F*	*P*
模型	9	16938. 17	1882. 01	5. 32	0. 014
误差	8	2832. 35	354. 04		
总变异	17	19770. 52			
A	2	5904. 06	2952. 03	8. 34	0. 011
B	2	499. 00	249. 50	0. 70	0. 523
C	2	9997. 34	4998. 67	14. 12	0. 002
D	2	536. 08	268. 04	0. 76	0. 500
E	1	1. 68	1. 68	0. 00	0. 946

通过方差分析表，发现因素 B、D、E 的显著性均不明显。在常规的方差分析过程中，通常建议逐一排除最不显著的因素，并重新进行方差分析。然而，由于本次采用的是正交设计，各因素之间不存在相关性，因此在剔除某一因素时，其他因素的离差二次方和将保持不变。鉴于不显著的因素 B、D、E 均具有较高的 *P* 值，可以将这三个因素同时剔除，从而得到新的方差分析表(表 2-31)。

表 2-31　方差分析表(2)

变异来源	自由度	二次方和	均方和	*F*	*P*
误差	13	2832. 35	217. 87		
总变异	17	19770. 52	1162. 97		
A	2	5904. 06	2952. 03	13. 55	0. 0007
C	2	9997. 34	4998. 67	22. 94	0. 0001

由表 2-31 可以看出，A 因素(大喉管直径)和 C 因素(小喉管直径)对油耗有着显著的影响。其最优水平分别为 A_1 和 C_3，这与直接观察第 10 号实验的结果一致。然而，B 因素和 D 因素对油耗没有显著影响。因此，可以从节约成本的角度来决定它们的水平值，并通过实验验证这一假设。此外，天气的气压高低对油耗没有影响，这表明气压变化不会对油耗产生显著的影响。

本章小结

本章简要介绍了实验设计的特征和常用方法。首先介绍了实验设计的基本概念、要素、原则和一般步骤，其次介绍了实验设计的基本方法，其中包括完全随机设计、随机区组设计、平衡不完全区组设计和裂区设计的基本原理、方法和应用步骤。随后，结合实际案例，分别介绍了拉丁方实验设计，以及当前科研和实践中比较常用的正交实验设计，包括其基本特征、原理、一般设计步骤、类型和具体分析方法。本章旨在结合实际案例的基础上，介绍实验设计的基本原理和常用方法，强化对基本概念和原理的理解，熟练掌握实验设计方法的应用，并提高分析能力。

本章习题

2-1　请简述实验设计的原则主要有哪几点？相互关系有哪些？并举例说明。

2-2　请简要说明实验设计的一般步骤，以及抽样调查中的注意事项。

2-3　请简述随机区组设计与完全随机设计的区别。

2-4　请说明正交设计与拉丁方设计的联系和区别。

2-5　在公路建设中为了实验一种土壤固化剂 NN 对某种土的固化稳定作用，对该种土按不同配比掺加水泥、石灰和固化剂 NN，其中水泥的掺加量为 3%、5%、7%；石灰的掺加量为 0、10%、12%；NN 固化剂的掺加量为 0、0.5%、1%，实验的目的是找到一个经济合理的方法提高土壤 7 天浸水抗压强度。实验安排和实验结果见表 2-32，分别用直观分析方法和方差分析方法分析实验结果。

表 2-32　实验安排表

实验号	1	2	3	实验结果
	水泥 A/%	石灰 B/%	NN 固化物 C/%	抗压强/MPa
1	(1)3	(1)0	(1)0	0.510
2	(1)3	(2)10	(2)0.5	1.366
3	(1)3	(3)12	(3)1	1.418
4	(2)5	(1)0	(2)0.5	0.815
5	(2)5	(2)10	(3)1	1.783
6	(2)5	(3)12	(1)0	1.838
7	(3)7	(1)0	(3)1	1.201
8	(3)7	(2)10	(1)0	1.994
9	(3)7	(3)12	(2)0.5	2.198

第 3 章　代理模型构建方法

代理模型在产品优化设计中至关重要，其通过替代复杂仿真流程，为设计迭代与探索提供基础。作为数据驱动工具，代理模型具有强大预测能力，支持设计决策。技术发展成熟，广泛应用于工程设计。本章探讨机翼升力预测、翼型设计、控制系统优化等实例，介绍代理模型技术。内容覆盖经典与前沿算法，如多项式响应面代理模型、神经网络代理模型、高斯过程代理模型、混合代理模型、多保真度代理模型和融合知识代理模型，为产品优化设计提供参考。

本章的学习目标如下：

1. 掌握代理模型的基本原理，理解其核心概念与机制。
2. 掌握经典的代理模型方法，能够在实际应用中灵活运用。
3. 理解混合代理模型的原理，了解其运作机制及应用场景。
4. 理解多保真度代理模型的原理及其应用策略与效果。
5. 了解融合知识代理模型的方法及其应用方法。

3.1　认识代理模型

代理模型，作为一种高效模拟复杂模型或系统行为的工具，其重要性在面临高复杂度、高计算成本或紧迫设计周期的情境下尤为凸显。代理模型通过捕捉原始模型的关键特征，以简化的形式再现其行为，从而在保持预测精度的同时，显著提升计算效率。其广泛的应用领域涵盖了性能预测、优化设计、敏感性分析及不确定性量化等多个方面，为工程、科学及商业决策提供了强有力的支持。通过本节的学习，读者将建立起对代理模型基本思想、核心概念及构建流程的全面认识，为后续深入学习和实际应用打下坚实的基础。

3.1.1　代理模型的基本概念

代理模型的基本思想在于“以简驭繁”，即利用相对简单的数学模型(如多项式、神经网络、高斯过程等)来近似表示复杂系统的输入输出关系。这些模型通过训练数据(即原始模型在特定输入点上的输出)学习并内化系统的关键特性，从而能够在新的输入点上快速给出预测结果。

假定 x 代表某产品的设计变量，y 代表该产品的性能指标。通过实验和数值仿真获得不同设计变量下产品的性能指标，可以形成数据集 $D=\{(x_1,y_1),(x_2,y_2),\cdots,(x_n,y_n)\}$。此处的

x_i, y_i 都是标量，即它们可以在平面直角坐标系中表示为一系列点。如果能够通过这一组数据学习出一个 y 关于 x 的关系式，对新的设计变量 x_{new} 都可以通过这个关系式快速预测性能指标。

代理模型构建过程中的概念包括：

数据集：数据集通常通过仿真或者实物实验得到，可以分为两部分，一部分用来训练代理模型，称为训练集。另一部分在代理模型训练结束后用于对其进行评估，称为测试集。

参数：参数是指在模型训练过程中由数据决定的变量。它们是模型自身的组成部分，通过调整这些参数，模型能够更好地预测数据。参数是在训练过程中通过优化算法确定的，对不同类型的代理模型，参数的形式和数量有所不同。例如：线性回归模型的参数是线性方程中的系数和截距，多项式模型的参数是多项式的系数。

超参数：超参数在模型训练前确定，不是通过训练数据直接学习得到的。超参数对模型的性能有显著影响，需要通过实验或优化过程来选择最佳值。常见的超参数包括：多项式模型的阶数、神经网络模型隐藏层的数量、高斯过程模型的核函数等决定模型结构的参数，以及学习率、样本批量、迭代次数等决定训练过程的参数。

损失函数：损失函数用于度量模型预测值与真实值之间的差异，损失函数的数值越小，模型的预测结果越接近真实值。常用的损失函数包括：

均方误差(Mean Square Error，MSE)：

$$MSE=\frac{1}{n}\sum_{i=1}^{n}(y_i-\hat{y}_i)^2 \tag{3-1}$$

式中，y_i 是实际值，$\hat{y}_i$ 是预测值，n 是样本数。MSE 是一种常见的回归损失函数，对大误差有较大的惩罚。

平均绝对误差(Mean Absolute Error，MAE)：

$$MAE=\frac{1}{n}\sum_{i=1}^{n}|y_i-\hat{y}_i| \tag{3-2}$$

MAE 是绝对误差的均值，对误差的每个部分赋予相同的权重，计算简单且不受大误差的极端值影响。

均方根误差(Root Mean Square Error，RMSE)：

$$RMSE=\sqrt{\frac{1}{n}\sum_{i=1}^{n}(y_i-\hat{y}_i)^2} \tag{3-3}$$

$RMSE$ 与 MSE 类似，但在原误差的基础上取二次方根。

优化器：优化器用于调整模型参数以最小化损失函数，不同优化器在收敛速度、计算复杂度和适用性方面有所不同。这里介绍两种常用的优化器算法：

梯度下降法：梯度下降法是最基本的优化算法。它通过计算损失函数相对于参数的梯度，并沿着梯度的反方向更新参数，以逐步减小损失函数的值。

$$\theta=\theta-\eta\nabla_{\theta}J(\theta) \tag{3-4}$$

式中，θ 是参数，η 是学习率，$\nabla_{\theta}J(\theta)$ 是损失函数 $J(\theta)$ 对参数的梯度。

随机梯度下降法：随机梯度下降法在每次迭代中使用随机样本计算梯度，可以显著降低计算成本，并引入一定的随机性，有助于算法跳出局部最优解。

$$\theta=\theta-\eta\nabla_{\theta}J(\theta;x^{(i)},y^{(i)}) \tag{3-5}$$

式中，$(x^{(i)},y^{(i)})$是随机选择的一个样本。

Epoch：Epoch 指的是代理模型完整地遍历一次训练数据集的过程。

Batch size：代理模型在一次训练过程中使用的样本的数量。将整个训练数据分成若干小块(Batch)，每次使用一个小块来更新模型参数。

3.1.2 代理模型的构建步骤

代理模型作为一类强大的工具，广泛应用于各种复杂问题的简化求解与高效预测中。它们通过构建输入与输出之间关系的近似模型，以较低的计算成本实现高精度预测。常见的代理模型，如多项式模型、高斯过程模型、神经网络模型等，各具特色，适用于不同的应用场景，因此在选择时需根据具体问题特性仔细考量。

代理模型的构建过程通常遵循一套系统化的步骤，以确保模型的有效性和适用性，具体步骤如下：

1）问题定义。首要任务是清晰界定代理模型需解决的具体问题，包括明确输入变量的类型与范围、输出变量的含义以及模型预期的使用场景和目标。

2）数据收集。根据问题定义，广泛收集用于训练代理模型的数据集。这些数据可能来源于实验测量、数值模拟、历史记录等多种渠道，需确保其准确性、代表性和充分性。

3）模型选择。基于问题的复杂度和数据特性，选择最合适的代理模型类型。此步骤需综合考虑模型的预测能力、计算效率、可解释性等因素，如对于非线性关系复杂的问题，神经网络可能是个不错的选择。

4）模型构建。选定模型后，进行初始化操作，包括设定模型的基本架构、选择或设计合适的激活函数等。同时，还需确定模型的超参数，这些参数对模型性能有重要影响，但不在训练过程中调整。

5）模型训练。利用收集到的样本数据对代理模型进行训练。此过程涉及定义损失函数以量化预测误差，并通过优化算法调整模型参数以最小化损失函数。训练过程中可能需要进行多次迭代，直至模型性能满足要求或达到预设的停止条件。

6）模型验证。通过独立于训练集的验证数据集，对训练好的代理模型进行性能评估。常用的验证方法包括与原始模型或真实数据直接比较、交叉验证等，以确保模型的泛化能力和稳定性。

7）模型改进。根据验证结果，对代理模型进行必要的调整和改进。这可能包括调整模型结构以增加模型容量或降低过拟合风险、重新选择更具代表性的训练数据、优化模型参数等。

8）模型应用。将经过充分验证和改进的代理模型应用于实际问题的预测、分析或优化等任务中。在此过程中，需持续监控模型表现，以便在需要时进行再训练和更新。

3.2 线性回归模型

3.2.1 案例介绍

本节通过一个简化的机翼升力预测案例，展示如何构建代理模型。假定已知某型号的飞机翼型在某工况下，其升力系数 C_L 和飞机攻角 α 间大致符合一次函数关系。已知在攻角为

1°、2°、4°、7°、9°时，升力系数分别为 0.147、0.292、0.576、0.981、1.236。现通过这组数据，构建一个线性回归模型，目的是给出任意攻角对应的升力系数。

3.2.2　线性回归模型的原理

1. 问题定义

该案例的目标是构建一个代理模型，模型的输入变量为攻角，输出变量为升力系数。习惯上，代理模型的输入用向量 x 表示，输出用 y 表示。

2. 数据收集

数据采用某机翼设计时积累的历史数据，包含 5 组工况下的攻角-升力系数，用 D 表示。

3. 模型构建

已知 y 随 x 的变化大致符合线性关系，因此可以采用线性回归模型作为代理模型。线性回归模型是一个典型的参数化模型，可以表征为：

$$y=kx+b \tag{3-6}$$

式中，k 和 b 分别是斜率和截距，决定了 y 和 x 之间的映射关系，也是需要学习的参数。

4. 模型训练

从数据中学习代理模型参数的过程称为代理模型的训练。在确定参数 k 和 b 之前，首先需要一个指标对模型的优劣进行量化。容易想到，代理模型的预测结果应该尽可能通过较多的数据点，可以定义如下的损失函数：

$$L=\sum_{i=1}^{n}(kx_i+b-y_i)^2 \tag{3-7}$$

由式(3-7)可以看出，损失函数的数学意义是所有数据点和该直线距离的二次方和。优秀的参数 k 和 b 应当使得损失函数 L 最小。

假设在某个(k,b)处，损失函数 L 取到了最小值，那么由多元函数取到极值的必要条件可知，该函数对所有自变量的偏导数均为 0。因此，目标是找到一组(k,b)，使得在该参数下有：

$$\frac{\partial L}{\partial k}=0 \tag{3-8}$$

$$\frac{\partial L}{\partial b}=0 \tag{3-9}$$

代入 L 的表达式(3-7)，有：

$$\sum_{i=1}^{n}(kx_i+b-y_i)x_i=0 \tag{3-10}$$

$$\sum_{i=1}^{n}(kx_i+b-y_i)=0 \tag{3-11}$$

上式化简得：

$$\left(\sum_{i=1}^{n}x_i^2\right)k+\left(\sum_{i=1}^{n}x_i\right)b=\sum_{i=1}^{n}x_iy_i \tag{3-12}$$

$$\left(\sum_{i=1}^{n} x_i\right) k + nb = \sum_{i=1}^{n} y_i \tag{3-13}$$

写成矩阵形式：

$$\begin{pmatrix} \sum_{i=1}^{n} x_i^2 & \sum_{i=1}^{n} x_i \\ \sum_{i=1}^{n} x_i & n \end{pmatrix} \begin{pmatrix} k \\ b \end{pmatrix} = \begin{pmatrix} \sum_{i=1}^{n} x_i y_i \\ \sum_{i=1}^{n} y_i \end{pmatrix} \tag{3-14}$$

对于上述二元线性方程组，可以通过解析法进行求解得到：

$$k = \frac{n \cdot \sum_{i=1}^{n} x_i y_i - \left(\sum_{i=1}^{n} x_i\right)\left(\sum_{i=1}^{n} y_i\right)}{n \cdot \sum_{i=1}^{n} x_i^2 - \left(\sum_{i=1}^{n} x_i\right)^2} \tag{3-15}$$

$$b = \frac{\left(\sum_{i=1}^{n} x_i^2\right)\left(\sum_{i=1}^{n} y_i\right) - \left(\sum_{i=1}^{n} x_i\right)\left(\sum_{i=1}^{n} x_i y_i\right)}{n \cdot \sum_{i=1}^{n} x_i^2 - \left(\sum_{i=1}^{n} x_i\right)^2} \tag{3-16}$$

当模型参数更多、结构更复杂时，解析法由于计算复杂度和数学上的困难，往往难以直接用于求解参数。此时，梯度下降等迭代方法成为求解模型参数的主流选择。以线性回归为例，梯度下降法通过迭代更新模型参数，逐步逼近使得损失函数最小化的最优解。

线性回归模型 $y=kx+b$，可以表示图 3-1 所示结构，其中输入变量是 x，经过一个系数相乘后，再与 b 相加，最终输出变量 y。根据上述定义的损失函数 L，可以使用迭代优化方法对参数 k 和 b 进行优化，使得损失函数最小化。

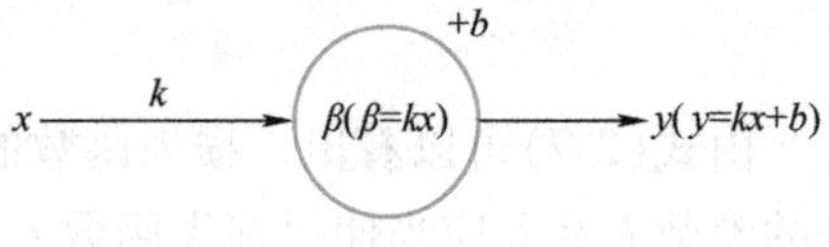

图 3-1　复合关系示意图

根据图 3-1，由偏导数链式法则，可以得到：

$$\frac{\partial L}{\partial k} = \frac{\partial L}{\partial y} \cdot \frac{\partial y}{\partial \beta} \cdot \frac{\partial \beta}{\partial k} \tag{3-17}$$

$$\frac{\partial L}{\partial b} = \frac{\partial L}{\partial y} \cdot \frac{\partial y}{\partial b} \tag{3-18}$$

根据各个量的定义，可以求出：

$$\frac{\partial L}{\partial y} = 2(y-\hat{y}),\ \frac{\partial y}{\partial \beta} = 1,\ \frac{\partial \beta}{\partial k} = x,\ \frac{\partial y}{\partial b} = 1 \tag{3-19}$$

式(3-19)中，y 是输入为 x 时，对应模型预测结果 $\hat{y}$ 的真实值。梯度下降的目标是通过多次迭代，使得参数 (k,b) 不断接近理想值。由于沿梯度方向，导数的上升速度最快，每次参数更新方向选为当前位置梯度的反方向，并给定学习率 η，可以得到 k、b 的单次迭代变化量为：

$$\Delta k = -2\eta(y-\hat{y})x \tag{3-20}$$

$$\Delta b = -2\eta(y-\hat{y}) \tag{3-21}$$

式(3-20)和式(3-21)可以计算出每次 k 和 b 的调整方向和步长，在多次迭代后往往能够收敛至最佳位置附近。

3.2.3　结果分析

本节通过 Python 对上述问题进行代码实现。代码的实现逻辑如下：首先定义模型的输入和输出，由于该案例相对简单，直接将其赋值到 NumPy 数组中。然后根据推导的公式，计算模型的两个参数 k 和 b，代码如二维码所示。

	对应文件：3_3. 2_1. py

以下是代码实现过程的简要说明。

1）导入必要的库，该案例中模型较为简单，可以仅导入处理数组和画图相关的库。NumPy(Numerical Python)是一个用于数值计算的开源 Python 库。它提供了一个多维数组对象(ndarray)，以及许多用于操作这些数组的函数。NumPy 还提供了线性代数、傅里叶变换和随机数生成等功能。因此，它是许多科学计算和数据处理任务的核心库之一。Matplotlib. pyplot 是 Matplotlib 库的一个模块，用于创建各种类型的图形和可视化。Matplotlib 是 Python 中最流行的绘图库之一，它提供了绘图接口，非常适合科学计算和数据分析。Matplotlib. pyplot 模块提供了许多函数和工具，使用户能够创建线图、散点图、直方图、饼图等各种类型的图表，并对这些图表进行定制以满足特定需求。

2）将已知数据存入数组 x 和 y 中，假设已知在攻角为 1、2、4、7、9 处的升力系数为 0. 147、0. 292、0. 576、0. 981、1. 236。

3）根据式(3-15)和式(3-16)，可以通过以上代码计算出参数 k、b 的值。

4）根据求出的 k 和 b，可以在二维平面中画出这些已知点以及回归直线，从而便于观察回归直线对于已知点的拟合情况，最后输出本次线性回归的斜率 k 和纵截距 b。

运行上述代码，线性回归模型的预测结果如图 3-2 所示，代理模型训练完成后模型参数斜率 k 和截距 b 的值分别收敛在 0. 1363 和 0. 0196。

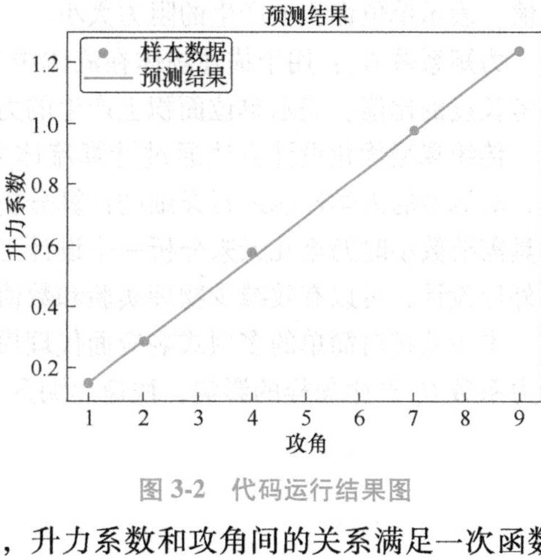

图 3-2　代码运行结果图

可以看出，该案例中 5 个点几乎都在直线上，升力系数和攻角间的关系满足一次函数，这也验证了升力系数和飞机攻角间大致符合一次函数关系的假设。

3.3　多项式响应面代理模型

多项式响应面代理模型(简称多项式代理模型)作为一种强大的统计工具，在解决复杂多变量优化问题中扮演着至关重要的角色。它不仅能够高效地模拟和预测系统行为，还能深入揭示变量之间的内在关系，为工程设计、生物科学研究、化学工业等多个领域提供了强有力的支持。在航空航天、汽车制造等领域，多项式代理模型被用于优化设计参数，如材料厚度、形状尺寸等，以减轻重量、提高燃油效率或增强结构强度。

3.3.1 案例介绍

翼型是飞机设计中最基本的要素之一，关系到飞机在不同飞行阶段的气动效率和阻力，对飞机的飞行性能、燃油效率、稳定性和操控性都有重要影响。翼型优化是通过调整翼型的几何形状和飞行条件，来调整其空气动力学特性，实现降低能耗和提高效率的目标。

在后续三节的学习中，都使用该案例构建代理模型。在翼型设计问题中，需要考虑的设计变量包括翼型主要外形变量和飞行条件变量。机翼优化设计中涉及的飞行条件变量如下：

攻角 α：定义为机翼与迎面来流的相对角度。攻角的调整对飞机的升力、阻力和气动特性有显著影响，适当调整攻角可以优化飞机的飞行性能和燃油效率。

马赫数 Ma：是表示飞机飞行速度与周围空气声速之比的无量纲数。马赫数是分析飞机不同飞行速度下的气动性能的重要参数。

雷诺数 Re：用来描述流体流动的特性，表示流体惯性力与黏性力的比值，它能够帮助判断流动状态是层流还是湍流。

翼型设计中关键的气动力参数包括升力系数 C_L、阻力系数 C_D 和力矩系数 C_M，其定义如下。

升力系数 C_L：用于描述如飞机机翼在如空气中运动时产生的升力相对于参考面积和动态压力的比值，表示单位面积上产生的升力大小。

阻力系数 C_D：用于描述物体在流体中运动时产生的阻力相对于参考面积和动态压力的比值，表示单位面积上产生的阻力大小。

力矩系数 C_M：用于描述物体在流体中运动时产生的力矩相对于参考面积、动态压力和参考长度的比值，表示单位面积上产生的力矩大小。

传统翼型优化设计方法通过计算流体力学（Computational Fluid Dynamics，CFD）模拟软件，对翼型的力学性能进行详细的计算分析，进而对气动外形进行改进。但现有的翼型设计工具需要数小时乃至几天来分析一个设计工况下的机翼性能。构建代理模型来模拟复杂的翼型外形设计，可以有效减少物理实验和数值模拟的需求，提高设计效率。

本节从相对简单的多项式响应面代理模型入手，探索改变马赫数 Ma、攻角 α 时，会对升力系数 C_L 产生怎样的影响，快速预测升力系数随攻角和马赫数的变化情况。

3.3.2 多项式模型原理

1. 参数范围确定

该案例仅考虑输入变量为飞行条件变量（马赫数 Ma、攻角 α），输出变量为升力系数 C_L，即代理模型的有两个输入变量，一个输出变量。

2. 多项式代理模型构建

多项式代理模型基于一个基本假设：代理模型输出变量 y 可以用输入变量 x 的函数来描述，并且这个函数可以用一个多项式来近似。这里给出两种常用的多项式、线性多项式模型和二次多项式代理模型。线性多项式代理模型是多项式代理模型最简单的形式，只包含一次项，形式为：

$$f(x)=\beta_0+\beta_1x_1+\beta_2x_2+\cdots+\beta_nx_n \tag{3-22}$$

式中，$f(x)$是多项式代理模型输出变量，x_1、x_2、x_n 是输入变量，β_0、β_1、β_n 是模型参数。二次多项式代理模型包含一次项和二次项，能够表征非线性关系，形式为：

$$f(x)=\beta_0+\sum_{i=1}^{n}\beta_ix_i+\sum_{i=1}^{n}\beta_{ii}x_i^2+\sum_{i=1}^{n}\sum_{j=i+1}^{n}\beta_{ij}x_ix_j \tag{3-23}$$

式中，β_0 是常数项，β_i 是一次项系数，β_{ii}是二次项系数，β_{ij}是交互项系数。

3. 多项式代理模型训练

多项式代理模型中需要训练的参数是多项式模型中的系数，通常使用最小二乘法来估计这些系数。最小二乘法旨在最小化代理模型预测值与模型预测值之间的误差二次方和。即优化目标函数：

$$L=\sum_{i=1}^{n}(y_i-f(x_i))^2 \tag{3-24}$$

式中，x_i 为输入变量，y_i 为真实值，$f(x_i)$为多项式模型的预测值。最小二乘法中的"二乘"就是二次方的意思。对于二阶多项式模型，使用最小二乘法，遵循以下步骤：

1）构建设计矩阵：对于二阶多项式模型，设计矩阵 $\boldsymbol{A}$ 的构建如下：

$$\boldsymbol{A}=\begin{pmatrix} 1 & x_1 & x_1^2 \\ 1 & x_2 & x_i^2 \\ \vdots & \vdots & \vdots \\ 1 & x_n & x_n^2 \end{pmatrix} \tag{3-25}$$

式中，x_i 是输入数据的第 i 个样本。

2）最小二乘法公式：使用最小二乘法的公式求解二阶多项式的系数向量 $\boldsymbol{b}$ 其公式为：

$$\boldsymbol{b}=(\boldsymbol{A}^{\mathrm{T}}\boldsymbol{A})^{-1}\boldsymbol{A}^{\mathrm{T}}\boldsymbol{Y} \tag{3-26}$$

式中，$\boldsymbol{b}=\{b_0,b_1,b_2\}$是多项式的系数向量，$\boldsymbol{Y}$ 是输出变量组成的向量。

3）通过矩阵运算计算系数 $\boldsymbol{b}$。

4. 调整模型超参数

在多项式代理模型中有一些需要人工调整的参数，称为"超参数"，主要包括阶数、交互项和非线性项，可以通过人工调整超参数来提高多项式模型的适应性和精度。

阶数：增加多项式的阶数通常可提高模型的适应性，使模型能更好地契合复杂的非线性关系。然而，过高的阶数可能导致过拟合，即模型在训练数据上表现得很好，但对新数据的预测结果不理想。

交互性和非线性项：在多项式中加入交互性（如 x_ix_j）和非线性项（如 x_i^2）帮助模型捕获输入变量之间的相互作用和非线性关系。响应面代理模型的公式需要根据数据特性和实际需求进行调整。选择合适的超参数对于模型的准确性和泛化性至关重要。

3.3.3　代码实现

本节通过 Scikit-learn 库实现多项式响应面代理模型的构建。sklearn 是一个开源的机器学习库。它提供了一系列强大的工具，用于机器学习和统计建模，包括分类、回归、聚类和降维等。常见的代理模型算法如多项式响应面代理模型、神经网络代理模型、高斯过程代理模型等都可以通过该库进行快速构建。Pandas 是一个强大的数据分析工具，构建在 NumPy 之上。它提供了丰富的功能，包括数据清洗、重塑、分组、合并等，使得数据的预处理和分析变得更加简单和高效。该案例中主要用它读取 Excel 文件的数据，完整代码及训练数据如二维码所示。

	对应文件： 代码：3_3. 3_1. py 数据：3_3. 3_1. csv

代码的主要实现过程如下：

1）导入必要的库。

2）加载数据，将读取后的数据，首先将第一列和第二列的马赫数 Ma、攻角 α 定义为输入变量，然后将第三列升力系数 C_L 定义为输出变量。然后将数据集划分为训练集（数据集的 80%）和测试集（数据集的 20%）。

3）构建一个名为“build_model”的函数用于构建响应面代理模型，其中“X_train”是输入变量的训练集，“y_train”是输出变量的训练集，用于模型的构建与训练。PolynomialFeatures( ) 函数用于初始化一个多项式模型，degree=2 表示多项式阶数为 2 阶。model. fit( ) 表示对模型进行训练。

4）构建好响应面代理模型后利用数据集进行训练，实现对输出变量升力系数 C_L 的预测。该模型的性能评估采用 *MSE* 计算模型预测的均方误差，计算模型系数，以评估模型的拟合能力。

5）绘图显示训练集和测试集的结果。

3.3.4 结果分析

运行代码后，得到模型在测试集上的 *MSE* 为 0.003。模型在测试集上预测值与实际值如图 3-3 所示。

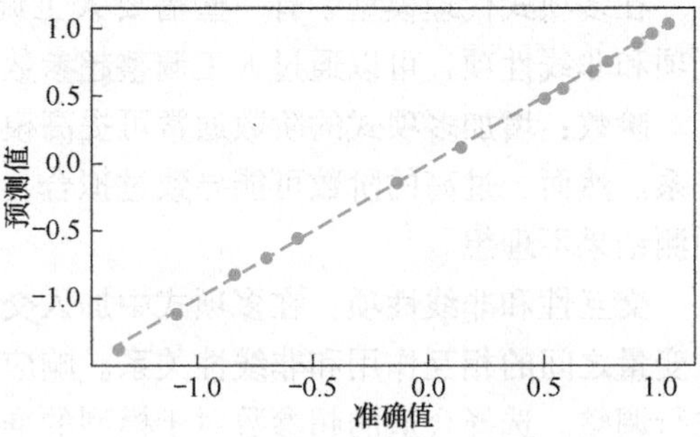

图 3-3　预测值与实际值结果图

图 3-3 中横轴表示样本数据的准确值，纵轴表示代理模型的预测值，点表示模型的预测结果。理想情况下，预测值与准确值相等，预测结果应该分布在一条斜率为 45° 的直线上，即图中的虚线。从图中可以直观地看出该模型的性能较好，可以实现准确的预测。

多项式响应面代理模型是采用多元回归方程来构建输入参数和输出参数函数关系的建模方法，其优点有：

1）通过建立多元回归方程便能表达未知且复杂的模型关系，并且求解方便的同时，可以通过方程的系数判断不同的输入对模型的影响程度。

2）多项式响应面代理模型的优化过程简单，通常可将问题转换为在已知约束下的函数最优值求解问题。

缺点有：

1）多项式响应面代理模型在高维问题中表现不佳。随着维度的增加，模型需要拟合的参数数量急剧增加，导致计算复杂度和过拟合风险增加。

2）多项式响应面代理模型对数据中的异常值非常敏感，异常值会显著影响模型的拟合结果。

3.4　神经网络代理模型

从自然语言处理的精妙到图像识别的精准，再到自动驾驶汽车的智能驾驭与智能问答系统的无缝交流，这一系列人工智能领域的璀璨成就，无不深深植根于本节的核心——神经网络。神经网络，这一算法模型的瑰宝，巧妙地模拟了人脑神经元网络的复杂结构与卓越功能，成为深度学习坚实而有力的基石。在神经网络的广阔世界里，信息的流转宛如涓涓细流汇成江海，通过错综复杂的节点(这些节点宛如大脑中的神经元)紧密相连，每个节点都承载着对信息的精细加工与处理。正是这样的结构，赋予了神经网络非凡的学习能力，它能够深入数据的肌理，洞察数据间微妙的映射关系，并据此构建出强大的预测模型与分类机制。相较于其他机器学习算法模型，神经网络以其卓越的非线性拟合能力脱颖而出。这意味着，面对复杂多变、非线性特征显著的数据集时，神经网络能够展现出更加灵活与强大的适应性，精准捕捉数据背后的深层规律，为人工智能的应用开辟出无限可能。

3.4.1　案例介绍

本节继续使用 3.3 节的案例学习神经网络代理模型，为了体现神经网络代理模型更强的非线性拟合能力，本节考虑更加复杂的工况。具体的，想知道某翼型测试时的雷诺数 Re、攻角 α、马赫数 Ma 这些工况参数会对翼型的气动力系数，包括升力系数 C_L、阻力系数 C_D 和力矩系数 C_M，会产生什么影响。实际工程中，它们之间蕴含着非常复杂的非线性映射关系，本节介绍如何使用神经网络构建翼型气动力系数预测代理模型。

3.4.2　神经网络原理

神经网络模型的核心是神经元，它是一种数学函数，可以接收多个输入，对这些输入进行线性加权，再通过非线性激活函数将结果输出。神经元的结构如图 3-4a 所示，其计算公式为：

$$h(x)=\sigma\left(\sum_{i=1}^{n} W_i x_i+b\right) \tag{3-27}$$

每个神经元的作用是实现一个线性映射，其中 x_i 为输入数据，W_i 代表每一个输入 x_i 的权重，b 为偏置值，$\sigma(\cdot)$ 为激活函数。

多个神经元可以组成一层，多层神经元可以组成一个神经网络。以全连接神经网络为例，它的每个神经元都与上一层的所有神经元相连，因此也被称为“全连接层”。全连接神经网络的输入层接收样本数据，中间的隐藏层进行特征提取和转换，输出层给出最终的预测

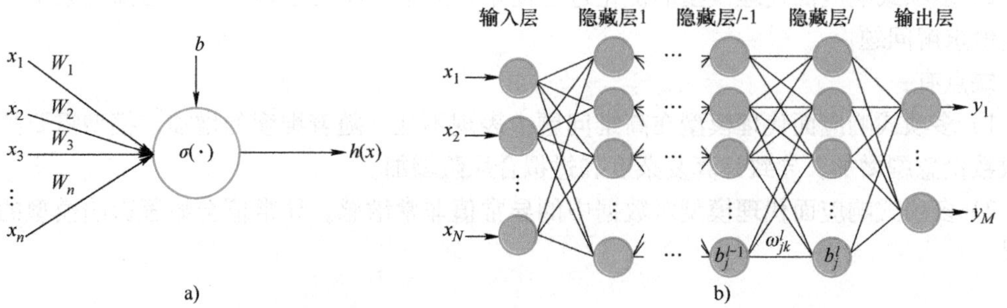

图 3-4　一个完整的神经网络结构示意图

a）神经元示意图　b）全连接神经网络示意图

结果，一个完整的神经网络结构示意图如图 3-4b 所示。令 N^L：$\mathbb{R}^{N_0}\rightarrow\mathbb{R}^{N_L}$表示一个包含 L 层的神经网络(即隐藏层的个数为 $L-1$)，且第 k 层中的神经元数量为 N_k，则输入层的神经元数量为 N_0，输出层神经元的数量为 N_L。分别用 $\boldsymbol{W}^k\in\mathbb{R}^{N_k\times N_{k-1}}$和 $b^k\in\mathbb{R}^{N_k}$表示第 $k(1\leqslant k\leqslant L)$层中的权重和偏置。假设 $\boldsymbol{x}$ 是第 k 层的输入向量，则第 k 层的输出向量由 $N^k(\boldsymbol{x})$表示。特别地，网络的输入向量可以表示为 $N^0(\boldsymbol{x})=\boldsymbol{x}$。定义逐层的非线性激活函数为 $\boldsymbol{\sigma}(\cdot)$，则神经网络第 k 层的输出向量定义如下：

$$N^k(\boldsymbol{x})=\boldsymbol{\sigma}(\boldsymbol{W}^k N^{k-1}(\boldsymbol{x})+b^k),\quad 1\leqslant k<L \tag{3-28}$$

$$N^L(\boldsymbol{x})=\boldsymbol{W}^L N^{L-1}(\boldsymbol{x})+b^L,\quad k=L \tag{3-29}$$

式中，输出层的激活函数可视为其本身的单位映射。令$\because=\{\boldsymbol{W}^k,b^k\}_{k=1}^{L}\in V$表示包含神经网络权重和偏置等所有可训练变量的集合，V是参数空间，则神经网络的输出可以写为：

$$y_{\because}(\boldsymbol{x})=N^L(\boldsymbol{x};\because) \tag{3-30}$$

式中，$N^L(\boldsymbol{x};\because)$这一表示强调神经网络的输出 $N^L(\boldsymbol{x})$对可训练参数$\because$ 的依赖关系。一般而言，神经网络的权重和偏置等可训练参数是根据给定的概率分布进行初始化的。

在该案例中，输入特征有 3 个，预测目标有 3 个，所以输入层和输出层节点数均为 3，隐藏层数人为设置为 5，每层节点数设置为 64。神经网络的输入层和输出层由需要解决的问题决定，而隐藏层的数量和节点数是两个超参数，可以决定神经网络的容量。一般来说，神经网络的容量越大，模型的拟合能力越强，但模型也更难训练。

如果只有权重和偏置，神经网络只能实现线性映射。在神经元的输出上定义激活函数 σ 以在神经网络中引入非线性，常用的激活函数包括 Sigmoid、ReLU、Tanh 等。

Sigmoid 函数可以将任意实数映射到区间(0,1)上，具有平滑且可导的性质，其函数公式为：

$$\sigma(x)=\frac{1}{1+\mathrm{e}^{-x}} \tag{3-31}$$

式中，x 为输入，$\sigma(x)$为输出。Sigmoid 函数虽然被广泛应用，但也存在一些问题。随着输入的增大，Sigmoid 函数的梯度将显著减少，容易引发梯度消失的现象，导致神经网络训练过程减慢及训练过程不稳定。Sigmoid 函数的曲线如图 3-5 所示。

ReLU 为线性整流函数，数学表达式如下：

$$\sigma(x)=\max(0,x) \tag{3-32}$$

ReLU 函数可以有效地处理输入值的变化，即当输入值大于 0 时，输出值将会与之相等；而当输入值小于或等于 0 时，则会将其转换成 0。此外，ReLU 函数还具有较高的计算效率，可以有效地解决梯度消失的问题。ReLU 函数曲线如图 3-6 所示。

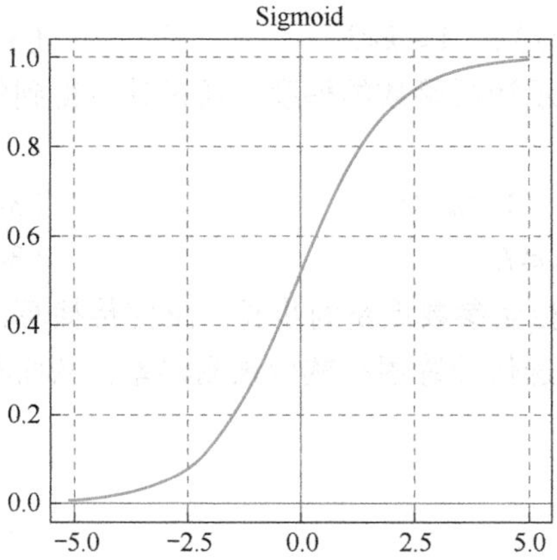

图 3-5　Sigmoid 函数曲线

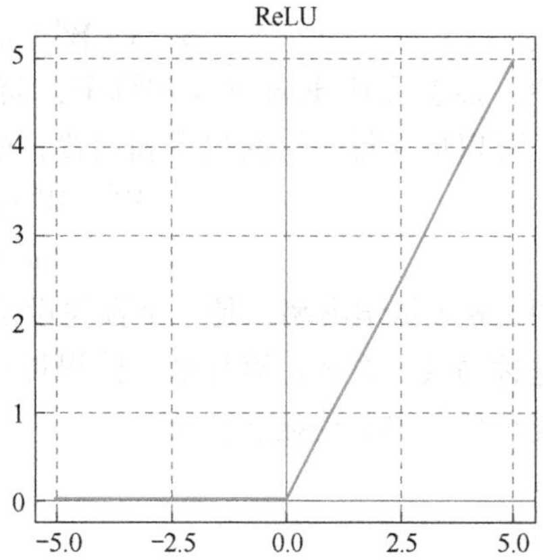

图 3-6　ReLU 函数曲线

Tanh 函数为双曲正切函数，表达式与其导数的表达式如下所示，该函数具有单调递增的性质，即输入值越大，则 Tanh 的输出值越接近于 1；输入值越小，输出值越接近−1。

$$\sigma(x)=\frac{e^{x}-e^{-x}}{e^{x}+e^{-x}} \tag{3-33}$$

Tanh 函数曲线如图 3-7 所示。

通过分析可知，ReLU 函数由于其在 $x=0$ 处具有不可导的性质，因此损失函数表现为大幅振荡，收敛性较差；图中 Tanh 函数与 Sigmoid 函数的表现较为相似，但随着网络层数的加深，Sigmoid 函数更容易出现梯度消失的情况。具体选择哪个激活函数，需要在实现过程中不断尝试，找到最适合该问题的激活函数。

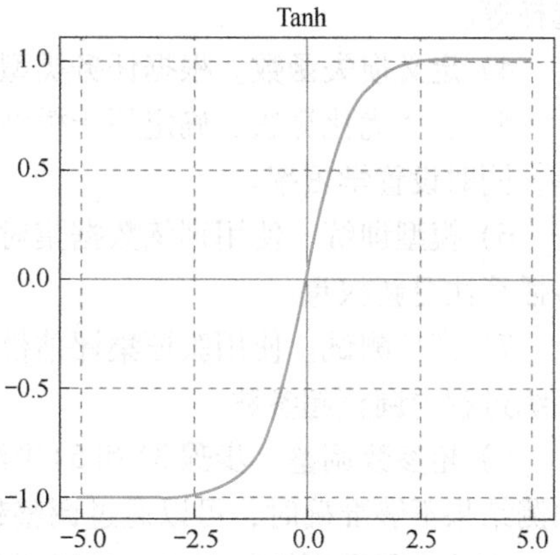

图 3-7　Tanh 函数曲线

至此，一个完整的神经网络结构已经形成了，下面需要对这个网络进行训练。神经网络的训练过程本质上是对神经网络参数进行优化的过程。既然是一个优化问题，首先需要知道优化的目标。判断一个神经网络模型好坏的重要依据是其预测结果 $\hat{y}$ 与真实数据 y 是否接近，可以构造一个均方根误差函数来衡量预测结果和真实数据的偏差程度，这个函数称为损失函数，多采用 *MSE* 形式构造。

$$\text{loss}=\frac{1}{n}\sum_{i=1}^{n}(\hat{y}-y)^{2} \tag{3-34}$$

之后，可以通过优化算法对神经网络进行训练。在 3.2 节中，已经学习了如何使用梯度反向传播算法(梯度下降+链式求导法则)对线性模型中的参数进行优化，神经网络的参数优化在原理上与线性模型的参数优化完全相同。在反向传播阶段，首先计算输出层的误差 δ^L，然后将这个误差逆向传播回神经网络中，用于计算每一层参数的梯度。将损失函数表示为 $L(\cdot)$，则输出层误差的计算公式为 $\delta^L=\nabla L(N^L(\boldsymbol{x}))$，表示损失函数关于神经网络输出的梯度。对于隐藏层，误差递归地按以下公式向后传播：

$$\delta^k=((\boldsymbol{W}^k)^{\mathrm{T}}\delta^{k+1})\odot\nabla\sigma(N^k(\boldsymbol{x})),\quad 1\leqslant k<L \tag{3-35}$$

式中，$\odot$表示 Hadamard 乘积算子，而 $\nabla\sigma(N^k(\boldsymbol{x}))$表示激活函数的梯度。通过计算得到的误差，可以更新每一层的权重和偏置，如下所示。

$$\boldsymbol{W}^k=\boldsymbol{W}^k-\eta\delta^k(N^{k-1}(\boldsymbol{x}))^{\mathrm{T}},\quad 1\leqslant k\leqslant L \tag{3-36}$$

$$b^k=b^k-\eta\delta^k,\quad 1\leqslant k\leqslant L \tag{3-37}$$

式中，η 表示学习率，是一个预先设定的正值，用于控制参数更新的步长。反向传播算法通过这种高效的方式计算梯度，使得神经网络能够通过迭代训练逐渐减少预测误差，从而在多种复杂任务中取得显著性能。

3.4.3 结果分析

搭建一个基于神经网络的代理模型一般包含以下几个步骤：

1) 数据获取。收集用于训练和测试神经网络的数据，该案例用到的数据集来自 NACA0045 翼型的公开实验数据，包含 164 条数据，选择其中 3 个工况参数作为代理模型输入变量，3 个气动性能参数作为输出变量。

2) 数据预处理。数据集进行清洗，包括去除噪声、填补缺失值、数据归一化或标准化等，高质量的数据有助于模型精度的提升。

3) 设计网络结构。确定神经网络的结构，包括层数、每层的神经元数量、激活函数的选择等。

4) 定义损失函数。根据任务类型选择适当的损失函数，该案例采用均方误差。

5) 选择优化算法。确定用于模型权重更新的优化算法，如随机梯度下降(SGD)、Adam 等，同时设置学习率。

6) 模型训练。使用训练数据集对神经网络进行训练，通过前向传播计算预测值，反向传播算法更新权重。

7) 模型测试。使用验证集评估模型性能，验证集是从训练数据中分离出来的，用于在训练过程中调整超参数。

8) 超参数调整。步骤 3) 和 5) 中涉及的可以人为调整的参数称为超参数。当代理模型的预测结果不够准确时，可以通过调整超参数改善模型精度。

完整代码及训练数据如二维码所示。

对应文件：
代码：3_3.4_1.py
数据：3_3.4_1.xlsx

运行代码，三个预测目标的预测值和样本数据的差距如图 3-8 至图 3-10 所示。

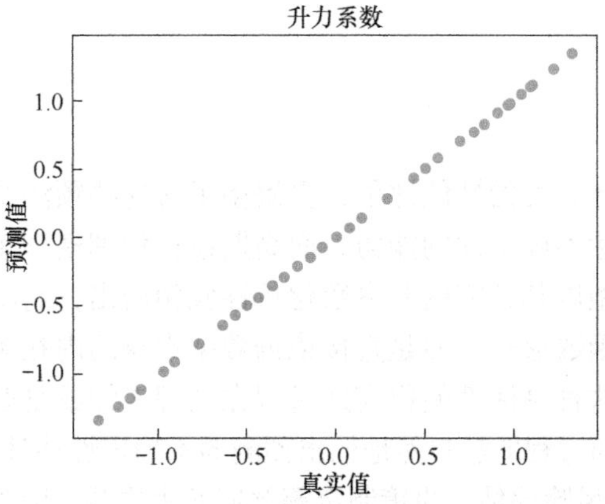

图 3-8　升力系数预测

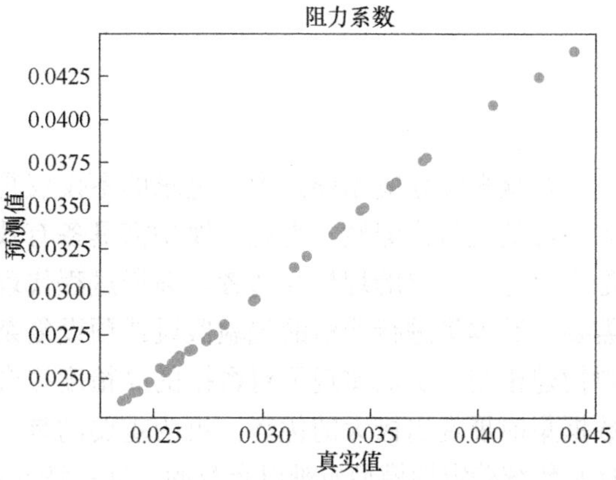

图 3-9　阻力系数预测

训练过的神经网络代理模型的 *MSE* 为 4.46×10^{-4}，达到了较高的预测精度。

为了说明神经网络超参数对预测结果的影响，通过不同的网络容量，重新进行测试，设置 4 个不同容量的神经网络结构，分别为 3 层 32 节点(32-32-32)，3 层 64 节点(64-64-64)，3 层 128 节点(128-128-128)和 4 层 64 节点(64-64-64-64)。每个模型均训练 1000 代，观察损失函数的变化情况，如图 3-11 所示。

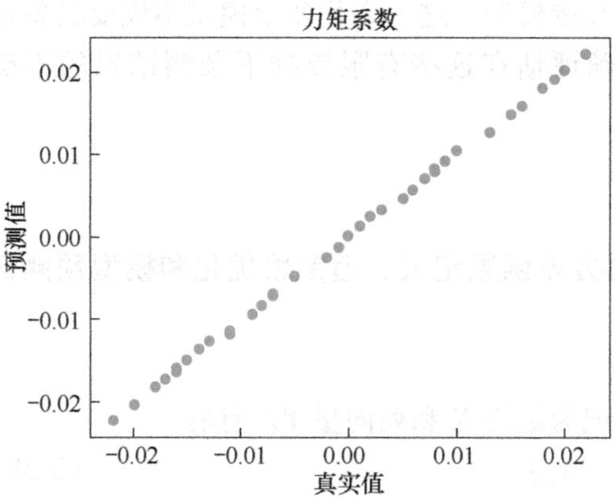

图 3-10　力矩系数预测

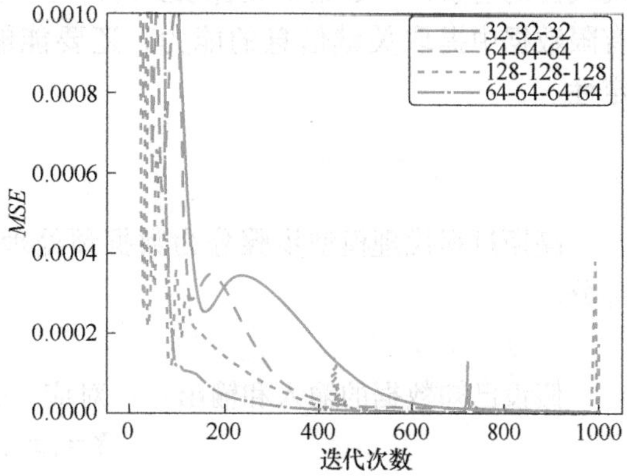

图 3-11　不同结构神经网络的损失函数变化情况

经过测试，网络层数和隐藏层节点数都不是越多越好。此外，不仅网络容量，激活函数、优化器的改变都会对神经网络预测的准确性产生影响。作为应用最广泛的代理模型之一，神经网络模型的优点包括：

（1）强大的非线性拟合能力使神经网络在理论上能够拟合任何复杂的函数形状。

（2）深度神经网络能够自动从数据中提取特征，减少了对手工特征工程的依赖。这使得在复杂数据集上模型的性能更为出色。

神经网络模型的缺点主要有：

1）数据需求量大，数据量不足时神经网络的预测精度较低。

2）可解释性差，神经网络通常被视为“黑箱”模型，其内部机制和决策过程难以解释和理解。

3.5 高斯过程代理模型

在众多实际应用场景中，追求的不仅仅是设计方案的性能评估，更渴望了解这些预测结果的可信度与稳健性。为此，模型需具备有效表达不确定性的能力，而高斯过程代理模型正是应对这一需求的理想候选者。高斯过程代理模型以其独特的非参数化特性脱颖而出，它不需要对数据集进行严格的先验假设或预设复杂的函数形式，而是直接依据数据本身的内在规律构建模型，从而实现了对数据的高精度拟合。这种灵活性使得高斯过程在处理未知或复杂数据集时展现出极大的优势。更为重要的是，高斯过程能够自然地输出预测的不确定性估计，这是传统确定性模型所难以企及的。这一特性对于风险评估、决策制定等领域尤为重要，因为它能够帮助我们更全面地理解预测结果的可信度范围，从而做出更加稳健和可靠的决策。

3.5.1 案例介绍

高斯过程作为一种先进且灵活的机器学习方法，其独特之处在于不依赖于任何预设的数学模型框架，而是完全基于数据的统计特性进行学习与建模。这种非参数化的特性使得高斯过程能够捕捉数据中复杂且多变的映射关系，同时有效地量化预测过程中的不确定性，为决策制定提供更为全面的信息支持。本节将继续沿用 3.3 节的案例，但将注意力转向一个更具挑战性的场景：在数据量显著减少的情况下构建预测模型。这一变化要求模型不仅要具备从有限数据中提取关键信息的能力，还要能够准确评估在这些有限数据下预测结果的不确定性。

3.5.2 高斯过程原理

高斯过程代理模型步骤分为数据预处理、协方差函数定义、超参数优化和模型预测四部分。

1. 数据预处理

假设已知数据的输入和输出一一对应，分别记为矩阵 $\boldsymbol{X}$ 和列向量 $\boldsymbol{Y}$。且有

$$\boldsymbol{X}=(\boldsymbol{x}_1,\boldsymbol{x}_2,\cdots,\boldsymbol{x}_n)^{\mathrm{T}} \tag{3-38}$$

$$\boldsymbol{Y}=(y_1,y_2,\cdots,y_n)^{\mathrm{T}} \tag{3-39}$$

式中，$\boldsymbol{x}_i$ 是 d 维向量，对应 y_i。本节的目标是根据 $\boldsymbol{X}$ 和 $\boldsymbol{Y}$，构建出一个 $\mathbb{R}^d\rightarrow\mathbb{R}$ 的代理模型函数，使得这个函数在一个新输入的 $\boldsymbol{x}_*$ 下，能够给出该输入下的输出 y_* 以及该输出的不确定度 $\boldsymbol{\sigma}_*$。在该案例中，$\boldsymbol{X}$ 是一个二维的向量，两个维度的物理意义分别为马赫数 Ma、攻角 α，$\boldsymbol{Y}$ 则代表升力系数 C_{L}。

为了确保每个特征对模型的影响是均衡的，在使用高斯过程前通常需要进行数据标准化。标准化处理可以减少不同特征之间的尺度差异带来的影响，是数据预处理的重要步骤之一。具体操作如下：

$$\boldsymbol{X}_{\mathrm{s}}^{(j)}=\frac{\boldsymbol{X}^{(j)}-\boldsymbol{\mu}_j}{\boldsymbol{\sigma}_j} \tag{3-40}$$

式中，$\boldsymbol{X}^{(j)}$ 表示数据矩阵 $\boldsymbol{X}$ 的第 j 列(第 j 个特征的所有数据)，$\boldsymbol{\mu}_j$ 是第 j 列的均值(第 j 个特征的均值)，$\boldsymbol{\sigma}_j$ 是第 j 列的标准差(第 j 个特征的标准差)，$\boldsymbol{X}_s^{(j)}$ 是标准化后的第 j 列数据。

2. 协方差函数(核函数)定义

在高斯过程中，核函数决定了输入空间中任意两个点之间的协方差(或者相关性)，进而决定了高斯过程的拟合能力和泛化性。核函数在高斯过程中是一个超参数。

核函数的选择在很大程度上取决于数据的特点及其对模型的要求，常见的核函数有以下几种：

径向基核(RBF)：

$$\kappa(r)=\exp\left(-\frac{r^2}{2l^2}\right) \tag{3-41}$$

马顿核：

$$\kappa(r)=\frac{2^{1-\nu}}{\Gamma(\nu)}\left(\frac{\sqrt{2\nu}\,r}{l}\right)^{\nu}K_{\nu}\left(\frac{\sqrt{2\nu}\,r}{l}\right),l,\nu>0 \tag{3-42}$$

指数函数核：

$$\kappa(r)=\exp\left(-\frac{r}{l}\right) \tag{3-43}$$

式中，r 表示两个输入点之间的欧氏距离(或称为范数距离)；l 是长度尺度，控制函数的平滑度；ν 是一个无量纲参数，控制函数的平滑度；$\Gamma(\nu)$是伽马函数，K_ν 是第二类修正贝塞尔函数。

协方差矩阵是高斯过程的核心组成部分，它描述了输入数据点之间的协方差(或相关性)。协方差矩阵的元素 K_{ij}定义为：

$$K_{ij}=k(x_i,x_j) \tag{3-44}$$

3. 超参数优化

在高斯过程模型中，假设模型的所有点均服从多元高斯分布，似然函数在数值上等于其概率密度函数，表达式为：

$$L(\boldsymbol{y}\mid\boldsymbol{X},\theta)=\frac{1}{(2\pi)^{n/2}\left|\boldsymbol{K}(\theta)+\sigma^2\boldsymbol{I}\right|^{1/2}}\exp\left[-\frac{1}{2}(\boldsymbol{y}-\boldsymbol{m})^{\mathrm{T}}(\boldsymbol{K}(\theta)+\sigma^2\boldsymbol{I})^{-1}(\boldsymbol{y}-\boldsymbol{m})\right] \tag{3-45}$$

式中，$\boldsymbol{y}$ 表示观测值的向量，$\boldsymbol{X}$ 表示输入点的矩阵，表示观测值的数量，$\boldsymbol{K}$ 表示由核函数计算得到的协方差矩阵，θ 表示超参数的集合，$\boldsymbol{\sigma}^2$ 表示噪声的方差，$\boldsymbol{I}$ 表示单位矩阵，$\boldsymbol{m}$ 表示均值函数(在常见的高斯过程回归中，常常假设均值为零)。

在实际应用中，通常通过最大化似然函数来估计模型参数，包括协方差函数的参数和噪声方差，这个过程称为最大似然估计(Maximum Likelihood Estimation，MLE)。高斯过程模型中，最大化似然函数等价于最小化负对数似然，似然函数负对数为：

$$NLL(\theta)=\frac{n}{2}\log(2\pi)+\frac{1}{2}\ln\left|\boldsymbol{K}(\theta)+\sigma^2\boldsymbol{I}\right|+\frac{1}{2}(\boldsymbol{y}-\boldsymbol{m})^{\mathrm{T}}(\boldsymbol{K}(\theta)+\sigma^2\boldsymbol{I})^{-1}(\boldsymbol{y}-\boldsymbol{m}) \tag{3-46}$$

式中，$NLL(\theta)$表示负对数似然函数，$\left|\boldsymbol{K}(\theta)+\sigma^2\boldsymbol{I}\right|$表示矩阵 $\boldsymbol{K}(\theta)+\sigma^2\boldsymbol{I}$ 的行列式，其余变量与 $L(\boldsymbol{y}\mid\boldsymbol{X},\theta)$相同。

式(3-46)等号右边第一项为常数，第二项和第三项中的协方差矩阵与超参数相关。最小值处的超参数难以通过解析方法求得，通常采用如梯度下降、拟牛顿法等来获取。

4. 模型预测

假设已经从训练数据 $\boldsymbol{X}$ 和对应的目标值 $\boldsymbol{Y}$ 中训练了一个高斯过程模型。现在，想要在新的位置 X_* 处进行预测。以下直接给出这些预测的数学公式：

$$\boldsymbol{\mu}_* = \boldsymbol{K}_*^{\mathrm{T}}(\boldsymbol{K}+\sigma_n^2\boldsymbol{I})^{-1}\boldsymbol{y} \tag{3-47}$$

$$\boldsymbol{\Sigma}_* = \boldsymbol{K}_{**} - \boldsymbol{K}_*^{\mathrm{T}}(\boldsymbol{K}+\sigma_n^2\boldsymbol{I})^{-1}\boldsymbol{K}_* \tag{3-48}$$

式中，$\boldsymbol{K}$ 是训练集的协方差矩阵，其元素定义为 $\boldsymbol{K}_{ij}=k(x_i,x_j)$，其中 $k(x_i,x_j)$ 是核函数；$\boldsymbol{K}_*$ 是一个 $n\times m$ 矩阵，表示训练集 $\boldsymbol{X}$ 和新位置集 $\boldsymbol{X}_*$ 之间的协方差，其组成元素 $\boldsymbol{X}_{*ij}$ 为 $k(x_i,x_{*j})$；$\boldsymbol{K}_{**}$ 是新数据 $\boldsymbol{X}_*$ 自身的协方差矩阵，其组成元素 $\boldsymbol{X}_{**ij}$ 为 $k(x_{*i},x_{*j})$；σ_n^2 是观测噪声的方差，通常假设为已知，并且是在训练过程中设定的；$\boldsymbol{I}$ 是单位矩阵。

3.5.3 结果分析

完整代码及训练数据如二维码所示。

	对应文件： 代码：3_3.5_1.py 数据：3_3.5_1.xlsx

代码的基本编写流程如下：

1）导入必要的库，包括读取数据（Pandas）、处理数组（NumPy）、作图（Matplotlib）以及机器学习（sklearn）相关的库。

2）进行数据处理，从 Excel 中读取数据，Excel 文件中，第一列和第二列是自变量，第三列是因变量，将其提取出来后，按照 2∶8 的比例，随机划分为训练集和测试集。由于目标函数较为简单，训练集数目可以适当减少。然后对自变量进行标准化，消除不同维度数量级的差异。

3）使用具有广泛适用性的 RBF 核函数，该核函数的超参数在算法中通过内置的最大似然估计法计算获得。

4）在测试集上进行预测，并计算均方根误差和拟合优度。

该案例采用拟合优度作为模型精度评价指标，它是衡量模型精度的标准指标之一，反映模型对观察数据的解释程度。其定义式如下：

$$R^2 = 1-\frac{\sum_{i=1}^{m}(y_i'-y_i)^2}{\sum_{i=1}^{m}(\bar{y}_i-y_i)^2} \tag{3-49}$$

式中，m 为预测值的数量，y_i 表示第 i 个预测点的真实值，y_i' 第 i 个预测点的预测值。运行 3.4.3 节中的代码，可以得到预测结果的图像以及预测结果。

代码运行完成后均方根误差为 0.0114，拟合优度为 0.9998。与前面介绍的多项式模型和神经网络模型相比，高斯过程模型不仅可以给出预测值，还可以给出置信区间，如图 3-12 中灰色区域所示，这在工程应用中一定程度可以体现预测结果的可信性。

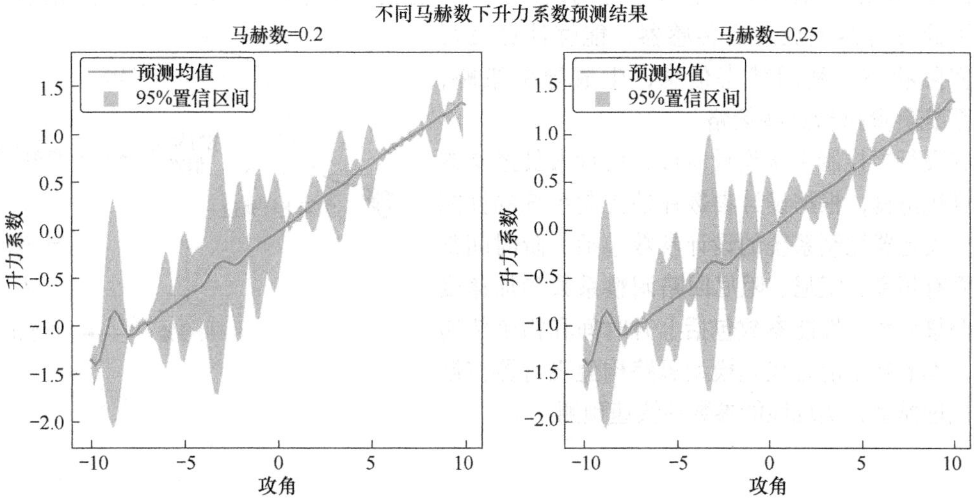

图 3-12　模型预测结果

高斯过程的优点有：

1）高斯过程是非参数方法，不需要指定数据的具体形式，可以灵活地适应各种复杂的函数关系。

2）高斯过程可以自然地提供预测不确定性的量化(置信区间)，这在很多应用中(如安全关键系统、决策支持系统)非常有价值。

3）高斯过程在小样本数据集上表现良好，因为它通过贝叶斯推理充分利用了每一个数据点的信息。

高斯过程的缺点包括：

1）高斯过程的计算复杂度为 $O(n^3)$，存储复杂度为 $O(n^2)$，其中 n 是训练数据的样本数量。这使得高斯过程难以在大规模数据集上应用。

2）高斯过程在处理高维数据时会遇到困难，内核矩阵的计算和逆运算在高维空间中会变得非常昂贵。

3.6　混合代理模型

在代理模型的广泛应用中，针对复杂多变的工程问题，各种代理模型展现出了不同的预测效能与适应性。特别是在面对大型且高度复杂的工程项目时，由于实验或仿真成本极其高昂，甚至可能因技术或资源限制而无法全面获取真实数据进行直接验证，这极大地增加了代理模型预测结果的不确定性。为了克服这一挑战，研究人员创造性地提出了混合代理模型的概念。混合代理模型并非指某一具体方法，而是一类融合了多种代理模型优势的策略集合。这些策略根据问题的特性与需求，灵活地组合不同的代理模型，旨在通过互补效应提升整体模型的预测精度、稳定性和泛化能力。

3.6.1　案例介绍

控制系统是飞行器的重要组成部分。如图 3-13 所示，飞行器通常有预定的飞行路线。

但是由于传感器和控制系统存在一定的误差，规划的飞行轨迹和实际的飞行轨迹往往存在偏差。因此飞行器上放置有传感器，能够计算飞行器的实际状态。利用状态信息，生成导引策略，控制系统负责执行这些策略。

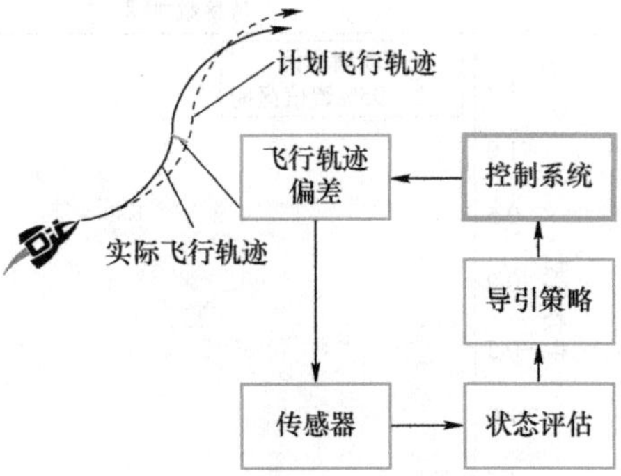

图 3-13　飞行器控制系统

在飞行器控制系统设计阶段，设计人员经常进行计算机仿真，根据设计参数评估控制系统的性能参数。飞行器控制系统的设计参数包括一阶时间常数、固有频率、阻尼、阻尼回路调整系数和加速度回路调整系数，性能参数包括上升时间和指令传递系数。本节基于混合代理模型思路构建飞行器控制系统代理模型，实现性能参数的快速预测。

3.6.2　混合代理模型原理

由于每种代理模型的优劣势各有区别，不同代理模型针对同一问题的精度差别可能很大。例如，高斯过程代理模型具有良好的不确定性预测能力，但计算复杂度高，在高维数据和大规模数据集上的表现较差。多项式响应面代理模型具有良好的连续性和较低的计算成本，但鲁棒性较差，不适用于高阶非线性问题。神经网络代理模型对训练数据量要求较高，且训练过程容易陷入局部最优。

混合代理模型是通过结合不同代理模型的优点来提高预测性能的技术。然而，将多个代理模型进行混合，可能由于低精度模型的引入导致混合模型的精度下降。因此，在考虑采用混合代理模型建模时，适当的模型筛选和合理的混合策略是保证混合代理模型整体精度的关键。混合代理模型的流程如图 3-14 所示。

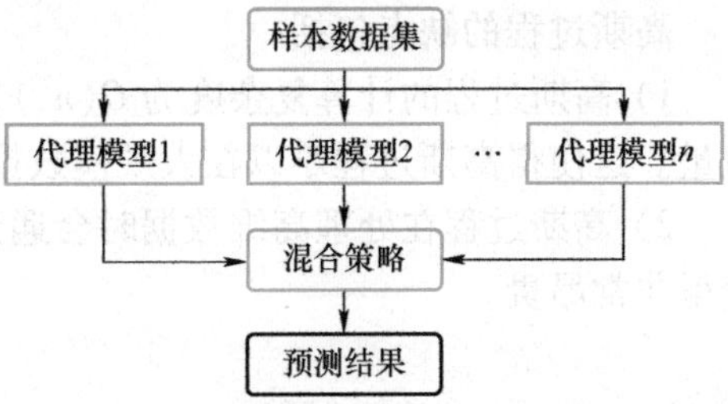

图 3-14　混合代理模型流程图

混合策略是将多个单一代理模型进行权重加和，对输出变量进行建模，其表达式如下：

$$y=\sum_{i=1}^{M}\omega_i y_i(x) \tag{3-50}$$

式中，y 为混合代理模型预测响应，M 为所用到的单一代理模型个数，每个单一代理模型预测响应 $y_i(x)$ 通过分配一个特定权重系数 ω_i 进行加和。显而易见，权重系数 ω_i 的计算策略直接影响混合代理模型的输出预测性能，构建混合代理模型的关键是确定子代理模型的系数，大多数混合代理模型的研究都集中在权重计算方法的设计与改进上。

权重系数 ω_i 的选取需满足以下两个条件：

首先，权重系数 ω_i 需满足和为 1 的约束条件，如式(3-51)所示。

$$\sum_{i=1}^{M}\omega_i=1 \tag{3-51}$$

此外，权重的选取应遵循以下原则，即精度较高的单一代理模型分配权重较大，而精度较差的单一代理模型分配权重较小。目前的权系数计算方法有反比例平均化方法、启发式计算法、最优权系数法等。

本节选择反比例平均化方法是一种常见的混合代理模型策略。其基本思想是根据每个代理模型的预测误差来加权平均各模型的输出，误差越小的模型在最终结果中的权重越大。这种方法可以有效地利用不同模型的优势，提高整体预测的精度和可靠性。反比例平均化的具体步骤如下：

1）误差计算。首先，对每个代理模型的预测误差进行计算。常用的误差指标包括均方误差(MSE)、绝对误差(MAE)等。

2）权重确定。根据每个模型的预测误差，计算其权重。权重通常与误差成反比，即误差越小，权重越大。常见的权重计算公式为：

$$\omega_i = \frac{1/e_i}{\sum\limits_{j=1}^{N}(1/e_i)} \tag{3-52}$$

式中，ω_i 是第 i 个模型的权重，e_i 是第 i 个模型的误差，N 是代理模型的数量。

3）加权平均。将所有模型的预测结果按照计算出的权重进行加权平均，得到最终的混合预测结果。

反比例平均化的优点在于能够动态调整各个代理模型的权重，使得误差较小的模型在最终预测中起到更大的作用，从而提高整体模型的预测精度。同时，这种方法计算简单，易于实现，适用于各种类型的代理模型。

该案例通过前面学习的多项式响应面代理模型、神经网络代理模型，高斯过程代理模型进行组合，构建预测能力更强，泛化能力更好的混合代理模型，实现飞行器控制系统的快速设计。

3.6.3　结果分析

完整代码及训练数据如二维码所示。

对应文件：
代码：3_3.6_1.py
数据：3_3.6_1.xlsx
　　　3_3.6_2.xlsx

上述代码将数据集的 90%作为训练集，10%作为测试集。混合代理模型与各个单个代理模型在测试集上的预测结果如图 3-15 所示，模型的误差对比如图 3-16 所示。

从图中可以发现，混合代理模型的预测结果比单个代理模型更准确，各代理模型的均方误差见表 3-1。

表 3-1　各代理模型的均方误差

模型	MSE
多项式响应面代理模型	0.2834
神经网络代理模型	0.2430
高斯过程代理模型	0.0885
混合代理模型	0.0291

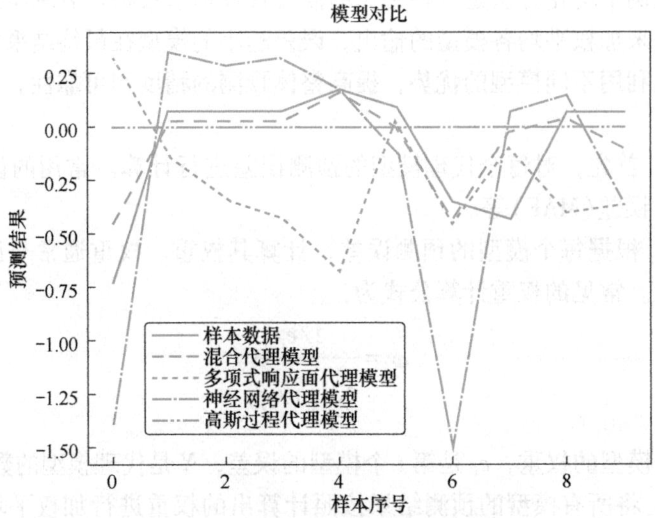

图 3-15 混合代理模型与单个代理模型的预测结果对比

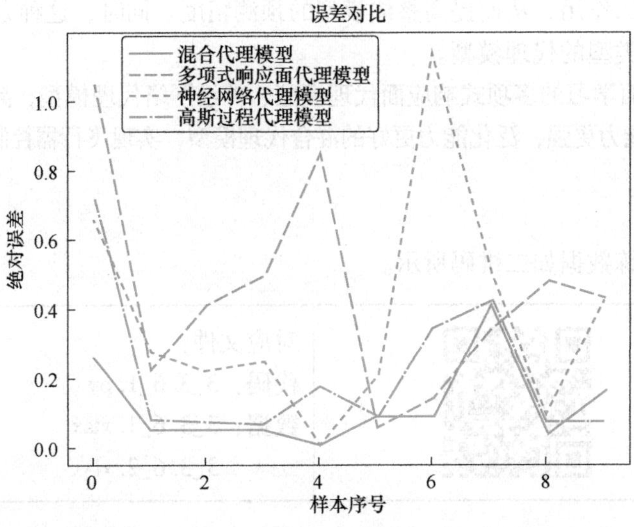

图 3-16 混合代理模型与单个代理模型的预测误差对比

不同模型对数据的敏感度不同，混合代理模型可以通过加权组合或其他方法，增强整体模型的鲁棒性。同时，混合代理模型通过结合多种模型，可以有效避免单个模型的过拟合问题，从而提高在新数据上的预测精度和泛化能力。

3.7 多保真度代理模型

代理模型的训练依赖大量的高精度的数据。在工程应用中，常常存在的一种情况是，同时拥有一小部分高保真数据(如实验数据)和大量低保真度数据(如仿真软件或经验公式)。如何充分利用这些数据实现更加准确的预测成为一个需要解决的问题。多保真度代理模型能够在高保真数据有限的情况下，从大量的低保真度数据中学习更加精确的代理模型。这种方法不仅能够提高模型预测的准确性，还能够显著降低数据获取的成本。

3.7.1　案例介绍

飞机机翼不仅提供主要的升力，也是重要的承重组件。机翼重量直接影响燃油消耗。重量较轻的机翼可以减少所需的推力，进而提高整体燃油效率，这对于降低运营成本和环境影响尤为重要。精确预测机翼重量有助于确保结构的强度的同时实现轻量化设计。翼箱是机翼的一个关键结构，通常包括机翼前缘和后缘之间的区域，包含翼梁、翼肋和蒙皮等主要结构，其重量对机翼总重量有显著影响。翼箱重量与机翼总重量的关系可以通过代理模型进行预测。

由于高精度的实验数据获取十分困难，而只用较低精度的仿真数据训练的代理模型准确度有限，需要考虑多保真度代理模型的构建方法，将高精度数据与低精度数据相互融合，构造准确的代理模型。

为了简化问题，假设通过如下公式的结果代表实验得到的高保真数据。

$$y_H(x)=(6x-2)^2\sin(12x-4),\ x\in[0,1] \tag{3-53}$$

同时，假设低保真度数据满足如下公式。

$$y_L(x)=0.5(6x-2)^2\sin(12x-4)+10(x-0.5)-5,\ x\in[0,1] \tag{3-54}$$

该案例中，通过 4 个高保真数据和 11 个低保真度数据，构建一个多保真度代理模型，实现已知翼箱重量 x 时，机翼总重量 y 的快速预测。

3.7.2　多保真度代理模型原理

假定有两组数据，其中，低保真度数据为：

$$(x_i^L, y_i^L)_{i=1}^{N_l} \tag{3-55}$$

式中，x_i 是输入变量，y_i 是预测变量，上标 L 代表低分辨率，H 代表高分辨率。高保真数据为：

$$(x_j^H, y_j^H)_{j=N_l+1}^{N_l+N_h} \tag{3-56}$$

一般情况下，低保真度数据远多于高保真数据($N_l \gg N_h$)。神经网络具有强大的拟合能力，通过合理设计神经网络结构和损失函数，将低保真度数据和高保真数据结合起来，可以构建出具有良好泛化能力的多保真度代理模型。多保真度代理模型的构建方法有很多，本节介绍一种层次化方法，其核心思想是将高精度模型和低精度模型层次化，低精度模型提供初步估计，高精度模型(修正模型)用于细化和校正，具体过程如图 3-17 所示。

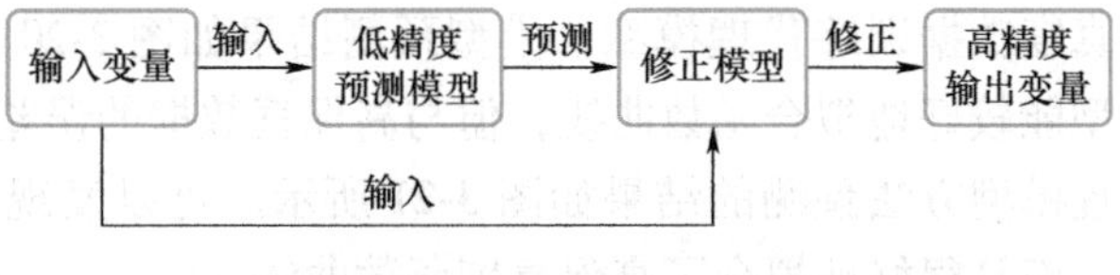

图 3-17　基于层次化方法的多保真度代理模型

为构建多保真度代理模型，首先使用低精度数据$(x_i^L, y_i^L)_{i=1}^{N_l}$训练一个神经网络 NN_L(低精度预测模型)。令 $\hat{y}_i=NN_L(x_i^L)$ 为低精度预测模型得到的预测结果。该模型的训练方法与标准的神经网络模型训练方法相同。

构建多保真度代理模型的关键是如何得到一个高精度的修正模型 NN_{LtoH}。修正模型的目的是学习低精度模型的预测结果与高精度数据之间偏差的规律，进而对偏差进行“拉偏”，将低精度预测结果修正到接近高精度数据的水平。由于学习低精度预测结果与高精度数据之间的偏差的难度要远远小于直接预测高精度的结果，相较于直接构建预测模型，构建修正模型所需的样本数据量更少，可以满足工程上高保真数据量少的情况。

将高保真数据 $(x_j^{\mathrm{H}})_{j=N_1+1}^{N_1+N_\mathrm{h}}$ 输入 NN_{L}，可以得到预测结果 $\hat{y}_j = NN_{\mathrm{L}}(x_j^{\mathrm{H}})$，由于该模型训练数据质量不高，与高保真数据差距较大。此时，构建另一个神经网络模型 NN_{LtoH}，其输入变量为 $(x_j^{\mathrm{H}}, \hat{y}_j)_{j=N_1+1}^{N_1+N_\mathrm{h}}$，输出变量定义为 $\hat{y}_j^{\mathrm{H}} = NN_{\mathrm{LtoH}}(x_j^{\mathrm{H}})$，则可以构建损失函数：

$$loss = \frac{1}{N_\mathrm{h}} \sum_{j=1}^{N_\mathrm{h}} (\hat{y}_j^{\mathrm{H}} - y_j^{\mathrm{H}})^2 \tag{3-57}$$

通过上述损失函数训练 NN_{LtoH}，可以让修正模型学习对低精度预测模型的输出结果进行何种变化可以使预测结果得到高精度的数据。最后，在模型调用阶段，将训练好多 NN_{L} 与 NN_{LtoH} 进行串联，通过多层映射的方式，实现高精度预测。

值得注意的是，在实际应用中，由于高保真数据稀少，可以采用 3.6 节所讲的混合代理模型构建修正模型，将多个修正模型加权求和，得到一个修正能力更强的模型，可以进一步提升多保真度代理模型的预测精度。

3.7.3 结果分析

完整代码及训练数据如二维码所示。

对应文件：3_3.7_1.py

首先，通过对样本生成函数进行均匀采样得到了高保真数据与低保真度数据，如图 3-18 所示。

如果仅使用高保真数据训练代理模型，模型预测结果如图 3-19 所示。由于高保真数据样本非常少，代理模型仅在有样本数据的位置具有较高的精度，难以拟合没有样本数据位置的函数关系。

如果仅使用低保真度数据训练代理模型，模型预测结果如图 3-20 所示。由于低保真度数据量较大，代理模型能较好地拟合函数曲线，但与高保真数据的误差较大。

通过多保真度代理模型方法预测的结果如图 3-21 所示。可以发现，代理模型不仅拟合了 4 个高保真数据点，而且很好地拟合了高保真度函数曲线。

通过对比三种模型的预测结果可以发现，使用多保真度代理模型方法的预测精度相较于仅依赖高保真数据和低保真度数据构建的代理模型都有明显的提升。为产品设计等难以构造大型高质量数据集的场景提供了高精度代理模型构建方法。

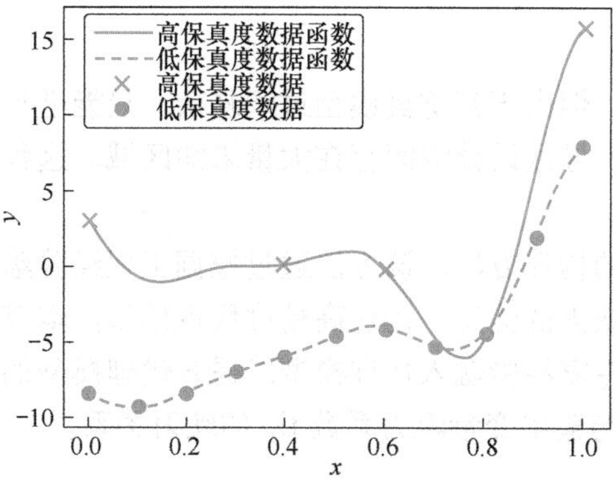

图 3-18　高保真数据与低保真度数据

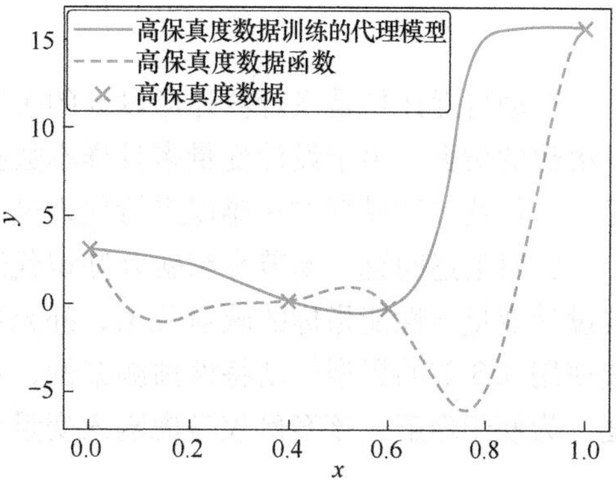

图 3-19　高保真数据训练的神经网络

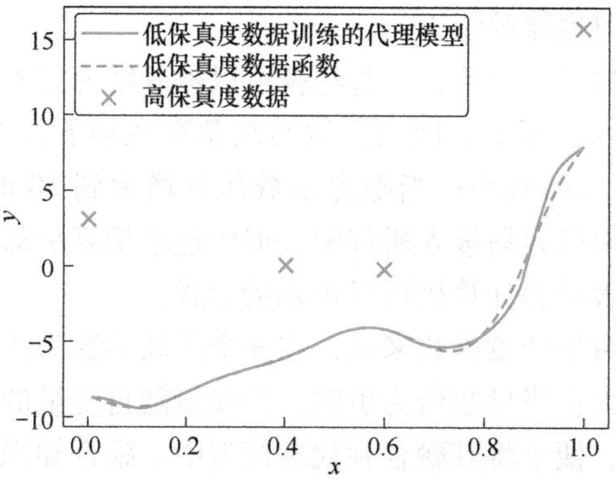

图 3-20　低保真数据训练的神经网络

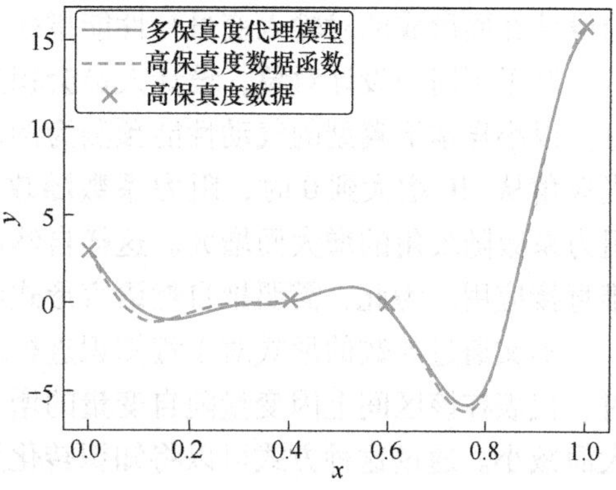

图 3-21　多保真度代理模型与真实值的对比

3.8　融合知识代理模型

本章介绍了几种常见的代理模型，这些模型的相同点在于，都采用数据驱动的方式构建。在产品设计这一高度专业化的领域内，面对实验操作的高昂成本以及仿真模型构建与运行的复杂性，高质量数据的获取显得尤为困难，这一现状直接制约了代理模型在设计流程中的深入应用与广泛推广。然而，值得庆幸的是，设计人员在长期的工作实践中积累了宝贵的设计知识，这些知识深刻体现了他们对设计变量与关键性能指标之间复杂映射关系的独到见解，这种基于深厚理解与洞察力的知识积累，称之为“专家经验”。若能有效整合这些专家经验，将其巧妙地融入代理模型的构建过程中，以弥补小样本数据在信息量上的不足，无疑将极大增强代理模型的预测能力，提升其预测精度与可靠性。因此，探索如何将专家经验与数据驱动的方法相结合，共同作用于代理模型的优化与改进，成为提升产品设计效率、缩短开发周期、降低研发成本的关键路径之一。这不仅是对传统代理模型构建方法的一次创新尝试，也是推动产品设计领域智能化、精准化发展的重要方向。

3.8.1 案例介绍

气动特性评估是飞行器外形设计的关键一环，但由于其仿真模型过于复杂，只能进行较少次数的仿真。由于设计变量多且样本数据量少，导致设计空间存在大量未知区域。这种情况下，传统代理模型方法难以支持代理模型构建。

针对上述问题，本节介绍融合知识代理模型的构建方法。该方法通过挖掘工程经验蕴含的设计变量与性能指标的映射关系，补充数据所缺失的信息，构建高精度代理模型。本节继续使用3.3节的翼型气动特性预测案例，考虑将专家经验融入代理模型以提升代理模型的精度。为便于理解，该案例仅考虑输入变量攻角 α 与输出变量阻力系数 C_D 的映射关系。

3.8.2 知识的表征

在工程问题中，知识的概念内涵十分广泛且模糊。本节将知识界定为设计人员依靠多年的设计经验形成的对输入变量与性能指标之间映射规律的认识。

对于不同的设计对象，设计人员会积累不同的工程经验，这些经验可以被总结为文本信息。以小样本下翼型的气动性能预测为例，在某些工况下，阻力系数与攻角存在如下关系：当攻角从−10增大到0时，阻力系数随攻角的增大而减小；当阻力系数从0增大到10时，阻力系数随攻角的增大而增大。这样自然语言文本很容易被人所理解，但代理模型算法却很难直接应用。为此，需要把自然语言形式的知识表征为计算机可以识别的形式。

本文通过导数的形式对工程知识进行表征。对于任意函数来说，在某个区间导数为正值时，代表在该区间上因变量随自变量的增大而增大；当导数值为负时，因变量随自变量的增大而减小。通过这种方式可以将知识转化为导数，便于将其融合到代理模型中。融合知识的代理模型与数据驱动的代理模型效果对比如图3-22所示。

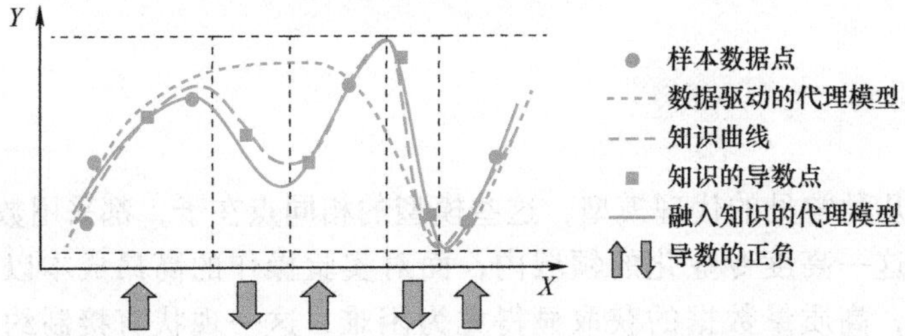

图3-22 融合知识的代理模型与数据驱动的代理模型效果对比

3.8.3 知识与数据融合

融合知识的代理模型通过自动微分技术，将工程知识转化成代理模型预测结果与知识的残差，直接集成到损失函数中，通过神经网络的训练最小化损失函数，使神经网络输出不仅符合观测数据，还符合工程知识。这种方法在数据稀缺的情况下，仍然能够提供高精度的预测。融合知识的代理模型框架如图3-23所示。

融合知识代理模型的构建方法分为数据准备、知识准备、损失函数构建、代理模型构建和代理模型训练五部分。

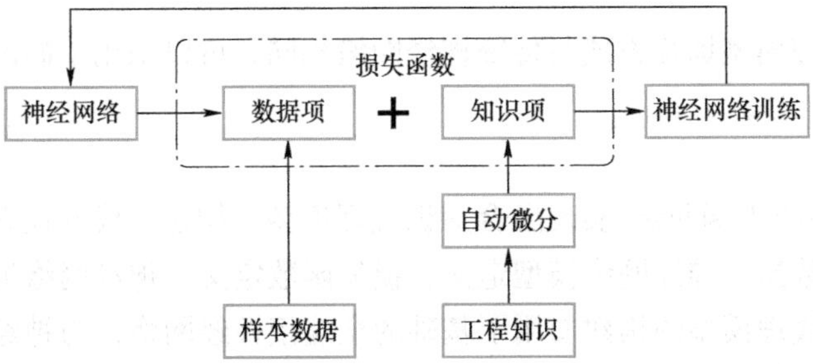

图 3-23　知识与数据融合的代理模型框架

1. 数据准备

该案例的输入变量为攻角 α，输出变量为阻力系数 C_D，数据集中包含 41 条数据。

2. 知识准备

通过多项式回归等方式获得输入变量与输出变量的关系，将其假设为工程知识。

3. 损失函数构建

嵌入知识的代理模型的损失函数分为两部分即数据项和知识项：

$$Loss\ Function = loss_{data} + loss_{exp} \tag{3-58}$$

式中，$loss_{data}$ 指基于数据构建的数据误差项，其与 3.4 节中神经网络损失函数相同，采用代理模型预测值 $f(x)$ 与目标值 y 之间差值二次方和的均值，即均方根误差，见式(3-59)所示。

$$loss_{data} = \frac{\sum_{i=1}^{n} (\hat{y}_i - y_i)^2}{n} \tag{3-59}$$

$loss_{exp}$ 指基于专家经验构建的知识误差项，表达了代理模型预测结果与专家经验的贴合程度。在实际应用中，专家经验的分类和形式往往比较复杂。为便于理解，本节直接给出一个输入参数攻角 α 与输出参数阻力系数 C_D 之间的多项式作为设计知识，其导数如式(3-60)所示：

$$\frac{\partial C_D}{\partial \alpha} = -0.000325 + 0.000614\alpha \tag{3-60}$$

通过自动微分可以自动求解出上述专家经验知识的导数，将导数作为“知识”融入代理模型的训练中。基于专家经验构建的损失函数如式(3-61)所示。

$$loss_{exp} = \frac{1}{N}\sum_{i=1}^{N} z_{exp}(g(x_i))$$
$$z_{exp} = |g_i^{model} - g_i^{exp}| \tag{3-61}$$

式中，N 表示知识区间内样本点个数，g_i^{model} 表示基于自动微分计算得到神经网络中输入参数攻角 α 与输出参数阻力系数 C_D 之间的梯度值，g_i^{exp} 表示基于工程经验得到的输入参数攻角 α 与输出参数阻力系数 C_D 之间的梯度值。

4. 代理模型构建

本文采用全连接神经网络实现，其构建方法与一般神经网络代理模型相同。

5. 代理模型训练

融合知识的代理模型训练方式与传统神经网络相同，可以采用不同的算法进行训练。

3.8.4 结果分析

本节使用 PyTorch 与 sklearn 实现融合知识代理模型的构建，代理模型的代码实现分为导入必要的库、加载数据、神经网络模型定义、损失函数定义、神经网络训练过程、模型训练结果绘制六部分。代理模型的构建使用了基础的全连接神经网络，与神经网络代理模型的不同之处在于本节将寻找输入参数与输出参数之间的经验知识，以公式化的形式通过自动微分技术融入代理模型的损失函数，从而实现知识与数据融合的代理模型构建。完整代码及训练数据如二维码所示。

对应文件：
代码：3_3.8_1.py
数据：3_3.8_1.csv

运行代码，融合知识的代理模型损失函数随训练次数的变化情况如图 3-24 所示，可以看出模型在较少的迭代次数内收敛，并且在测试集上的损失为 5.82328×10^{-6}，无知识融入的代理模型在测试集上的损失为 1.07331×10^{-5}，相较于无知识融入的情况，损失降低 45.74%，说明融入知识的代理模型相较于传统的代理模型通过引入专家经验知识补充数据中的缺失信息，可以有效提高代理模型的预测精度。代理模型的预测结果与准确结果的对比如图 3-25 所示。

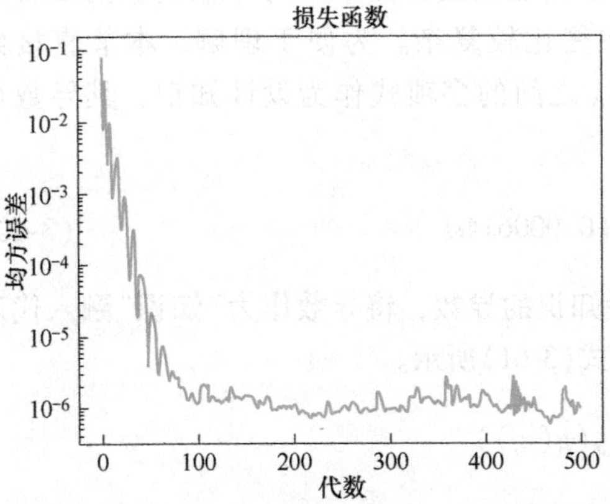

图 3-24 损失函数曲线图

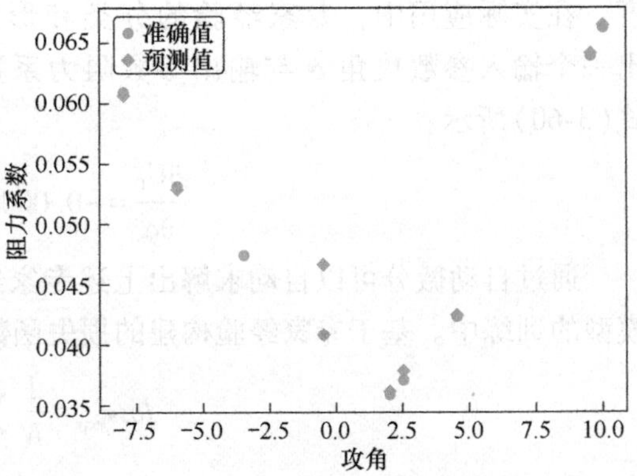

图 3-25 模型预测结果

融合知识代理模型在传统的数据驱动模型的基础上，结合了工程经验在训练数据不足或数据质量不高的情况下，仍然能够提供可靠的预测。此外，传统的数据驱动模型往往是“黑箱”模型，而融合知识代理模型由于引入了显式的领域知识，使得模型的行为和决策过程更加透明和易于解释。

本章小结

本章全面介绍了代理模型的核心概念与构建流程，剖析了六种各具特色的代理模型。从线性回归模型出发，详细阐述了超参数、优化器、损失函数及梯度下降法等核心要素，为后续算法的学习奠定了坚实的理论基础。随后，本章介绍了多项式响应面代理模型，进一步聚焦于神经网络代理模型，并通过实证展示了其在非线性拟合方面的能力。此外，本章还介绍了高斯过程代理模型，该模型以其严谨的数学基础和不确定性量化能力在工程应用中广泛应用，进一步拓展了针对工程实践特定需求的三种先进代理模型构建策略，包括混合代理模型、多保真度代理模型以及融入知识代理模型，这些策略为复杂装备设计提供了更加高效的解决方案。

本章习题

3-1　使用更高阶数的多项式代理模型复现 3.2 节的案例，并与 2 阶模型的结果进行对比。

3-2　分析核函数选择对高斯过程代理模型效果的影响。

3-3　使用不少于 3 种神经网络的优化器，对 3.4 节中的案例进行测试，并对比效果。

3-4　试分析不同激活函数对神经网络代理模型拟合能力的影响。

3-5　查阅资料调研神经网络参数初始化的方法有哪些，分别适用于何种工况。

第 4 章　典型的优化算法

优化算法是实现产品优化设计的核心，其主要作用是在建立优化设计模型的基础上，形成设计空间，优化算法在设计空间中开展“搜索”，以获得最优的设计方案。经过不断努力，人们已经发明了众多优化算法，这些算法适用于不同的场景，具有不同的能力。本章首先介绍优化算法的基本要素和原理，然后通过可靠性设计、车身优化设计等案例，对线性规划的单纯形法、线性目标规划算法、最速下降法、牛顿法、变尺度法等典型的优化算法进行介绍。

本章的学习目标如下：

1. 了解优化模型的要素和原理。
2. 掌握经典的极值问题及最优化条件。
3. 掌握线性规划的单纯形法、线性目标规划算法等。
4. 掌握最速下降法、变尺度法等算法。

4.1　认识算法

本节探讨优化算法的基本概念、原理和分类。优化算法是解决工程和科学问题极为关键的工具，有助于在给定的条件下找到最优解。本章专注于确定性优化算法，包括但不限于梯度下降法、牛顿法和线性规划等方法。这些算法在求解具体问题时，依赖于目标函数的精确表达、数学特性以及问题的特定结构。

4.1.1　优化算法的基本原理

优化算法是一类用于寻找问题最优解的方法和程序。在数学和计算机科学中，这些算法致力于从可能的解决方案集合中找到最佳或“最优”的解决方案。这里的“最优”通常是指寻找最大化、最小化或特定数值的目标函数。

1. 优化模型三要素

优化模型的三要素是决策变量、约束条件和目标函数。

1）决策变量。决策变量是优化模型中的基本参数，代表了问题相关的变量。这些变量在优化过程中被修改和调整，以寻找最优的产品优化方案。决策变量的选择应根据问题的具体要求来确定，它们可能涉及产品的设计参数、生产流程中的变量或运营策略中的决策等。

在优化模型中，经常将变量 x_1，x_2，…，x_n 视为 n 维向量空间 $\mathbb{R}^n$ 中的一个向量 $\boldsymbol{X}$ 的 n 个分量，表示为：

$$\boldsymbol{X}=(x_1,x_2,\cdots,x_n)^{\mathrm{T}} \tag{4-1}$$

2）约束条件。约束条件是对决策变量的取值范围或必须满足的条件的限制。这些条件可能涉及资源限制、生产能力、市场需求、产品质量标准等，它们确保了优化问题在实际应用中的可行性和有效性。

在优化模型中，约束按其数学表达形式分为等式约束和不等式约束，可以表示为：

$$\begin{aligned} &g_i(\boldsymbol{X})\leqslant 0 \quad (i=1,2,\cdots,m) \\ &h_j(\boldsymbol{X})=0 \quad (j=1,2,\cdots,l) \end{aligned} \tag{4-2}$$

3）目标函数。目标函数是优化模型的关键，定义了需要最大化或最小化的量。目标函数通常以数学表达式的形式表示，可以是成本、收益、效率或任何其他关键指标。在产品优化问题中，目标函数可能涉及最小化产品成本、最大化客户满意度、提高生产效率等。通过调整决策变量的值，目标函数的值会发生变化，优化的作用就是找到使目标函数取得最优值的决策变量组合。

在实际优化问题中，目标函数一般有两种要求形式：目标函数极小化 $\min f(x)$ 或目标函数极大化 $\max f(x)$。由于求 $f(x)$ 的极大化与求 $-f(x)$ 的极小化等价，所以最优化问题的数学模型的一般形式为

$$\begin{aligned} &\min f(\boldsymbol{X}) \quad (\boldsymbol{X}\in\mathbb{R}^n) \\ &g_i(\boldsymbol{X})\leqslant 0 \quad (i=1,2,\cdots,m) \\ &h_j(\boldsymbol{X})=0 \quad (j=1,2,\cdots,l) \end{aligned} \tag{4-3}$$

在建立优化模型时，需要明确这三个要素，并使用适当的数学工具和算法来找到最优解。

2. 优化算法的基本步骤

优化算法的核心在于如何高效地搜索最优解。这通常涉及目标函数的性质、搜索空间的结构以及算法的迭代策略等多个方面。

（1）具体实现上，优化算法通常包括以下几个步骤：

1）问题建模。将实际问题抽象为数学优化模型，确定目标函数、约束条件以及变量范围等。

2）初始化。选择合适的初始点或初始解集，作为算法的起点。

3）搜索策略。根据目标函数的性质和搜索空间的结构，设计合适的搜索策略，如梯度下降、随机游走等。

4）迭代更新。在每次迭代中，根据搜索策略计算新的候选解，并评估其优劣。如果新解优于当前解，则更新当前解。

5）停止条件。设定合适的停止条件，如达到预设的迭代次数、目标函数值的变化小于阈值等。当满足停止条件时，算法终止并输出最优解。

（2）以下以最速下降法为例，说明其基本原理：

假设有一个简单的二维函数 $f(x_1,x_2)=x_1^2+x_2^2$，该函数是一个二维的抛物面，其最小值位于原点(0,0)。

1）初始化。首先，选择一个起始点，比如(2,2)。

2）计算梯度。在点(2,2)处，计算函数$f(x_1,x_2)$的梯度。对于此函数，梯度是$(2x,2y)$，在点(2,2)处，梯度是(4,4)。

3）确定下降方向。最速下降法选择负梯度方向作为下降方向。因此，在点(2,2)处，下降方向是(-4,-4)。

4）确定步长。选择一个步长(学习率)，比如0.1。然后，沿着下降方向移动这个步长，得到新的点。在这个例子中，新的点是(2-0.1×4,2-0.1×4)=(1.6,1.6)。

5）迭代。重复步骤2)~4)，直到满足停止条件(比如达到某个预定的迭代次数，或者函数值的变化小于某个阈值)。

6）结果。如果迭代过程正确进行，函数值最终会接近其最小值点(0,0)。

4.1.2 优化算法的分类

对于一个给定的问题，选择合适的优化算法是至关重要的。因为优化问题所选择的算法将在很大程度上取决于问题的类型、算法的性质、所需方案的质量、可用的计算资源、时间限制、算法实现的可用性以及决策者的专业知识等。

1. 优化问题的分类

从数学模型来看，优化问题要解决的是一些变量在满足某些等式或不等式约束的条件下，使这些变量的某个函数表达式达到最优的问题。

在式(4-3)所示的优化模型中，如果$m=l=0$，最优化问题转化为没有约束的优化问题，即$\min f(\boldsymbol{X})$；当m和l不同时为0时，称为有约束问题。在有约束问题中，如果$f(\boldsymbol{X})$、$g_i(\boldsymbol{X})\leqslant 0$和$h_j(\boldsymbol{X})=0$都是线性函数，称为线性规划问题，否则是非线性规划问题。

2. 优化算法的分类

根据解决问题的策略和特性，优化算法可以被分为不同的类别。从搜索视角来看，可以将其分为：局部搜索算法(如爬山法和模拟退火)，它们专注于在当前解的邻域内寻找改进；全局搜索算法(如遗传算法和粒子群优化)，它们则在解空间内广泛探索，以发现全局最优解。在机器学习领域，梯度下降算法通过迭代调整参数来最小化损失函数，是实现模型训练的常用方法。此外，启发式算法(如贪婪算法)提供了一种快速找到可行解的途径，尽管它们不保证解的最优性。这些算法的选择和应用取决于问题的具体需求、解空间的特性以及求解者对解的质量与求解时间的权衡。

4.1.3 经典极值问题

经典极值问题涉及在给定约束条件下寻找某个函数的最大值或最小值，这类问题在最优化理论中占据着重要地位，常见的形式包括求解函数的极大值或极小值，以及有约束条件下的最优值等。

1. 极值问题定义

(1) 极值

极值是一个函数的极大值或极小值。如果一个函数在一点的一个邻域内处处都有确定的值，而以该点处的值为最大(小)，这函数在该点处的值就是一个极大(小)值。如果该点的值比邻域内其他各点处的函数值都大(小)，则其为一个严格极大(小)值点。该点被称为一个极值点或严格极值点。数学表达为：

若函数$f(x)$在 x_0 的一个邻域 D 上有定义，且 D 中除 x_0 的所有点 x，都有$f(x)\leqslant f(x_0)$($f(x)\geqslant f(x_0)$)，则称$f(x_0)$是函数$f(x)$的极大(小)值。

(2) 最值

函数最值分为函数最小值与最大值，数学表达为：

设函数 $y=f(x)$的定义域为 I，如果存在实数 M 满足：对于任意实数 $x\in I$，都有$f(x)\geqslant M$，且存在 $x_0\in I$，使得$f(x_0)=M$，那么，称实数 M 是函数 $y=f(x)$的最小值。若对于任意实数$x\in I$，都有$f(x)\leqslant M$，且存在 $x_0\in I$，使得$f(x_0)=M$，那么，称实数 M 是函数 $y=f(x)$的最大值。

(3) 驻点

函数的一阶导数为 0 的点称为驻点(也称为稳定点或临界点)。对于多元函数，驻点是所有一阶偏导数都为零的点。当一元连续、可导函数在给定区间内只有一个驻点时，该驻点即为极大(小)值。

(4) 区别

可导函数在某点处取得极值，那么该点一定是驻点。

1) 极值点不一定是驻点。如 $y=|x|$，在 $x=0$ 处不可导，不是驻点，但是极小值。

2) 驻点也不一定是极值点。如 $y=x^3$，在 $x=0$ 处导数为 0，是驻点，但不是极值点。

2. 判断极值点

(1) 一阶必要条件：找到驻点

对于一个多元函数$f(x_1,x_2,\cdots,x_n)$，驻点是指梯度为零的点。梯度是函数的所有偏导数组成的向量。

计算梯度：

$$\nabla f(x_1,x_2,\cdots,x_n)=\left(\frac{\partial f}{\partial x_1},\frac{\partial f}{\partial x_2},\cdots,\frac{\partial f}{\partial x_n}\right) \tag{4-4}$$

求解以下方程组，找到驻点

$$(x_1^*,x_2^*,\cdots,x_n^*):\frac{\partial f}{\partial x_1}=0,\frac{\partial f}{\partial x_2}=0,\cdots,\frac{\partial f}{\partial x_n}=0 \tag{4-5}$$

式中，$\nabla f(x_1,x_2,\cdots,x_n)$是梯度，梯度是一个向量(矢量)，表示某一函数在该点处的方向导数沿着该方向取得最大值，即函数在该点处沿着该方向变化最快。

(2) 二阶充分条件：确定驻点类型

为了判断驻点$(x_1^*,x_2^*,\cdots,x_n^*)$是否为极值点，需要计算 Hessian 矩阵并分析其特征值。

计算 Hessian 矩阵：Hessian 矩阵是二阶偏导数组成的对称矩阵，定义为：

$$\boldsymbol{H}=\begin{pmatrix} \dfrac{\partial^2 f}{\partial x_1^2} & \dfrac{\partial^2 f}{\partial x_1\partial x_2} & \cdots & \dfrac{\partial^2 f}{\partial x_1\partial n} \\ \dfrac{\partial^2 f}{\partial x_2\partial x_1} & \dfrac{\partial^2 f}{\partial x_2^2} & \cdots & \dfrac{\partial^2 f}{\partial x_2\partial n} \\ \vdots & \vdots & & \\ \dfrac{\partial^2 f}{\partial x_n\partial x_1} & \dfrac{\partial^2 f}{\partial x_n\partial x_2} & \cdots & \dfrac{\partial^2 f}{\partial x_n^2} \end{pmatrix} \tag{4-6}$$

在驻点$(x_1^*,x_2^*,\cdots,x_n^*)$处，计算 Hessian 矩阵 $\boldsymbol{H}(x_1^*,x_2^*,\cdots,x_n^*)$的特征值，并根据特征

值的符号来判断极值类型：

1）如果所有的特征值均为正，Hessian 矩阵正定，$(x_1^*, x_2^*, \cdots, x_n^*)$是局部极小值点。

2）如果所有的特征值均为负，Hessian 矩阵负定，$(x_1^*, x_2^*, \cdots, x_n^*)$是局部极大值点。

3）如果特征值中有正有负，则$(x_1^*, x_2^*, \cdots, x_n^*)$是驻点。

4）如果特征值中有 0，不能仅依靠 Hessian 矩阵进行判断。

4.2 线性规划的单纯形法

1947 年，数学家乔治·伯纳德·丹齐格提出了单纯形法，该算法极大地推动了线性规划问题的有效解决。此后，该方法不断得到优化。1953—1954 年，丹齐格创立了对偶单纯形法，随后又推出了改进型单纯形法，进一步提高了求解的精度。

迄今为止，单纯形法及其衍生版本依然是解决实际问题的重要工具，广泛应用于管理学、工程学、计算机科学等多个领域，用于解决资源分配、生产计划、运输优化等问题。

4.2.1 问题描述

平均失效时间(Mean Time to Failure，MTTF)是衡量设备可靠性的关键指标。MTTF 值越高，表明部件的无故障工作时间越长，有效工作时间在设计寿命中所占比例越大。

某航天公司在推进火箭发动机制造项目时，需要制订零部件采购计划。市场上存在多家供应商，且各供应商提供的零部件在 MTTF 值和价格方面存在差异(见表 4-1、表 4-2)，航天公司需在严格的预算范围内，采购 MTTF 值高的零部件，以实现火箭发动机的稳定运行并控制采购成本。

具体到涡轮和燃料喷射器等关键部件，航天公司设定了明确的预算限制，其中涡轮的预算不超过 150 万元，燃料喷射器的预算不超过 300 万元。同时，考虑库存能力的实际限制，涡轮和燃料喷射器的总购买数量分别被限制在 4 个批次和 5 个批次以内。

表 4-1　各供应商提供的零部件对应 MTTF 值　（单位：h）

零部件	供应商 A	供应商 B
涡轮	800	1200
燃料喷射器	1000	900

表 4-2　各供应商提供的零部件对应价格　（单位：万元）

零部件	供应商 A	供应商 B
涡轮	50	60
燃料喷射器	70	50

在采购计划制订过程中，公司决定采用单纯形法，通过构建和求解线性规划模型，分析不同供应商组合对 MTTF 总值和成本的综合影响，找到最优采购策略。

4.2.2 单纯形法原理

单纯形法的原理是通过迭代调整变量的取值，来寻找使目标函数达到最优的变量组合。

在应用此算法之前，需理解以下基本概念。

1. 顶点/极点

顶点是线性规划模型可行域的边界上的特殊点，代表满足所有约束条件的潜在最优解，单纯形法通过在这些顶点间逐步转移，不断靠近目标函数值。

2. 基变量

基变量是在线性规划模型中，当前基可行解中非零的决策变量。这些变量的系数在基矩阵中组成单位矩阵，直接参与目标函数的计算，并间接定义非基变量。基变量在迭代过程中不断更新，通过在当前基解的邻近顶点间的转换来逐步寻找最优解。

3. 非基变量

非基变量是当前基解中为零的变量。在单纯形法中，这些变量通常被设为 0 以保持解的可行性，但在迭代过程中可能会与基变量进行转换。

4. 基可行解

在解空间中，当所有基变量非负并满足所有线性约束时，即为基可行解。算法从一个起始的基可行解出发，通过基变换以探索目标函数的最大化或最小化。

5. 退化解

当不同的基可行解对应同一顶点，导致解的多重性，称为退化解。这可能重复访问同一解，会导致算法效率低下的问题。为缓解此问题，可采取策略避免长期陷入退化解状态。

6. 标准型

标准型是针对线性规划问题的一种标准化表示形式。该形式下，目标函数被设定为最小化或最大化，约束条件通过引入松弛变量或剩余变量的方式被转化为等式形式，并且所有决策变量均被要求为非负。

以求解以下线性规划问题为例：

$$\max z = x_1 + x_2 \tag{4-7}$$

其约束条件为：

$$\begin{aligned} 2x_1+x_2 &\leqslant 12 \\ x_1+2x_2 &\leqslant 9 \\ x_1, x_2 &\geqslant 0 \end{aligned} \tag{4-8}$$

添加松弛变量 x_3、x_4，将其转换为标准型：

$$\begin{aligned} 2x_1+x_2+x_3 &= 12 \\ x_1+2x_2+x_4 &= 9 \\ x_1, x_2, x_3, x_4 &\geqslant 0 \end{aligned} \tag{4-9}$$

如果选择 x_1、x_4 为基变量，则令 x_2、x_3 为非基变量且其值等于 0，可以去求解基变量 x_1、x_4 的值，代入式中计算，可得 $x_1=6$，$x_4=3$。其中 $x_2=0$ 表示可行解在 x_1 轴上；$x_3=0$ 表示可行解在 $2x_1+x_2=12$ 的直线上。同时，求得的可行解表示这两条直线的交点，也是可行域的顶点，如图 4-1 方框所示。

综上所述，单纯形法通过在顶点间移动来优化目标函数，确保每次迭代都能使目标函数值得到改进。由于顶点的数量是有限的，当存在最优解时，单纯形法能够在有限步骤内找到最优解。单纯形法求解过程通常分为六个阶段。

阶段一：构建线性规划模型

构建线性规划模型主要包括两个关键步骤：确定目标函数、设计约束条件。

1）确定目标函数。明确优化的目标，即要实现最大化或最小化的量，并用决策变量的线性组合来表达：

$$\max z=\sum_{j=1}^{n} c_j x_j \tag{4-10}$$

式中，c_j 表示目标函数中第 j 个变量的系数；x_j 表示第 j 个决策变量；n 表示决策变量的数量，j 的取值范围是 $1\sim n$。

2）设计约束条件。根据问题实际情况，确定影响决策变量的各种限制因素，将这些因素转化为具体的数学线性不等式或等式：

$$\sum_{j=1}^{n} a_{ij} x_j = b_i \quad i=1,2,\cdots,m \tag{4-11}$$

$$x_j \geqslant 0 \quad j=1,\cdots,k,\cdots,n \tag{4-12}$$

式中，a_{ij}表示约束条件中第 i 行、第 j 列的系数；b_i 表示约束条件的右侧常数；m 表示约束条件的数量。

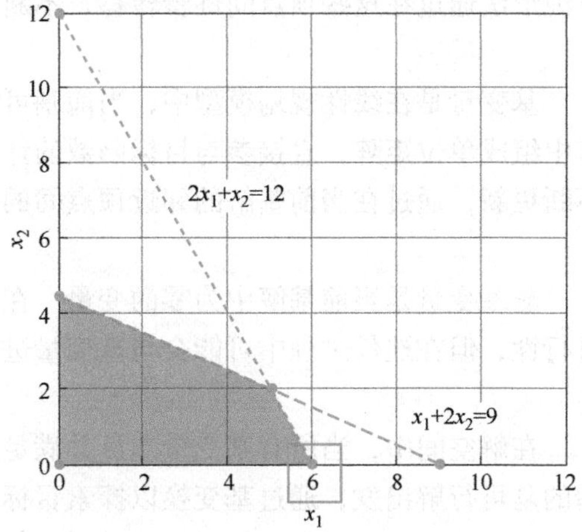

图 4-1　单纯形法相关概念举例

阶段二：确定初始可行解

确定初始可行解主要包括两个关键步骤：选择基变量与非基变量、求解初始可行解。

1）选择基变量与非基变量。通常选择约束条件中的部分变量作为基变量，其余作为非基变量，基变量数量等于约束条件数量。

2）求解初始可行解。求解基变量对应的方程组得到初始单纯形的顶点，即初始可行解。

阶段三：建立初始单纯形表

单纯形表通常包括目标函数系数、基变量系数、约束条件系数以及检验数等组成部分。在表 4-3 中，c_j 是目标函数中第 j 个变量的系数，C_b 是基变量对应的系数，X_b 是对应的基变量的系数，$\boldsymbol{B}^{-1}\boldsymbol{b}$ 是由约束条件的右侧常数向量经过基变量系数矩阵的逆矩阵计算得到的。x_j 是决策变量，a_{ij}是约束条件中第 i 行、第 j 列的系数，δ_i 是表格中的目标函数系数与基变量对应的系数之差。初始单纯形表示例见表 4-3。

表 4-3　初始单纯形表示例

c_j			c_1	…	c_k	c_{k+1}	…	c_n
C_b	X_b	$\boldsymbol{B}^{-1}\boldsymbol{b}$	x_1	…	x_k	x_{k+1}	…	x_n
C_1	x_1	b_1	a_{11}	…	a_{1k}	$a_{1(k+1)}$	…	a_{1n}
⋮	⋮	⋮	⋮	…	⋮	⋮	…	⋮
C_m	x_m	b_m	a_{m1}	…	a_{mk}	$a_{m(k+1)}$	…	a_{mn}
$\delta_i=c_j-z_j$			0	…	0	$C_{k+1}-\sum_{i=1}^{m} C_i \cdot a_{i(k+1)}$	…	$C_n-\sum_{i=1}^{m} C_i \cdot a_{in}$

阶段四：检验最优性

检验最优性主要包括两个关键步骤：首先为计算检验数，其次为判断最优性。

（1）计算检验数：计算所有非基变量的检验数 δ_i，其中 z_j 为 $\sum_{i\in b} C_i \cdot a_{ij}$。

$$\delta_i = c_j - z_j \tag{4-13}$$

（2）判断最优性：对于最大化问题模型，如果所有检验数都非正，则当前单纯形表对应的最优解即为问题的最优解，算法终止；否则继续阶段五的步骤。

阶段五：换基迭代

换基迭代主要包括三个关键步骤：选择入基变量、选择出基变量、更新单纯形表。

1）选择入基变量。选择入基变量通常基于检验数，对于最大化问题，选择检验数最大的非基变量作为入基变量。

2）选择出基变量。对于每个基变量，计算其最小比值 θ_j，基于最小比值法则，选择最小比值的基变量作为出基变量，计算公式为：

$$\theta_j = \frac{b_i}{a_{ij}} \tag{4-14}$$

3）更新单纯形表。通常使用高斯消元法或旋转操作，以使得新的基变量对应的系数在约束条件中变为 1，而其他基变量对应的系数变为 0。

阶段六：确定最优解或问题无解

确定最优解或判断问题无解的过程主要包括两种情况：有最优解和无最优解。

4.2.3　算法步骤

下文以建立航天公司采购决策问题的线性规划模型为基础，使用单纯形法对该模型进行求解。

阶段一：构建线性规划模型

（1）根据式(4-10)确定目标函数：

$$\max z = \sum_{i=1}^{2} \sum_{j=1}^{2} m_{ij} x_{ij}$$

式中，x_{ij}表示第 i 家供应商提供第 j 个零部件的数量，单位为批次；m_{ij}表示第 i 家供应商提供的第 j 个零部件的 MTTF 值，单位为小时。

（2）根据式(4-11)和式(4-12)设计约束条件：

$$\sum_{i=1}^{2} c_{ij} x_{ij} \leqslant b_j \quad j=1,2$$

$$\sum_{i=1}^{2} x_{ij} \leqslant s_j \quad j=1,2$$

$$x_{ij} \geqslant 0 \quad i=1,2; j=1,2$$

式中，c_{ij}表示第 i 家供应商提供的第 j 个零部件的价格；b_j 表示第 j 个零部件的预算费用值，分别为 150 和 300，单位为万元；s_j 表示可以第 j 个供零件的采购最大批次数，分别为 4 和 5，单位为批次。

阶段二：确定初始可行解

在该案例中，通过添加松弛变量 x_{s1}、x_{s2}、x_{s3}、x_{s4}，将上述约束条件进行等式化处理，设定该四个变量为基变量，初始可行解为(0,0,0,0,150,300,4,5)；其次，确定 x_{11}、x_{21}、x_{12}、x_{22}为非基变量。

阶段三：建立初始单纯形表

根据上述分析过程，该案例的初始单纯形表见表 4-4。

表 4-4　案例初始单纯形表

c_j			800	1200	1000	900	0	0	0	0	θ_j
C_b	X_b	$B^{-1}b$	x_{11}	x_{21}	x_{12}	x_{22}	x_{s1}	x_{s2}	x_{s3}	x_{s4}	
0	x_{s1}	150	50	60	0	0	1	0	0	0	$\frac{5}{2}$
0	x_{s2}	300	0	0	70	50	0	1	0	0	—
0	x_{s3}	4	1	1	0	0	0	0	1	0	4
0	x_{s4}	5	0	0	1	1	0	0	0	1	—
$\delta_i=c_j-z_j$			800	1200	1000	900	0	0	0	0	

阶段四：根据式(4-13)检验最优性

以初始单纯形表中的 δ_1 为例，其他同理可得：

$$\delta_1=800-(0\times50+0\times0+0\times1+0\times0)=800$$

阶段五：换基迭代

第一次检验值计算完毕后，根据求解最大值问题的原则可知，需要保证所有的 δ_i 均不大于0，因此需要对最大值 δ_2 所在列对应的 x_{21} 变量进行入基处理，并根据 θ_j 最小原则，选择 θ_1 所在行对应的 x_{s1} 变量进行出基处理，以下以 θ_1 为例，根据式(4-14)，完成 θ_1 计算过程：

$$\theta_1=\frac{150}{60}=\frac{5}{2}$$

确定入基变量、出基变量后，需将新的基变量对应的系数处理为1，而其他基变量对应的系数处理为0，由此完成第一次迭代，并更新对应的单纯形表，迭代结果见表 4-5。

表 4-5　案例第一次迭代结果

c_j			800	1200	1000	900	0	0	0	0	θ_j
C_b	X_b	$B^{-1}b$	x_{11}	x_{21}	x_{12}	x_{22}	x_{s1}	x_{s2}	x_{s3}	x_{s4}	
1200	x_{21}	$\frac{5}{2}$	$\frac{5}{6}$	1	0	0	$\frac{1}{60}$	0	0	0	—
0	x_{s2}	300	0	0	70	50	0	1	0	0	$\frac{30}{7}$
0	x_{s3}	$\frac{3}{2}$	$\frac{1}{6}$	0	0	0	$-\frac{1}{60}$	0	1	0	—
0	x_{s4}	5	0	0	1	1	0	0	0	1	5
$\delta_i=c_j-z_j$			−200	0	1000	900	−20	0	0	0	

阶段六：确定最优解或问题无解

基于上述结果，需要重复阶段四和阶段五，继续进行迭代过程，最终迭代结果见表 4-6。由于篇幅限制，此处仅展示多次迭代后的最终单纯形表。

表 4-6　案例最终单纯形表

		c_j	800	1200	1000	900	0	0	0	0	θ_j
C_b	X_b	$\boldsymbol{B}^{-1}\boldsymbol{b}$	x_{11}	x_{21}	x_{12}	x_{22}	x_{s1}	x_{s2}	x_{s3}	x_{s4}	
1200	x_{21}	$\frac{5}{2}$	$\frac{5}{6}$	1	0	0	$\frac{1}{60}$	0	0	0	
1000	x_{12}	$\frac{5}{2}$	0	0	1	0	0	$\frac{1}{20}$	0	$-\frac{5}{2}$	
0	x_{s3}	$\frac{3}{2}$	$\frac{1}{6}$	0	0	0	$-\frac{1}{60}$	0	1	0	
900	x_{22}	$\frac{5}{2}$	0	0	0	1	0	$-\frac{1}{20}$	0	$\frac{7}{2}$	
$\delta_i=c_j-z_j$			-200	0	0	0	-20	-5	0	-650	

由最终单纯形表可知，δ_i 均为非正数，且约束条件均不小于 0，由此可知，已得到最优解和对应的最优值。

$$\boldsymbol{X}=\left(0,\frac{5}{2},\frac{5}{2},\frac{5}{2},0,0,0,0\right)^{\mathrm{T}}$$

$$\text{总费用}=\left(\frac{5}{2}\times 60+\frac{5}{2}\times 70+\frac{5}{2}\times 50\right)\text{万元}=450\text{ 万元}$$

$$\text{MTTF 总值}=\left(\frac{5}{2}\times 1200+\frac{5}{2}\times 1000+\frac{5}{2}\times 900\right)\mathrm{h}=7750\mathrm{h}$$

此外，对于一些特殊的线性规划问题，使用单纯形法对其进行求解时，无法找到初始解，可以利用大 M 法或者两阶段法，也可以通过对偶单纯形法进行求解。

4.2.4　结果分析

该案例需要从多家供应商采购不同种类的产品，每种产品的采购数量都构成了一个决策变量，这些变量组合起来形成了一个多维决策空间。随着产品种类和采购策略的复杂性增加，决策空间的维度也会进一步提高，这使得问题变得更加复杂，成为一个高维优化问题。

在处理多维或高维问题时，单纯形法因其出色的优化能力而被广泛应用。为了更好地理解单纯形法的工作原理，可以采用二维可视化的形式，将多维或高维数据映射到二维平面上，以便更好地观察和分析优化过程。

例如，可将此案例中两家供应商的采购情况作为关键维度，分别映射到二维平面的 x 轴和 y 轴上。通过这种方式，详细地展示单纯形法在迭代过程中是如何不断调整这两家供应商的采购情况，以实现目标值的最大化，最终求得采购方案：从供应商 A 采购 2.5 批次的燃料喷射器，从供应商 B 采购 2.5 批次的涡轮和 2.5 批次的燃料喷射器，总费用控制在 450 万元，获得的 MTTF 总值为 7750h。

基于以上分析内容，利用 Python 软件将决策变量的迭代情况进行可视化处理，完整代码见二维码：

对应文件：4_4.2_1.py

具体结果如图 4-2~图 4-5 所示。其中，图 4-2 展示了迭代的起点，即未经优化的初始采购策略。图 4-3 展示了单纯形法在迭代过程中解的变化，其中 MTTF 总值得到显著提升。图 4-4 展示了供应商 A 采购的燃料喷射器的数量触及预算费用限制，但此时解还未达到最优状态，仍有进一步的优化空间。图 4-5 最终呈现了单纯形法找到的最优解，既满足了所有约束条件，又实现了 MTTF 总值的最大化。

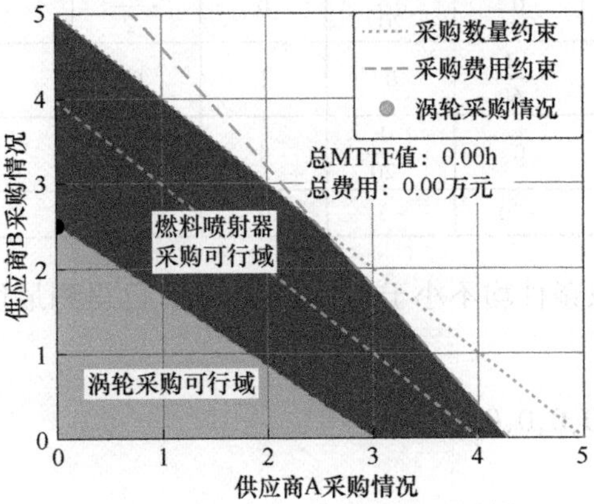

图 4-2　初始解

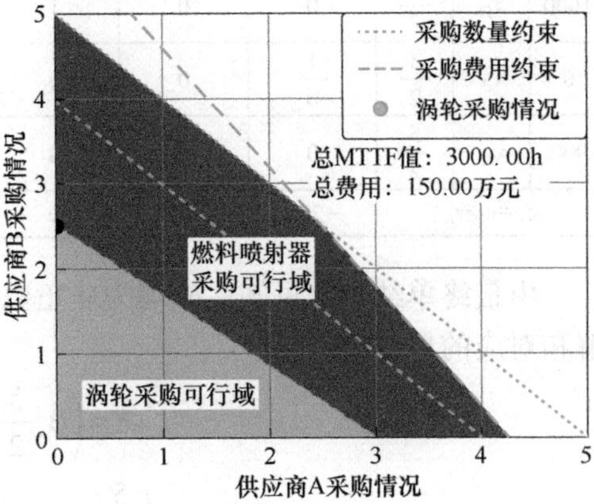

图 4-3　迭代 1 次结果

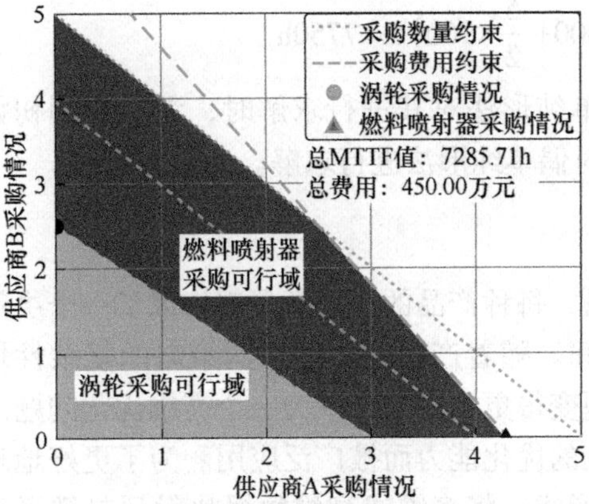

图 4-4　迭代 2 次结果

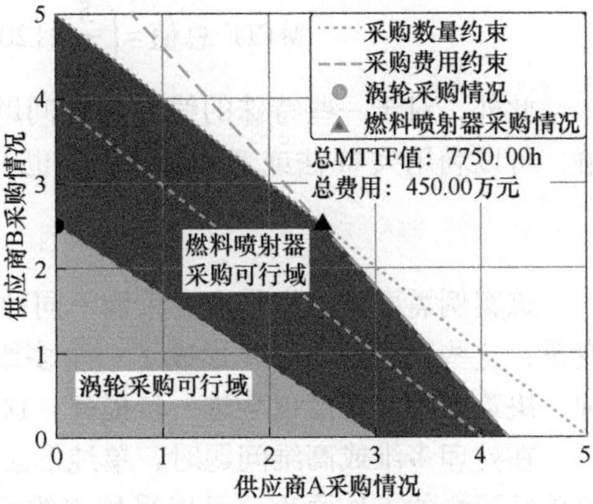

图 4-5　迭代 3 次结果

4.3　线性目标规划算法

4.2 节探讨了单纯形法在线性规划领域的应用，展示了其解决单一目标优化问题的作用。进一步分析，由于航天公司采购不仅需要确保零部件具备高可靠性，还要保证涡轮和燃料喷射器等关键零件的购买数量的比例维持在 1∶1 附近，为了解决这样的问题，引入目标规划算法。该算法是在线性规划的基础上发展而来的一种数学规划方法，用于处理多目标问题。它允许决策者设定多个目标，并通过优先级和权重平衡这些目标。

4.3.1　问题描述

以 4.2 节的案例为例，针对航天公司的需求，提出详细采购要求，包括：首要采购目标是实现零部件的 MTTF 总值尽量达到 7750h；其次，为了保证采购零件的匹配程度，在确保采购的涡轮和燃料喷射器的批次数不超过 4，从供应商 B 采购不超过 5 个批次的同时，要求两者之间的供应批次数之差尽量不超过 1 个批次。根据重要程度为这两个目标设置优先级 p_1 和 p_2，其值分别为 1 和 1000。

4.3.2　线性目标规划原理

线性目标规划算法是为了解决包含多个目标的优化问题而设计的，通过分配偏差变量给每个目标，实现这些目标的偏差最小化。其基本原理与线性规划类似，使用线性规划的单纯形法作为计算基础。求解前需明确以下几个核心概念：

偏差变量：量化实际值与目标的差距的变量，d^+、d^- 分别表示决策值超过和未达到目标值的部分，均为非负数，且两变量之积为 0。

绝对约束和目标约束：绝对约束是严格限制条件，必须完全满足；而目标约束允许偏差，目标是尽量接近或达到设定值。

优先因子和权系数：不同目标的主次轻重有两种差别，一种是绝对的，通过利用优先因子表示，如 $p_l \geqslant p_{l+1}$，意味着目标函数 l 的优先级不低于目标函数 $l+1$；另一种是相对的，其优先因子相同，重要程度根据权系数表示。

目标规划的目标函数：由各目标约束的偏差变量及其相应的优先因子和权系数构成，可具体分为以下三种情况：

1）要求偏差变量恰好达到目标值，即正、负偏差变量都要尽可能地小

$$\min z = f(d^+ + d^-) \tag{4-15}$$

2）要求偏差变量不超过目标值，允许达不到目标值，即正偏差变量要尽可能地小

$$\min z = f(d^+) \tag{4-16}$$

3）要求偏差变量不低于目标值，允许超过目标值，即负偏差变量要尽可能地小

$$\min z = f(d^-) \tag{4-17}$$

目标规划的模型为：

$$\min z = \sum_{l=1}^{L} p_l \sum_{k=1}^{K} (w_{lk}^- d_k^- + w_{lk}^+ d_k^+) \tag{4-18}$$

式中，p_l 表示目标的权重或优先级；w_{lk}^-、w_{lk}^+ 分别表示实际值高于和低于目标值的权重；d_k^-、d_k^+ 分别表示负偏差和正偏差。

等式约束：

$$\sum_{j=1}^{n} c_{kj} x_j + d_k^- - d_k^+ = g_k \quad k = 1, \cdots, K \tag{4-19}$$

式中，c_{kj} 表示决策变量 x_j 第 k 个目标的系数，g_k 表示第 k 个目标的目标值。

不等式约束：

$$\sum_{j=1}^{n} a_{ij} x_j \leqslant (\geqslant, =) b_i \quad i = 1, \cdots, m \tag{4-20}$$

式中，a_{ij} 表示是决策变量 x_j 第 i 个不等式约束的系数，b_i 表示第 i 个不等式约束的右侧常数。

非负约束：

$$x_{ij} \geqslant 0 \quad j = 1, \cdots, n \tag{4-21}$$

$$d_k^-, d_k^+ \geqslant 0 \quad k = 1, \cdots, K \tag{4-22}$$

4.3.3 算法步骤

阶段一：建立数学模型

根据式(4-15)~式(4-18)确定目标函数：

$$\min z = p_1(d_1^+ + d_1^-) + p_2(d_2^+ + d_2^-)$$

式中，正、负偏差变量 d_1^+ 和 d_1^- 来表示实际 MTTF 总值与 7750h 的差距，目标为最小化两个偏差之和；同理，为使两个零件的采购批次差异尽量小，引入正负偏差变量 d_2^+ 和 d_2^-。

根据 4.2 节中的设计绝对约束：

$$\sum_{i=1}^{2} c_{ij} x_{ij} \leqslant b_j \quad j=1,2$$

$$\sum_{i=1}^{2} x_{ij} \leqslant s_j \quad j=1,2$$

根据式(4-19)~式(4-22)设计目标约束：

1）MTTF 目标为 MTTF 总值尽量达到 7750h，为了处理目标值可能达不到或超过 7750h 的情况，可以通过引入正负偏差变量 d_1^+ 和 d_1^-：

$$\sum_{i=1}^{2} \sum_{j=1}^{2} m_{ij} x_{ij} + d_1^+ - d_1^- = 7750$$

2）批次目标为保证两个零件采购批次数差异尽量维持在 1 个批次，在保证一定库存的同时，预防未被使用零件批次过多的状况。因此，在此处引入正负偏差变量 d_2^+ 和 d_2^-：

$$(x_{11} + x_{21}) - (x_{12} + x_{22}) + d_2^+ - d_2^- = 1$$

3）非负约束是为了保证决策变量的非负性而设计的约束，具体如下：

$$x_{ij} \geqslant 0 \quad i=1,2; j=1,2$$

$$d_1^+, d_1^-, d_2^+, d_2^- \geqslant 0$$

阶段二：选择求解工具并求解

目标规划的数学模型可以通过单纯形法进行求解，构建初始单纯形表见表 4-7，在此基础上，参考 4.2 节的计算步骤，完成后续迭代。

表 4-7 构建的初始单纯形表

c_j			800	1200	1000	900	0	0	0	0	1	1	1000	1000
C_b	X_b	$B^{-1}b$	x_{11}	x_{21}	x_{12}	x_{22}	x_{s1}	x_{s2}	x_{s3}	x_{s4}	d_1^+	d_1^-	d_2^+	d_2^-
0	x_{s1}	150	50	60	0	0	1	0	0	0	0	0	0	0
0	x_{s2}	300	0	0	70	50	0	1	0	0	0	0	0	0
0	x_{s3}	4	1	1	0	0	0	0	1	0	0	0	0	0
0	x_{s4}	5	0	0	1	1	0	0	0	1	0	0	0	0
1	d_1^+	7750	800	1200	1000	900	0	0	0	0	1	−1	0	0
1000	d_2^+	1	1	1	−1	−1	0	0	0	0	0	0	1	−1
$\delta_i = c_j - z_j$			−1000	−1000	1000	1000	0	0	0	0	0	2	0	2000

4.3.4　结果分析

此处展示由 Python 调用 PuLP 求解上述问题并获得的最终满意解的步骤，完整代码见二维码。

对应文件：4_4.3_1.py

1）初始化问题。定义最小化采购问题的线性规划模型，完成相应问题命名。

2）定义决策变量。根据模型，定义采购批次变量和偏差变量，即不同供应商和组件的采购量决策变量矩阵，以及 MTTF 总值和批次差异的正负偏差。

3）设定 MTTF 值和价格。创建相应 MTTF 值和价格矩阵，填入相应数据，编写目标 MTTF 总值和预算限制。

4）设计目标函数。定义最小化 MTTF 总值的偏差和批次差异的偏差目标函数，并为不同偏差赋予不同权重。

5）设计约束条件。根据确保 MTTF 总值接近目标值、控制涡轮和燃料喷射器的采购批次数差异以及预算和采购批次数量的限制等约束，设计相应的约束条件。

6）求解并打印结果。使用 PuLP 求解器求解问题，打印决策变量值、最终 MTTF 总值和总成本。

其计算结果为：

$$\boldsymbol{X}=(0,2.5,1.5,0,0,0,0,0)^{\mathrm{T}}$$

$$d_1^+=3250,\ d_1^-=0,\ d_2^+=0,\ d_2^-=0$$

$$总费用=(2.5\times60+1.5\times70)万元=255\ 万元$$

$$\text{MTTF}\ 总值=(2.5\times1200+1.5\times1000)\,\text{h}=4500\text{h}$$

表示从供应商 A 处采购了 1.5 批次燃料喷射器；从供应商 B 处采购了 2.5 批次涡轮，总费用为 255 万元，获得相应的 MTTF 总值为 4500h；d_1^+ 为 3250、d_1^- 为 0 表明这个策略的实际 MTTF 总值比设定的目标值 7750h 低了 3250h；d_2^+、d_2^- 为 0 表明最终的购买批次中，已经满足批次目标的要求，差距在 1 个批次以内，与 4.2 节中使用单纯形法求解线性规划问题相比，结果有以下区别，见表 4-8。

表 4-8　线性规划与目标规划对比

指标对比	线性规划	目标规划
总费用	450 万元	255 万元
MTTF 总值	7750h	4500h
涡轮采购批次	2.5 批次	2.5 批次
燃料喷射器采购批次	5 批次	1.5 批次

通过对比4.2节和4.3节中的案例结果，可以明显看出，线性规划在追求MTTF最大化的过程中，有时可能会牺牲采购的均衡性。相比之下，目标规划会根据实际权重设计，追求MTTF优化的同时，确保两个零件采购批次的差异最小化，进而实现采购策略的均衡与协调。

在目标规划的应用中，即使MTTF的计算结果未能完全达到预期，但由于考虑了涡轮与燃料喷射器的匹配率为1∶1，目标规划能够避免线性规划可能出现的某个零件过剩问题。在库存维护费用高昂的情况下，这种避免不必要浪费的策略显得尤为关键。

4.4 最速下降法

4.2节中的单纯形法和4.3节中的目标规划算法所适应的问题为线性问题，但是在现实的工程设计领域，很多优化问题都是非线性问题。后续章节将介绍适用于非线性问题的梯度优化算法，包含最速下降法、牛顿法和变尺度法等。

1847年，法国数学家柯西研究了函数值在何种方向下降最迅速的问题，并由此提出了最速下降法，该算法的基本思想是用负梯度方向作为搜索方向，引领算法快速逼近目标函数的最优值点。随后，柯西等人对此进行了深入研究，使得最速下降法成为公认的基础算法之一，对优化方法的发展产生了重要影响。

4.4.1 案例描述

某无人车辆桁架车身结构相较一般无人车体积小，防护要求低，顶部需要搭载感知器和载荷。由于工作环境恶劣且多变，车身结构承受复杂的内外部载荷，非线性特征明显，亟须解决车身结构刚度和强度与轻量化之间的矛盾。为简化问题，本章只考虑常规工况(冲击工况)下车身的结构设计。

如图4-6所示，在早期方案阶段只考虑关键设计参数。车身结构主要由横纵筋梁构成，用车身总长、总宽、总高与壳厚4个参数表征车身整体参数(如图4-6a所示)；车身结构由3种边长、厚度不同的“回”字形型材焊接而成，用筋梁横截面边长、厚度表征车身局部参数(如图4-6b和图4-6c所示)。因为车身结构使用的材料与工况环境较为固定，所以用编号M表示材料类型，用工况条件编号C表示工况类型。

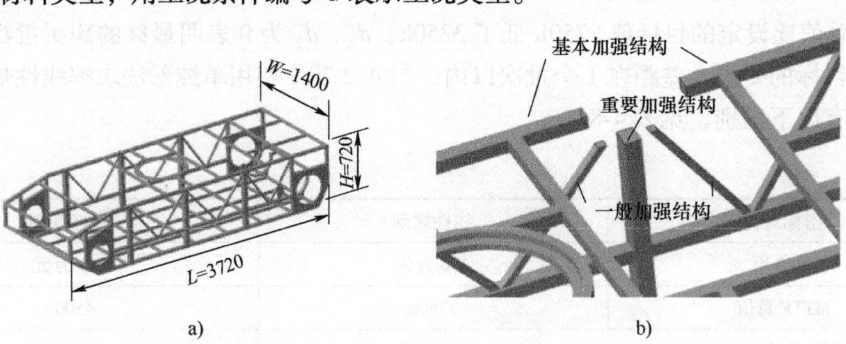

图4-6 某无人车辆桁架车身结构模型

a）全承载式桁架车身结构示意图 b）三大加强结构示意图

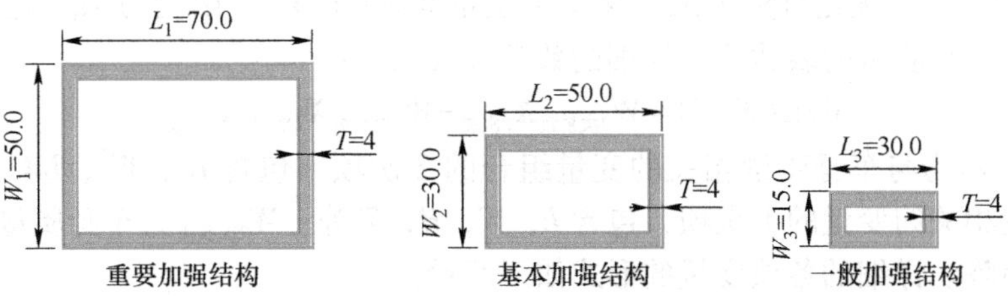

c)

图 4-6　某无人车辆桁架车身结构模型(续)

c) 三大加强结构“回”字形型材示意图

车身结构模型与工况环境的参数见表 4-9。

表 4-9　车身结构模型与工况环境的参数

参数类别	设计参数	参数范围
车身结构	总体长度 L/mm	3620~3820
	总体宽度 W/mm	300~1500
	总体高度 H/mm	620~820
	壳体厚度 T/mm	2~6
	重要加强结构边长 L_1/mm	60~80
	重要加强结构厚度 W_1/mm	40~60
	基本加强结构边长 L_2/mm	40~60
	基本加强结构厚度 W_2/mm	20~40
	一般加强结构边长 L_3/mm	20~40
	一般加强结构厚度 W_3/mm	10~20
工况环境 C	冲击工况	前后 4 轮全约束(包括 3 个平动和 3 个转动)、载荷主要为承载部件以及车身自身重力、全局垂直方向冲击加速度($5g$)
车身材料 M	密度/($\times10^{-9}$t · mm^{-3})	7.80, 4.50, 2.78
	弹性模量/($\times10^{5}$MPa)	2.01, 1.10, 0.70
	泊松比	0.26, 0.34, 0.26

该车身结构设计主要考虑 10 个结构设计参数。同时，车身结构除了承载来自外部路面的载荷，还要承受来自内部发动机等部件的载荷。因此，车身结构轻量化设计最重要的是保证刚度满足车身最小变形的要求，强度满足材料屈服极限或疲劳极限要求，关键应力点变形量满足工作干涉的要求，优化模型为：

$$
\begin{aligned}
&\boldsymbol{X}=(L,W,H,T,L_1,W_1,L_2,W_2,L_3,W_3,M)^{\mathrm{T}}\\
&\boldsymbol{Y}=(\boldsymbol{C})^{\mathrm{T}}\\
&\min\ \mathrm{Mass}(\boldsymbol{X},\boldsymbol{Y})\\
&\mathrm{s.t.}\ \mathrm{Disp}(\boldsymbol{X},\boldsymbol{Y})<4\mathrm{mm}\\
&\quad\ \mathrm{Stress}(\boldsymbol{X},\boldsymbol{Y})<420\mathrm{MPa}\quad M\ \text{为碳素钢}\\
&\quad\ L_1>W_1=L_2>W_2=L_3>W_3
\end{aligned}
\tag{4-23}
$$

式中，$\boldsymbol{X}$ 为在一次优化过程中不断调整的结构参数和材料种类；$\boldsymbol{Y}$ 为在优化过程中不变的工况环境(冲击工况)。优化目标为最小化车身质量Mass($\boldsymbol{X},\boldsymbol{Y}$)，单位为kg，这里使用2次多项式函数拟合车身质量的表达式，详细的数学公式如下：

$$\text{Mass}(\boldsymbol{X},\boldsymbol{Y})=\boldsymbol{W}_{2次系数}\boldsymbol{X}_{2次项}+\boldsymbol{W}_{1次系数}\boldsymbol{X}_{1次项}+\boldsymbol{b}_{常数项} \tag{4-24}$$

式中，$\boldsymbol{X}_{2次项}$表示为与车身质量相关的变量组合的2次项，包含L^2、W^2、LW等；$\boldsymbol{X}_{1次项}$表示为与车身质量相关的变量的1次项，包含L，W，H，T等；$\boldsymbol{W}_{2次系数}$为车身质量的2次多项式函数的参数矩阵。详细的各项变量的形式如下所示：

$$\boldsymbol{X}_{2次项}=\begin{pmatrix} L^2 & LW & LH & LL_1 & LW_1 & LL_2 & LW_2 & LL_3 & LW_3 & LT \\ 0 & W^2 & WH & WL_1 & WW_1 & WL_2 & WW_2 & WL_3 & WW_3 & WT \\ 0 & 0 & H^2 & HL_1 & HW_1 & HL_2 & HW_2 & HL_3 & HW_3 & HT \\ 0 & 0 & 0 & L_1^2 & L_1W_1 & L_1L_2 & L_1W_2 & L_1L_3 & L_1W_3 & L_1T \\ 0 & 0 & 0 & 0 & W_1^2 & W_1L_2 & W_1W_2 & W_1L_3 & W_1W_3 & W_1T \\ 0 & 0 & 0 & 0 & 0 & L_2^2 & L_2W_2 & L_2L_3 & L_2W_3 & L_2T \\ 0 & 0 & 0 & 0 & 0 & 0 & W_2^2 & W_2L_3 & W_2W_3 & W_2T \\ 0 & 0 & 0 & 0 & 0 & 0 & 0 & L_3^2 & L_3W_3 & L_3T \\ 0 & 0 & 0 & 0 & 0 & 0 & 0 & 0 & W_3^2 & W_3T \\ 0 & 0 & 0 & 0 & 0 & 0 & 0 & 0 & 0 & T^2 \end{pmatrix} \tag{4-25}$$

$$\boldsymbol{X}_{1次项}=\begin{pmatrix} L \\ W \\ H \\ L_1 \\ W_1 \\ L_2 \\ W_2 \\ L_3 \\ W_3 \\ T \end{pmatrix}$$

系数分别为：

$$\boldsymbol{W}_{2次系数}=\begin{pmatrix} 0&0&0&0&0&0&0&0&0&0 \\ 0&0&0&0&0&0&0&0&0&0.02 \\ 0&0&0&0&0&0&0&0&0&0.03 \\ 0&0&0&0&0&0&0&0&0&0.07 \\ 0&0&0&0&0&0&0&0&0&0.21 \\ 0&0&0&0&0&0&0&0&0&0.21 \\ 0&0&0&0&0&0&0&0&0&0.69 \\ 0&0&0&0&0&0&0&0&0&0.69 \\ 0&0&0&0&0&0&0&0&0&0.08 \\ 0&0&0&0&0&0&0&0&0&-0.02 \end{pmatrix} \tag{4-26}$$

$$W_{1次系数}=\begin{pmatrix}0.03\\0\\-0.09\\-0.03\\-0.65\\-0.65\\-1.88\\-1.88\\-0.14\\-46.19\end{pmatrix}$$

车身质量可以由上述模型表达式计算得出。

Disp$(\boldsymbol{X},\boldsymbol{Y})$为结构最大位移量，单位为 mm；Stress$(\boldsymbol{X},\boldsymbol{Y})$为车身最大等效应力，单位为 MPa。最大位移量与最大等效应力模型求解的表达式如下：

$$\text{Disp}(\boldsymbol{X},\boldsymbol{Y})=\boldsymbol{W}_{2次系数}\boldsymbol{X}_{2次项}+\boldsymbol{W}_{1次系数}\boldsymbol{X}_{1次项}+\boldsymbol{b}_{常数项} \tag{4-27}$$

式中，各项系数为：

$$\boldsymbol{W}_{2次系数}=\begin{pmatrix}0&0&0&0&0&0&0&0&0&-0.01\\0&0&0&0&0&0&0&0&0&-0.01\\0&0&0&0&0&0&0&0&0&0\\0&0&0&0.01&0&0&0&0&0.01&0.01\\0&0&0&0&0&0&0&0&0&0.01\\0&0&0&0&0&0&0&0&0&0.01\\0&0&0&0&0&0&0.01&0.01&0&0.05\\0&0&0&0&0&0&0&0.01&0&0.05\\0&0&0&0&0&0&0&0&0&-0.01\\0&0&0&0&0&0&0&0&0&0.62\end{pmatrix}$$

$$\boldsymbol{W}_{1次系数}=\begin{pmatrix}-0.14\\-0.03\\-0.11\\0.55\\-0.11\\-0.11\\-0.18\\-0.18\\-3.00\\-0.77\end{pmatrix}$$

$$\text{Stress}(\boldsymbol{X},\boldsymbol{Y})=\boldsymbol{W}_{2次系数}\boldsymbol{X}_{2次项}+\boldsymbol{W}_{1次系数}\boldsymbol{X}_{1次项}+\boldsymbol{b}_{常数项} \tag{4-28}$$

式中，各项系数为：

$$
W_{2次系数}=\begin{pmatrix}
0 & 0 & 0 & 0 & 0 & 0 & 0 & 0 & 0.02 & 0\\
0 & 0 & 0 & 0 & 0 & 0 & -0.01 & -0.01 & 0 & -0.13\\
0 & 0 & 0 & 0.01 & 0 & 0 & 0 & 0 & 0.01 & -0.01\\
0 & 0 & 0 & 0.05 & -0.04 & -0.04 & -0.01 & -0.01 & 0.28 & -0.20\\
0 & 0 & 0 & 0 & 0.02 & 0.02 & 0 & 0 & -0.01 & 0.33\\
0 & 0 & 0 & 0 & 0 & 0.02 & 0 & 0 & -0.01 & 0.33\\
0 & 0 & 0 & 0 & 0 & 0 & 0.17 & 0.17 & -0.01 & 1.18\\
0 & 0 & 0 & 0 & 0 & 0 & 0 & 0.17 & -0.01 & 1.18\\
0 & 0 & 0 & 0 & 0 & 0 & 0 & 0 & -0.12 & -0.97\\
0 & 0 & 0 & 0 & 0 & 0 & 0 & 0 & 0 & 10.96
\end{pmatrix}
$$

$$
W_{1次系数}=\begin{pmatrix}
-3.44\\ 2.71\\ -4.88\\ -5.85\\ -14.93\\ -14.93\\ 7.24\\ 7.24\\ -108.13\\ 2.71
\end{pmatrix}
$$

要求重要加强结构的边长 L_1 和厚度 W_1 大于基本加强结构的边长 L_2 和厚度 W_2，大于一般加强结构的边长 L_3 和厚度 W_3。而且根据实际要求，重要加强结构厚度 W_1 等于基本加强结构边长 L_2，基本加强结构厚度 W_2 等于一般加强结构边长 L_3。

4.4.2 最速下降法原理

最速下降法的基本原理是在每一步迭代中选择能使目标函数下降最快的方向，并以该方向作为搜索方向。该方法通过沿负梯度方向下降，逐渐接近目标函数的最优值。

假设无约束极值问题中的目标函数 $f(\boldsymbol{X})$ 有一阶连续偏导数，具有极小点 $\boldsymbol{X}^*$。以 $\boldsymbol{X}^{(k)}$ 表示极小点的第 k 次近似，为了求其第 $(k+1)$ 次近似点 $\boldsymbol{X}^{(k+1)}$，在 $\boldsymbol{X}^{(k)}$ 点沿方向 $\boldsymbol{P}^{(k)}$ 作射线

$$\boldsymbol{X}^{(k+1)}=\boldsymbol{X}^{(k)}+\lambda\boldsymbol{P}^{(k)}(\lambda\geqslant 0) \tag{4-29}$$

现将 $f(\boldsymbol{X})$ 在 $\boldsymbol{X}^{(k)}$ 点处展成泰勒级数

$$\begin{aligned} f(\boldsymbol{X}^{(k+1)}) &= f(\boldsymbol{X}^{(k)}+\lambda\boldsymbol{P}^{(k)}) \\ &= f(\boldsymbol{X}^{(k)})+\lambda\nabla f(\boldsymbol{X}^{(k)})^{\mathrm{T}}\boldsymbol{P}^{(k)}+o(\lambda) \end{aligned} \tag{4-30}$$

$$\lim_{\lambda\to 0}\frac{o(\lambda)}{\lambda}=0 \tag{4-31}$$

对于充分小的 λ，只要

$$\nabla f(\boldsymbol{X}^{(k)})^{\mathrm{T}}\boldsymbol{P}^{(k)}<0 \tag{4-32}$$

即可保证

$$f(\boldsymbol{X}^{(k+1)})=f(\boldsymbol{X}^{(k)}+\lambda\boldsymbol{P}^{(k)})<f(\boldsymbol{X}^{(k)}) \tag{4-33}$$

现考察不同的方向 $\boldsymbol{P}^{(k)}$。假定 $\boldsymbol{P}^{(k)}$ 的模一定（且不为零），并设 $\nabla f(\boldsymbol{X}^{(k)})$（否则，$\boldsymbol{X}^{(k)}$ 是平稳点），使式(4-32)成立的 $\boldsymbol{P}^{(k)}$ 有无限多个。为了使目标函数值能得到尽量大的改善，必须寻求使 $\nabla f(\boldsymbol{X}^{(k)})^{\mathrm{T}}\boldsymbol{P}^{(k)}$ 取最小值的 $\boldsymbol{P}^{(k)}$。由线性代数学知道

$$\nabla f(\boldsymbol{X}^{(k)})^{\mathrm{T}}\boldsymbol{P}^{(k)}=\|\nabla f(\boldsymbol{X}^{(k)})\|\cdot\|\boldsymbol{P}^{(k)}\|\cos\theta \tag{4-34}$$

式中，θ 为向量 $\nabla f(\boldsymbol{X}^{(k)})$ 与 $\boldsymbol{P}^{(k)}$ 的夹角。当 $\boldsymbol{P}^{(k)}$ 与 $\nabla f(\boldsymbol{X}^{(k)})$ 反向时，$\theta=180°$，$\cos\theta=-1$。这时式(4-19)成立，而且其左端取最小值。称方向

$$\boldsymbol{P}^{(k)}=-\nabla f(\boldsymbol{X}^{(k)}) \tag{4-35}$$

为负梯度方向，它是使函数值下降最快的方向（在 $\boldsymbol{X}^{(k)}$ 的某一小范围内）。

如图 4-7 所示，从初始点 $\boldsymbol{X}^{*}$ 出发，沿函数值下降最快的负梯度方向 $\boldsymbol{P}^{(1)}$ 寻找下一次迭代的最优解 $\boldsymbol{X}^{(1)}$。

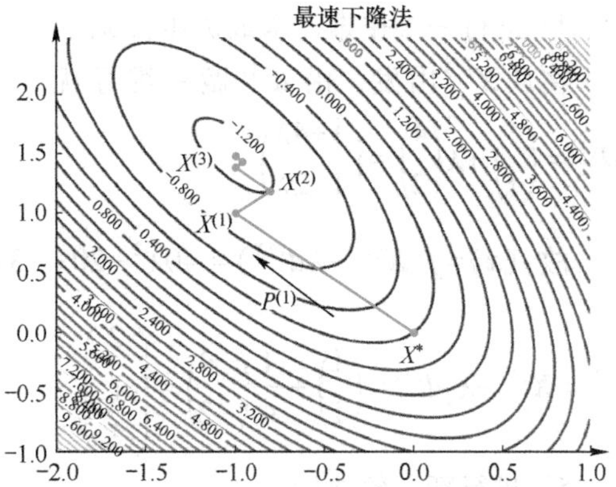

图 4-7　最速下降法迭代过程图

为了得到下一个近似极小点，在选定了搜索方向之后，还要确定步长 λ。最速下降法通常是在负梯度方向进行一维搜索来确定使 $f(\boldsymbol{X})$ 最小的 λ

$$\lambda_k:\min_{\lambda\geqslant 0} f(\boldsymbol{X}^{(k)}-\lambda\nabla f(\boldsymbol{X}^{(k)})) \tag{4-36}$$

总结来说，最速下降法的基本思想是从任意一点 $\boldsymbol{X}^{(k)}$ 出发，沿该点负梯度方向 $\boldsymbol{P}^{(k)}=-\nabla f(\boldsymbol{X}^{(k)})$ 进行一维搜索，设 $f(\boldsymbol{X}^{(k)}+\lambda_k\boldsymbol{P}^{(k)})=\min\limits_{\lambda\geqslant 0} f(\boldsymbol{X}^{(k)}+\lambda_k\boldsymbol{P}^{(k)})$，令 $\boldsymbol{X}^{(k+1)}=\boldsymbol{X}^{(k)}+\lambda_k\boldsymbol{P}^{(k)}$ 为 $f(\boldsymbol{X})$ 的新的近似最优解，再从新点 $\boldsymbol{X}^{(k+1)}$ 出发，沿该点负梯度方向 $\boldsymbol{P}^{(k+1)}=-\nabla f(\boldsymbol{X}^{(k+1)})$ 进行一维搜索，进一步求出新的近似最优解 $\boldsymbol{X}^{(k+2)}$，如此迭代，直到某点的梯度为零向量或梯度的范数小于事先给定的精度为止。

4.4.3　算法步骤

下面给出最速下降法的计算步骤：

(1) 选取初始点 $\boldsymbol{X}^{(k)}$，给定最终误差 $\varepsilon>0$，令 $k=1$。

(2) 计算 $\nabla f(\boldsymbol{X}^{(k)})$，若 $\|\nabla f(\boldsymbol{X}^{(k)})\|\leqslant\varepsilon$，则停止迭代，输出 $\boldsymbol{X}^{(k)}$；否则进行第(3)步。

(3) 取 $\boldsymbol{P}^{(k)}=-\nabla f(\boldsymbol{X}^{(k)})$。

(4) 进行一维搜索，求最优步长 λ_k，使得

$$f(\boldsymbol{X}^{(k)}+\lambda_k\boldsymbol{P}^{(k)})=\min_{\lambda\geqslant 0} f(\boldsymbol{X}^{(k)}+\lambda_k\boldsymbol{P}^{(k)}) \tag{4-37}$$

令 $\boldsymbol{X}^{(k+1)}=\boldsymbol{X}^{(k)}+\lambda_k\boldsymbol{P}^{(k)}$，$k=k+1$，转步骤(2)。

由以上计算步骤可知，最速下降法迭代终止时，求得的是目标函数驻点的一个近似点。

使用一个简单的测试案例，测试以上的最速下降法的实现步骤：

例：$\min f(x)=x_1^2+2x_2^2-2x_1x_2-4x_1$，给定初始点 $\boldsymbol{X}^{(0)}=(1,1)^{\mathrm{T}}$。

解：

1) 选取初始点 $\boldsymbol{X}^{(0)}=(1,1)^{\mathrm{T}}$，给定最终误差 $\varepsilon>0$，令 $k=1$。

2) 计算梯度。

目标函数$f(\boldsymbol{x})$的梯度 $\nabla f(\boldsymbol{x})=\begin{pmatrix}\dfrac{\partial f(\boldsymbol{x})}{\partial(x_1)}\\ \dfrac{\partial f(\boldsymbol{x})}{\partial(x_2)}\end{pmatrix}=\begin{pmatrix}2x_1-2x_2-4\\ -2x_1+4x_2\end{pmatrix}$

3）取$\boldsymbol{P}^{(k)}=-\nabla f(\boldsymbol{X}^{(k)})$。

$\nabla f(\boldsymbol{X}^{(1)})=\begin{pmatrix}-4\\ 2\end{pmatrix}$，令搜索方向$\boldsymbol{d}^{(1)}=-\nabla f(\boldsymbol{X}^{(1)})=\begin{pmatrix}4\\ -2\end{pmatrix}$。

4）进行一维搜索，求最优步长λ_k。

在从$\boldsymbol{X}^{(1)}$出发，沿$\boldsymbol{d}^{(1)}$做一维寻优，令步长变量为λ，最优步长为$\boldsymbol{\lambda}_1$，则有$\boldsymbol{X}^{(1)}+\lambda\boldsymbol{d}^{(1)}=\begin{pmatrix}1\\ 1\end{pmatrix}+\lambda\begin{pmatrix}4\\ 2\end{pmatrix}=\begin{pmatrix}1+4\lambda\\ 1-2\lambda\end{pmatrix}$

故$f(\boldsymbol{x})=f(\boldsymbol{X}^{(1)}+\lambda\boldsymbol{d}^{(1)})=40\lambda^2-20\lambda-3=\varphi_1(\lambda)$，令$\varphi_1'(\lambda)=80\lambda-20=0$可得$\boldsymbol{\lambda}_1=\dfrac{1}{4}$，

$\boldsymbol{X}^{(2)}=\boldsymbol{X}^{(1)}+\lambda_1\boldsymbol{d}^{(1)}=\begin{pmatrix}1\\ 1\end{pmatrix}+\dfrac{1}{4}\begin{pmatrix}4\\ -2\end{pmatrix}=\begin{pmatrix}2\\ \dfrac{1}{2}\end{pmatrix}$。

5）进行新一轮迭代。

$\nabla f(\boldsymbol{X}^{(2)})=\begin{pmatrix}-1\\ -2\end{pmatrix}$令$\boldsymbol{d}^{(2)}=-\nabla f(\boldsymbol{X}^{(2)})=\begin{pmatrix}1\\ 2\end{pmatrix}$，令步长变量为$\lambda$，最优步长为$\boldsymbol{\lambda}_2$，则有

$\boldsymbol{X}^{(2)}+\lambda\boldsymbol{d}^{(2)}=\begin{pmatrix}2\\ \dfrac{1}{2}\end{pmatrix}+\lambda\begin{pmatrix}1\\ 2\end{pmatrix}=\begin{pmatrix}2+\lambda\\ \dfrac{1}{2}+2\lambda\end{pmatrix}$，故$f(x)=f(\boldsymbol{X}^{(2)}+\lambda\boldsymbol{d}^{(2)})=f\left(2+\lambda,\dfrac{1}{2}+2\lambda\right)=5\lambda^2-5\lambda-\dfrac{11}{2}=\varphi_2(\lambda)$，令$\varphi_2'(\lambda)=10\lambda-5=0$可得$\boldsymbol{\lambda}_2=\dfrac{1}{2}$，$\boldsymbol{X}^{(3)}=\boldsymbol{X}^{(2)}+\lambda_2\boldsymbol{d}^{(2)}=\begin{pmatrix}2\\ \dfrac{1}{2}\end{pmatrix}+\dfrac{1}{2}\begin{pmatrix}1\\ 2\end{pmatrix}=\begin{pmatrix}\dfrac{5}{2}\\ \dfrac{3}{2}\end{pmatrix}$。

经过17次迭代，在精度为10^{-2}时得到近似最优解：$\boldsymbol{x}^*=(3.99,1.99)^{\mathrm{T}}$

因此找到了最优近似解$\boldsymbol{X}_{17}$，然后将$\boldsymbol{X}_{17}$代入$f(\boldsymbol{x})$中，即可得到所求的最小值。

使用Python对例题进行求解，为了更直观地展示迭代过程，将例题的迭代过程如图4-8所示，完整代码见二维码：

	对应文件：4_4.4_1.py

观察迭代过程可以发现，当用最速下降法寻找极小点时，其搜索路径呈直角锯齿状，在开头几步目标函数下降较快，但在接近极小点时，收敛速度就不理想了。特别是当目标函数的等值线为比较扁平的椭圆时，收敛就更慢了。

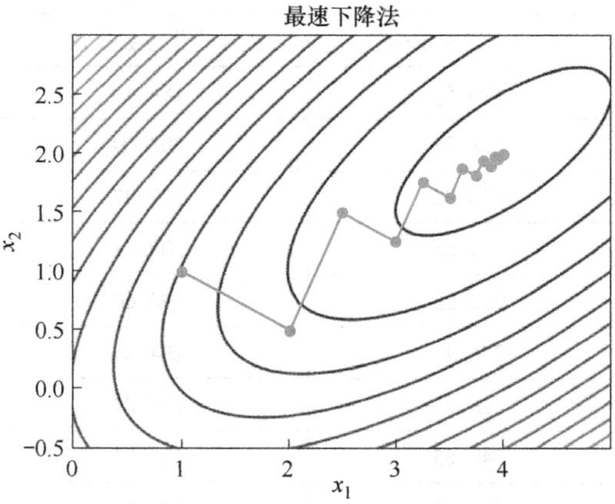

图 4-8　最速下降法迭代过程图

因此，在实际应用中，常将最速下降法和其他方法联合起来应用，在前期使用最速下降法，而接近极小点时，则使用收敛较快的其他方法。

4.4.4　结果分析

使用最速下降法求解 4.4.1 节案例的实现步骤如下：

1）初始化问题。创建用于存储图像的目录；加载预训练的模型，用于质量预测。

2）定义决策变量。参数边界的定义，包括 10 个变量的上下限。部分变量有特定的关系约束。

3）设定梯度计算和优化算法。定义计算梯度的函数 compute_gradient，用于评估模型在给定输入下的梯度和预测值。定义梯度下降函数 gradient_descent，通过多次迭代优化输入参数，以减少预测的质量值。函数中包括了对特定变量关系约束的强制执行和边界限制。

4）执行优化过程。运行 10 次优化过程，每次随机生成初始参数，并确保特定变量关系约束的强制执行。

5）保存和展示结果，完整代码见二维码。

	对应文件：4_4.4_2.py

通过上述代码运行最速下降优化 10 次，运行结果见表 4-10。

表 4-10　最速下降法运行结果表

运行次数	初始方案质量/kg	最终优化方案质量/kg	优化(轻量化)效果(%)
1	547.89	200.93	63.33
2	398.72	178.15	55.32

（续）

运行次数	初始方案质量/kg	最终优化方案质量/kg	优化（轻量化）效果（%）
3	420.5	186.4	55.67
4	478.77	207.09	56.75
5	608.92	212.07	65.17
6	299.63	209.48	30.09
7	212.02	196.66	7.25
8	276.4	194.85	29.51
9	620.67	214.04	65.51
10	549.65	215.81	60.74
平均	441.32	201.55	48.93

10 次运行的优化目标收敛曲线（共运行优化 10 次）如图 4-9 所示。

由于车身优化设计参数较多，这里仅展示一个设计参数在优化迭代过程中的变化情况，变量迭代曲线如图 4-10 所示。

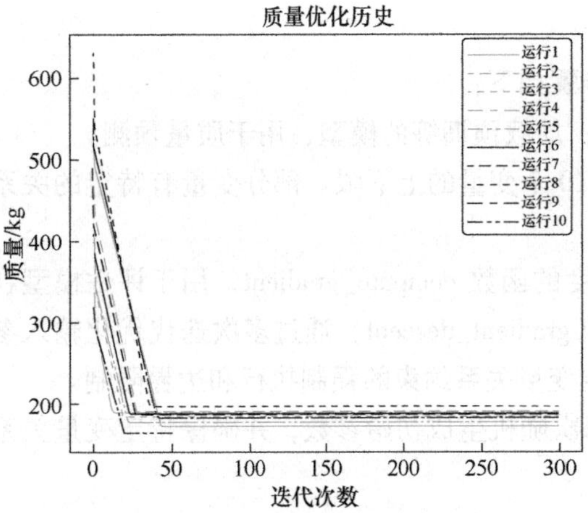

图 4-9 最速下降法优化目标收敛曲线

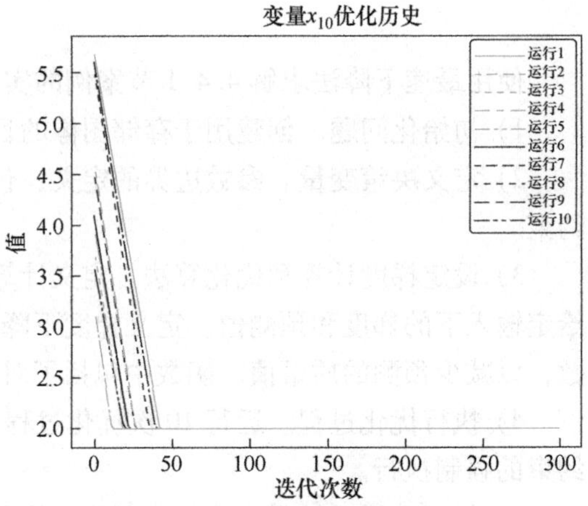

图 4-10 设计参数（壳体厚度 T）使用最速下降法的迭代曲线

通过最速下降法进行的 10 次独立运行成功实现了显著的车身质量减轻，证明了该算法在实际工程应用中的有效性。每次优化运行均详细记录了车身的初始和最终质量，以及质量减少的百分比。结果表明，车身的平均质量从 441.32kg 减少到 201.55kg，平均质量减轻了 48.93%。特别是在最佳表现的运行中，质量减少了 65.51%，展现了最速下降法在快速收敛和显著减重方面的强大能力。

从迭代收敛情况来看，大部分运行呈现稳定的质量下降趋势，这表明最速下降法能够有效地引导优化过程向全局最小值靠拢。此算法的主要优势在于其简单直观，容易实现，并且能够在较短的迭代次数内实现快速收敛，使其成为解决此类结构优化问题的理想选择。

4.5 牛顿法

牛顿法，也被称为牛顿迭代法或牛顿-拉弗森方法(Newton-Raphson Method)。17 世纪，随着微积分学的兴起，数学家们开始探索利用导数性质来求解方程的根，在此背景下，英国科学家艾萨克·牛顿提出了这一方法。该方法通过使用二阶导数信息来加速收敛，尤其适用于具有明显非线性特征的优化问题。

4.5.1 案例描述

4.4 节介绍了某无人车辆车身结构的设计案例，使用最速下降法实现了车身结构的优化。本节继续以该案例为基础，讨论如何利用牛顿法进行优化。对于车身结构优化，牛顿法需要计算目标函数和约束条件的梯度和 Hessian 矩阵，以优化关键设计参数，包括总长、总宽、总高与壳厚，以及筋梁横截面边长和厚度等。

4.5.2 牛顿法原理

牛顿法是一种基于泰勒级数的优化算法，用于寻找非线性函数$f(\boldsymbol{x}_k)$的局部极小值。其基本思想是，利用目标函数在当前点 $\boldsymbol{x}_k$ 处的二阶泰勒多项式构建一个局部二次模型，并通过求解该模型的最小值更新搜索方向，寻找下一个近似最优解 $\boldsymbol{X}_{k+1}$。

牛顿法原理的具体阐述如下：

(1) 数学建模

对于给定的目标函数f: $\mathbb{R}^n \to \mathbb{R}$，在点 $\boldsymbol{x}_k$ 处，可将其用二阶泰勒多项式 $T_2(\boldsymbol{x};\boldsymbol{x}_k)$近似表示：

$$f(\boldsymbol{x}) \approx T_2(\boldsymbol{x};\boldsymbol{x}_k)=f(\boldsymbol{x}_k)+\nabla f(\boldsymbol{x}_k)^{\mathrm{T}}(\boldsymbol{x}-\boldsymbol{x}_k)+\frac{1}{2}(\boldsymbol{x}-\boldsymbol{x}_k)^{\mathrm{T}}\boldsymbol{H}_k(\boldsymbol{x}-\boldsymbol{x}_k) \tag{4-38}$$

式中，$\nabla f(\boldsymbol{x}_k)$是函数在点 $\boldsymbol{x}_k$ 处的梯度，反映了函数在该点的斜率和增长趋势；$\boldsymbol{H}_k$ 是函数在点 $\boldsymbol{x}_k$ 处的 Hessian 矩阵，它是关于 $\boldsymbol{x}$ 的二阶偏导数矩阵，反映了函数在该点附近的曲率信息。

(2) 求解局部最小值

牛顿法的关键环节是求解二阶泰勒多项式 $T_2(\boldsymbol{x};\boldsymbol{x}_k)$的最小值，以确定下一步的迭代位置 $\boldsymbol{x}_{k+1}$。令其梯度等于零：

$$\nabla T_2(\boldsymbol{x};\boldsymbol{x}_k)=\boldsymbol{0} \Rightarrow \nabla f(\boldsymbol{x}_k)+\boldsymbol{H}_k(\boldsymbol{x}_{k+1}-\boldsymbol{x}_k)=\boldsymbol{0} \tag{4-39}$$

解此线性方程组，得到：

$$\boldsymbol{x}_{k+1}=\boldsymbol{x}_k-\boldsymbol{H}_k^{-1}\nabla f(\boldsymbol{x}_k) \tag{4-40}$$

式(4-40)给出了牛顿方向 $\boldsymbol{H}_k^{-1}\nabla f(\boldsymbol{x}_k)$，即从当前点 $\boldsymbol{x}_k$ 出发，沿着该方向移动能使目标函数下降最优。在实际应用中，通常引入步长因子 α_k，以调整沿牛顿方向前进的距离，形成更新规则：

$$\boldsymbol{x}_{k+1}=\boldsymbol{x}_k-\alpha_k\boldsymbol{H}_k^{-1}\nabla f(\boldsymbol{x}_k) \tag{4-41}$$

选择适当的 α_k 以确保$f(\boldsymbol{x}_{k+1})$能够有效降低，并遵循预先设定的停止准则，如当一阶导数接近零(表明函数值趋于平缓)或函数值的变化小于预设阈值 ϵ 时，停止迭代。

(3) 迭代过程与可视化

牛顿法的工作原理为：首先，设定一个初始点，该点可能是随机选择的，也可能是基于某种启发式方法得到的。从这一点开始，牛顿法通过计算函数在该点的梯度和 Hessian 矩阵，得到一个近似模型，该模型描述了函数在初始点附近的局部行为。然后，算法使用该模型的解作为下一步的搜索方向，更新当前点的位置。

随着迭代的进行，搜索方向逐渐指向函数的局部极小值点。在每一步迭代中都需要重新计算当前位置的梯度和 Hessian 矩阵，以获取更精确的局部模型。通过此方式，牛顿法能够逐步逼近函数的局部极小值点，直到满足某种停止条件。

4.5.3 算法步骤

牛顿法的步骤如下。

(1) 初始化

确定要优化的目标函数 f: $\mathbb{R}^n \to \mathbb{R}$ 和其定义域内的初始点 x_0，并设置迭代次数上限、收敛阈值(如函数值变化量、迭代点间距离等)或停止准则。

(2) 计算梯度和 Hessian 矩阵

在当前迭代点 $\boldsymbol{x}_k$ 处计算梯度向量 $\nabla f(\boldsymbol{x}_k)$，包含函数关于各个变量的一阶偏导数：

$$\nabla f(\boldsymbol{x}_k)=\left(\frac{\partial f}{\partial x_1}(\boldsymbol{x}_k),\frac{\partial f}{\partial x_2}(\boldsymbol{x}_k),\cdots,\frac{\partial f}{\partial x_n}(\boldsymbol{x}_k)\right)^{\mathrm{T}} \tag{4-42}$$

计算 Hessian 矩阵 $\boldsymbol{H}(\boldsymbol{x}_k)$，包含函数在点 $\boldsymbol{x}_k$ 处的二阶偏导数：

$$\boldsymbol{H}_{ij}(\boldsymbol{x}_k)=\frac{\partial^2 f}{\partial x_i \partial x_j}(\boldsymbol{x}_k),\quad i,j=1,2,\cdots,n \tag{4-43}$$

注：Hessian 矩阵(通常表示为 $\boldsymbol{H}$ 或 $\boldsymbol{H}(f)$)，是针对一个具有多个变量的实值函数 $f(x_1, x_2,\cdots,x_n)$ 的二阶偏导数构成的方阵。具体来说，对于函数 f 在点 $\boldsymbol{x}$ 处的 Hessian 矩阵 $\boldsymbol{H}(\boldsymbol{x})$，其元素定义如下：

$$\boldsymbol{H}_{ij}(\boldsymbol{x})=\frac{\partial^2 f}{\partial x_i \partial x_j}(\boldsymbol{x}) \tag{4-44}$$

式中，i 和 j 分别代表自变量的索引，i，$j=1$，2，…，n。

(3) 求解牛顿方向和步长

1) 求解线性系统 $\boldsymbol{H}(\boldsymbol{x}_k)d_k=-\nabla f(\boldsymbol{x}_k)$ 来获得牛顿方向 $\boldsymbol{d}_k$，这一步通常需要求解 Hessian 矩阵的逆或使用数值方法求解线性方程组。

2) 选择适当的步长 α_k，步长选择策略包括固定步长、单位步长、精确线性搜索和信赖域方法等。

(4) 更新迭代点

使用选定的步长 α_k 更新迭代点：

$$\boldsymbol{x}_{k+1}=\boldsymbol{x}_k+\alpha_k \boldsymbol{d}_k \tag{4-45}$$

(5) 检查收敛

检查是否达到预设的停止准则，比如函数值变化足够小，$|f(\boldsymbol{x}_{k+1})-f(\boldsymbol{x}_k)|<\epsilon_f$；迭代点变化足够小，$\|\boldsymbol{x}_{k+1}-\boldsymbol{x}_k\|<\epsilon_x$；梯度范数足够小，$\|\nabla f(\boldsymbol{x}_{k+1})\|<\epsilon_g$；达到最大迭代次数，$k>k_{\max}$。

（6）判断结果

如果满足停止准则，则找到了一个(局部)极小值点 $\boldsymbol{x}_{k+1}$，结束迭代过程；否则，返回步骤(2)，继续进行下一轮迭代。

总结起来，迭代公式为：

$$\boldsymbol{x}_{k+1}=\boldsymbol{x}_k-[\boldsymbol{H}(\boldsymbol{x}_k)]^{-1}\nabla f(\boldsymbol{x}_k) \tag{4-46}$$

式中，$\boldsymbol{x}_k$ 是当前迭代点；$\boldsymbol{H}(\boldsymbol{x}_k)$是函数$f$在点 $\boldsymbol{x}_k$ 处的 Hessian 矩阵，它提供了函数在该点的局部曲率信息；$\nabla f(\boldsymbol{x}_k)$是函数$f$在点 $\boldsymbol{x}_k$ 处的梯度向量，包括函数关于各个变量的一阶偏导数，指向函数增长最快的方向。

为了测试牛顿法的步骤，本节选取 4.4 节的例题作为测试案例：

$$\min f(\boldsymbol{x})=x_1^2+2x_2^2-2x_1x_2-4x_1 \tag{4-47}$$

（1）初始化

设定目标函数为 $f(\boldsymbol{x})$，初始点 $\boldsymbol{x}^0=(1,1)^{\mathrm{T}}$，最大迭代次数 $N=1000$，收敛阈值为 $\epsilon=10^{-6}$。

（2）计算梯度和 Hessian 矩阵

计算目标函数在当前点 $\boldsymbol{x}_k$ 处的梯度 $\nabla f(\boldsymbol{x}_k)$，对于此函数：

$$\nabla f(\boldsymbol{x})=(2x_1-2x_2-4,4x_2-2x_1)^{\mathrm{T}} \tag{4-48}$$

对于给定的目标函数，需要计算其每个变量对所有变量的二阶偏导数，计算步骤如下：

1）对 x_1 的二阶偏导数。

$$\frac{\partial^2 f}{\partial x_1^2}=2$$

$$\frac{\partial^2 f}{\partial x_1\partial x_2}=-2$$

2）对 x_2 的二阶偏导数。

$$\frac{\partial^2 f}{\partial x_2^2}=4$$

$$\frac{\partial^2 f}{\partial x_2\partial x_1}=-2$$

根据上述计算构造出 Hessian 矩阵：$\begin{pmatrix}\frac{\partial^2 f}{\partial x_1^2} & \frac{\partial^2 f}{\partial x_1\partial x_2}\\ \frac{\partial^2 f}{\partial x_2\partial x_1} & \frac{\partial^2 f}{\partial x_2^2}\end{pmatrix}=\begin{pmatrix}2 & -2\\ -2 & 4\end{pmatrix}$

因此，该目标函数在任意点 $\boldsymbol{x}=(x_1,x_2)^{\mathrm{T}}$ 的 Hessian 矩阵为：$\boldsymbol{H}(\boldsymbol{x})=\begin{pmatrix}2 & -2\\ -2 & 4\end{pmatrix}$。

（3）求解牛顿方向和步长

1）使用 Hessian 矩阵和梯度向量求解牛顿方向 $\boldsymbol{p}_k=-H(\boldsymbol{x}_k)^{-1}\nabla f(\boldsymbol{x}_k)$。

2）该案例选择 $\boldsymbol{p}_k$ 作为搜索方向，并且简化地选择固定步长 $\alpha=1$，同时假设直接使用 $\boldsymbol{p}_k$ 进行更新。

(4) 更新迭代点

更新下一个迭代点：

$$\boldsymbol{x}_{k+1}=\boldsymbol{x}_k+\alpha\boldsymbol{p}_k \tag{4-49}$$

(5) 检查收敛

计算新旧迭代点之间的差$\|\boldsymbol{x}_{k+1}-\boldsymbol{x}_k\|$，如果这个差的范数小于收敛阈值 ϵ，则停止迭代。

(6) 判断结果

使用牛顿法进行优化后，得到了函数 $f(\boldsymbol{x})=x_1^2+2x_2^2-2x_1x_2-4x_1$ 的最小值点 $x=(4,2)^{\mathrm{T}}$，对应的函数值为 $f((4,2)^{\mathrm{T}})=-8$。牛顿法只进行了一次迭代就达到了预设的收敛阈值 10^{-6}。

下面，使用 Python 对该案例进行求解，并展示其具体的迭代过程，如图 4-11 所示。

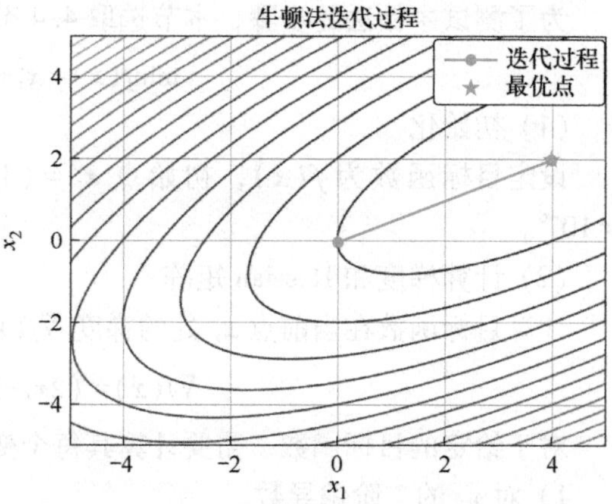

图 4-11　牛顿法迭代过程图

图 4-11 展示了牛顿法在二维优化问题中的迭代过程。图中的等高线代表了目标函数的高度，不同高度对应不同函数值，呈现出一个类似山谷的形状。牛顿法通过在每个迭代步骤中利用目标函数的梯度和二阶梯度信息，沿着曲率最陡峭的方向进行更新，逐步接近目标函数的极小值点。

在图 4-11 中，最小值点$(4,2)^{\mathrm{T}}$ 是期望牛顿法最终收敛的位置。通过观察迭代过程中的轨迹和最终停止的位置，可以确认最优解的位置是否接近预期的极小值点，完整代码见二维码：

	对应文件：4_4. 5_1. py

4. 5. 4　结果分析

使用牛顿法求解 4. 4. 1 节案例的实现步骤如下：

1）初始化问题。创建用于存储图像的目录；加载预训练的模型和管道，用于质量预测。

2）定义决策变量。参数边界的定义，包括 10 个变量的上下限。部分变量有特定的关系约束。

3）设定梯度计算和优化算法。定义计算梯度和 Hessian 乘积的函数 compute_gradient_and_hessian，用于评估模型在给定输入下的梯度、Hessian 乘积和预测值。定义牛顿法优化函数 newton_method，通过多次迭代优化输入参数，以减少预测的质量值。函数中包括了对特定变量关系约束的强制执行和边界限制。

4）执行优化过程。运行 10 次优化过程，每次随机生成初始参数，并确保特定变量关系约束的强制执行。使用牛顿法优化参数，记录每次迭代的历史数据和质量值变化。在每次优化结束后，将初始参数、初始质量、优化后的参数和最终质量记录到结果数据框中。

5）保存和展示结果。每次优化结束后，生成并保存优化过程的图像，展示质量值随迭代次数的变化，完整代码见二维码。

	对应文件：4_4.5_2.py

通过上述代码运行最速下降优化 10 次，运行结果见表 4-11。

表 4-11　牛顿法运行结果表

运行次数	初始方案质量/kg	最终优化方案质量/kg	优化(轻量化)效果(%)
1	397.36	251.37	36.74
2	214.49	251.37	-17.20
3	226.87	251.37	-10.80
4	489.60	251.37	48.66
5	563.88	251.37	55.42
6	558.72	251.37	55.01
7	226.11	153.20	32.25
8	314.82	251.37	20.15
9	675.18	251.37	62.77
10	452.83	251.37	44.49
平均	411.99	241.55	41.37

优化目标的质量迭代曲线如图 4-12 所示。

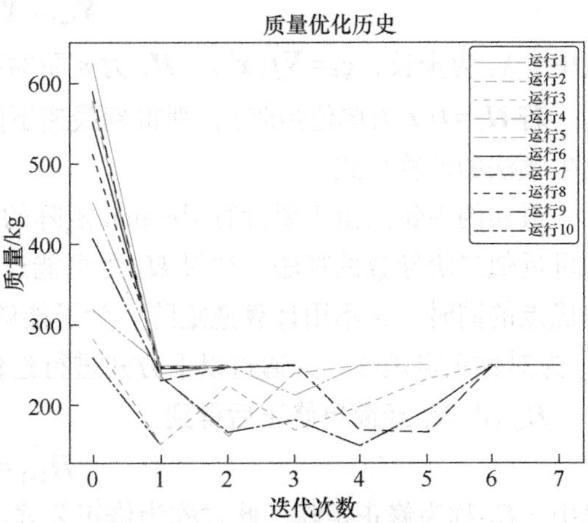

图 4-12　牛顿法优化目标质量迭代曲线

优化过程通过牛顿法进行了 10 次独立运行，以求得车身的最佳结构参数。每次运行的初始和最终质量，以及相应的质量减少百分比，都被详细记录。从结果来看，车身质量的初始值和优化后的最终值呈现出显著的差异，显示优化过程有效地降低了车身的总质量。

从优化效果上看，平均而言，车身的质量从 411.99kg 变化到 241.55kg，平均质量变化了 41.37%。这表明牛顿法在这个应用中相当成功，能显著降低车身的质量。第 9 次运行显示出最好的优化效果，车身质量从

675.18kg 减至 251.37kg，减轻了 62.77%。然而，第 2 次运行中车身质量实际增加了，从 214.49kg 增至 251.37kg，增加了 17.20%，这表明优化效果可能会因参数设置不当或计算误差而导致逆向效果。

算法稳定性方面，优化过程中的振荡表明，尽管牛顿法能够有效地优化车身质量，但算法的稳定性仍有提升空间。特别是，对于梯度和 Hessian 矩阵的计算可能需要进一步的精确化以避免极端值。

牛顿法在车身结构优化中显示了其潜力，特别是在质量减小方面。然而，为了提高算法的可靠性和一致性，建议进一步调查和修改数值计算方法，特别是梯度和 Hessian 矩阵的估计。此外，引入自适应步长策略可能有助于避免优化过程中的不稳定波动，从而提高优化的整体效果和效率。

4.6 变尺度法

变尺度法是由 W. C. Davidon 于 1959 年首先提出，1963 年由 R. Flecher 和 M. J. D. Powell 所发展，提出了著名的 DFP 变尺度算法。目前，变尺度算法已发展成为一大类算法，被认为是求解无约束优化问题最有效的算法之一，得到了广泛的应用，该方法也称为拟牛顿法。

4.6.1 问题描述

本节继续以车身结构优化为案例，介绍变尺度法的应用。牛顿法要求计算 Hessian 矩阵的逆矩阵，这一过程耗费时间较长导致算法效率低，变尺度法可以去除反复求解逆矩阵的问题，显著提升算法效率。本节使用变尺度法优化车身的关键参数，包括总长、总宽、总高与壳厚，以及筋梁横截面边长和厚度。

4.6.2 变尺度法原理

最速下降法和牛顿法的迭代公式可以统一表示为：

$$\boldsymbol{X}_{k+1}=\boldsymbol{X}_k-\lambda_k\boldsymbol{H}_k\boldsymbol{g}_k \tag{4-50}$$

式中，λ_k 为步长；$\boldsymbol{g}_k=\nabla f(\boldsymbol{x}^k)$；$\boldsymbol{H}_k$ 为 n 阶对称矩阵。

若 $\boldsymbol{H}_k=\boldsymbol{I}$（$\boldsymbol{I}$ 为单位矩阵），则得到最速下降法的计算公式；若 $\boldsymbol{H}_k=[\nabla^2 f(\boldsymbol{x}^{(k)})]^{-1}$，则得到牛顿法的计算公式。

最初的牛顿法由于要计算 Hessian 矩阵的逆矩阵，计算非常耗时，所以衍生出了一系列的可近似二阶导数的算法。如果 $\boldsymbol{H}_k$ 尽可能近似地等于 $[\nabla^2 f(\boldsymbol{x}^{(k)})]^{-1}$，那么就能在保持牛顿法优点的同时，又不用计算逆矩阵。为了能够在迭代过程中近似 Hessian 的逆矩阵，初始化 $\boldsymbol{H}_k$ 为对称正定矩阵，并通过以下方式进行迭代。

$\boldsymbol{H}_{k+1}$ 由 $\boldsymbol{H}_k$ 经简单修正后得到

$$\boldsymbol{H}_{k+1}=\boldsymbol{H}_k+\boldsymbol{C}_k \tag{4-51}$$

式中，$\boldsymbol{C}_k$ 称为修正矩阵，此式称为修正公式。

对于函数 $f(\boldsymbol{x})$，将其在点 $\boldsymbol{x}^{(k+1)}$ 进行 Taylor 展开，取其前三项，则可得

$$f(\boldsymbol{x}) \approx f(\boldsymbol{x}^{(k+1)}) + \boldsymbol{g}_{k+1}^{\mathrm{T}}(\boldsymbol{x}-\boldsymbol{x}^{(k+1)}) + (\boldsymbol{x}-\boldsymbol{x}^{(k+1)})^{\mathrm{T}}\boldsymbol{G}_{k+1}\frac{(\boldsymbol{x}-\boldsymbol{x}^{(k+1)})}{2} \tag{4-52}$$

式中 $\boldsymbol{G}_{k+1}=\nabla^2 f(\boldsymbol{x}^{(k+1)})$，令 $\boldsymbol{g}(\boldsymbol{x})=\nabla f(\boldsymbol{x})$，$\boldsymbol{g}_k=\boldsymbol{g}(\boldsymbol{x}^{(k)})$，则

$$\boldsymbol{g}(x) \approx \boldsymbol{g}_{k+1}+\boldsymbol{G}_{k+1}(\boldsymbol{x}-\boldsymbol{x}^{(k+1)}) \tag{4-53}$$

$$\boldsymbol{g}_{k+1}-\boldsymbol{g}_k \approx \boldsymbol{G}_{k+1}(\boldsymbol{x}^{(k+1)}-\boldsymbol{x}) \tag{4-54}$$

令 $\boldsymbol{x}^{(k+1)}-\boldsymbol{x}=\Delta\boldsymbol{x}_k$，$\boldsymbol{g}_{k+1}-\boldsymbol{g}_k=\Delta\boldsymbol{g}_k$，当 $\boldsymbol{G}_{k+1}$非奇异时

$$\boldsymbol{G}_{k+1}\Delta\boldsymbol{x}_k \approx \Delta\boldsymbol{g}_k \tag{4-55}$$

对于二次函数，该式为等式。

因为目标函数在极小点附近的性质与二次函数近似，所以，如果使得 $\boldsymbol{H}_{k+1}$满足

$$\boldsymbol{H}_{k+1}\Delta\boldsymbol{g}_k=\Delta\boldsymbol{x}_k \tag{4-56}$$

那么 $\boldsymbol{H}_{k+1}$就可以较好地近似 $\boldsymbol{G}_{k+1}^{-1}$即$[\nabla^2 f(\boldsymbol{x}^{(k)})]^{-1}$。

1. 对称秩 1 算法

为了使迭代计算简单易行，修正矩阵 $\boldsymbol{C}_k$ 应选取尽可能简单的形式，通常是要求 $\boldsymbol{C}_k$ 的秩越小越好。若要求 $\boldsymbol{C}_k$ 是秩为 1 的对称矩阵，则可设

$$\boldsymbol{C}_k=\alpha_k\boldsymbol{u}\boldsymbol{u}^{\mathrm{T}} \tag{4-57}$$

式中，$\alpha_k\neq 0$ 为待定常数，$\boldsymbol{u}=(u_1,u_2,\cdots,u_n)^{\mathrm{T}}\neq 0$。将式(4-57)代入式(4-51)得到 $\boldsymbol{H}_{k+1}=\boldsymbol{H}_k+\alpha_k\boldsymbol{u}\boldsymbol{u}^{\mathrm{T}}$，再将此式代入式(4-56)得

$$\boldsymbol{H}_k\Delta\boldsymbol{g}_k+\alpha_k\boldsymbol{u}(\boldsymbol{u}^{\mathrm{T}}\Delta\boldsymbol{g}_k)=\Delta\boldsymbol{x}_k$$

由于 α_k，$\boldsymbol{u}^{\mathrm{T}}\Delta\boldsymbol{g}_k$ 为数量，所以 $\boldsymbol{u}$ 与 $\Delta\boldsymbol{x}_k-\boldsymbol{H}_k\Delta\boldsymbol{g}_k$ 成比例，不妨取

$$\boldsymbol{u}=\Delta\boldsymbol{x}_k-\boldsymbol{H}_k\Delta\boldsymbol{g}_k$$

则

$$\alpha_k=\frac{1}{\boldsymbol{u}^{\mathrm{T}}\Delta\boldsymbol{g}_k}=\frac{1}{\Delta\boldsymbol{g}_k^{\mathrm{T}}(\Delta\boldsymbol{x}_k-\boldsymbol{H}_k\Delta\boldsymbol{g}_k)}$$

式中 $\Delta\boldsymbol{g}_k^{\mathrm{T}}(\Delta\boldsymbol{x}_k-\boldsymbol{H}_k\Delta\boldsymbol{g}_k)\neq 0$，因此

$$\boldsymbol{H}_{k+1}=\boldsymbol{H}_k+\frac{(\Delta\boldsymbol{x}_k-\boldsymbol{H}_k\Delta\boldsymbol{g}_k)(\Delta\boldsymbol{x}_k-\boldsymbol{H}_k\Delta\boldsymbol{g}_k)^{\mathrm{T}}}{\Delta\boldsymbol{g}_k^{\mathrm{T}}(\Delta\boldsymbol{x}_k-\boldsymbol{H}_k\Delta\boldsymbol{g}_k)} \tag{4-58}$$

式(4-58)称为对称秩 1 公式，由对称秩 1 公式确定的变尺度法称为对称秩 1 变尺度算法。

2. DFP 算法

DFP 算法是最先被提出的一种变尺度法，它是一种秩 2 对称算法，一般的秩 2 对称算法的修正矩阵公式可以写成

$$\boldsymbol{C}_k=\alpha_k\boldsymbol{u}\boldsymbol{u}^{\mathrm{T}}+\beta_k\boldsymbol{v}\boldsymbol{v}^{\mathrm{T}} \tag{4-59}$$

式中，$\boldsymbol{u}$，$\boldsymbol{v}$ 为待定的 n 维向量；α_k，β_k 为待定常数；将式(4-59)代入式(4-51)，再代入式(4-56)可得

$$\alpha_k\boldsymbol{u}(\boldsymbol{u}^{\mathrm{T}}\Delta\boldsymbol{g}_k)+\beta_k\boldsymbol{v}(\boldsymbol{v}^{\mathrm{T}}\Delta\boldsymbol{g}_k)=\Delta\boldsymbol{x}_k-\boldsymbol{H}_k\Delta\boldsymbol{g}_k$$

满足上式的 α_k，β_k，$\boldsymbol{u}$，$\boldsymbol{v}$ 有无数种取法，如下是比较简单的一种

$\boldsymbol{u}=\boldsymbol{H}_k\Delta\boldsymbol{g}_k$，$\boldsymbol{v}=\Delta\boldsymbol{x}_k$，$\alpha_k=-\dfrac{1}{\boldsymbol{u}^{\mathrm{T}}\Delta\boldsymbol{g}_k}=-\dfrac{1}{\Delta\boldsymbol{g}_k^{\mathrm{T}}\boldsymbol{H}_k\Delta\boldsymbol{g}_k}$，$\beta_k=\dfrac{1}{\boldsymbol{v}^{\mathrm{T}}\Delta\boldsymbol{g}_k}=\dfrac{1}{\Delta\boldsymbol{x}_k^{\mathrm{T}}\Delta\boldsymbol{g}_k}$，得出矩阵修正公

式为

$$H_{k+1}=H_k+\frac{\Delta x_k \Delta x_k^{\mathrm{T}}}{\Delta x_k^{\mathrm{T}} \Delta g_k}-\frac{H_k \Delta g_k (H_k \Delta g_k)^{\mathrm{T}}}{\Delta g_k^{\mathrm{T}} H_k \Delta g_k} \tag{4-60}$$

以上就是 DFP 变尺度法的计算公式。

4.6.3 算法步骤

给定控制误差 ε，变尺度法的计算步骤如下：

1）给定初始点 x_0，初始矩阵 H_0，令 $k=0$。

2）令搜索方向 $p^k=-H_k g_k$。

3）由精确一维搜索确定步长 λ_k，$\lambda \geqslant 0$

$$f(x^{(k)}+\lambda_k p^{(k)})=\min_{\lambda \geqslant 0} f(x^{(k)}+\lambda p^{(k)})$$

4）令 $x^{(k+1)}=x^{(k)}+\lambda_k p^{(k)}$

5）若 $\|g_{k+1}\|<\varepsilon$，则 $x^*=x^{(k+1)}$ 停止；否则令 $\Delta x_k=x^{(k+1)}-x^k$，$\Delta g_k=g_{k+1}-g_k$，由 DFP 修正公式计算 H_{k+}。令 $k=k+1$，转步骤 2）。

为了测试变尺度法的实现步骤，使用 4.4 节中的例题作为案例：

$$\min f(x)=x_1^2+2x_2^2-2x_1x_2-4x_1$$

1）给定初始点 $x^{(0)}=(1,1)^{\mathrm{T}}$，给定最终误差 10^{-6}，令 $k=0$，梯度函数为 $\frac{\partial f}{\partial x_1}=2x_1-2x_2-4$，$\frac{\partial f}{\partial x_2}=4x_2-2x_1$。

2）令搜索方向 $p^{(0)}=-H_0 g_0=(4,-2)^{\mathrm{T}}$，$x^{(0)}+\lambda p^{(0)}=(1+4\lambda,1-2\lambda)^{\mathrm{T}}$，$f(x^{(0)}+\lambda p^{(0)})=40\lambda^2-20\lambda-3$，因为 $\frac{\mathrm{d}f}{\mathrm{d}\lambda}=80\lambda-20$，得 $\lambda=0.25$，所以 $x^{(1)}=x^{(0)}+\lambda_0 p^{(0)}=(2,0.5)^{\mathrm{T}}$，$g_1=(-1,-2)^{\mathrm{T}}$。

3）因为 $\Delta x_0=x^{(1)}-x^{(0)}=(1,-0.5)^{\mathrm{T}}$，$\Delta g_0=g_1-g_0=(3,-4)^{\mathrm{T}}$，所以 $H_1=H_0+\frac{\Delta x_0 \Delta x_0^{\mathrm{T}}}{\Delta x_0^{\mathrm{T}} \Delta g_0}-\frac{H_0 \Delta g_0 (H_0 \Delta g_0)^{\mathrm{T}}}{\Delta g_0^{\mathrm{T}} H_0 \Delta g_0}=\begin{pmatrix} 21/25 & 19/50 \\ 19/50 & 41/100 \end{pmatrix}$，再迭代一次得到 $x^2=(4,2)^{\mathrm{T}}$，这时 $\nabla f(x^2)=(0,0)^{\mathrm{T}}$，因此 x^2 即为极小点。

使用 Python 对 4.6.3 节的例题进行求解，为了更加直观地展示求解过程，绘制了一个三维图如图 4-13 所示，完整代码见二维码：

	对应文件：4_4.6_1.py

最终求解结果为 $x_1=4$，$x_2=2$，最小值为-8。

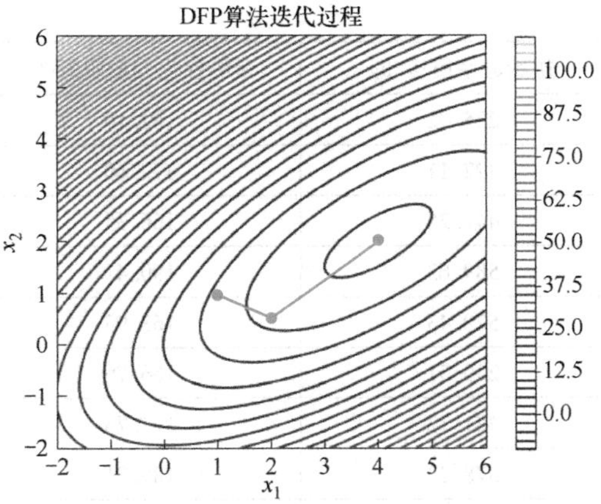

图 4-13　变尺度法迭代过程图

4.6.4　结果分析

使用变尺度法求解 4.4.1 节案例的实现步骤如下：

1）初始化问题。创建用于存储图像的目录；加载预训练的模型和管道，用于质量预测。

2）定义决策变量。参数边界的定义，包括 10 个变量的上下限。部分变量有特定的关系约束。

3）设定梯度计算和优化算法。定义计算梯度和预测值的函数 compute_gradient_and_hessian，用于评估模型在给定输入下的梯度和预测值。定义优化函数 lbfgsb_optimization，通过多次迭代优化输入参数，以减少预测的质量值。函数中包括了对特定变量关系约束的强制执行和边界限制。

4）执行优化过程。运行 10 次优化过程，每次随机生成初始参数，并确保特定变量关系约束的强制执行。使用变尺度法优化参数，记录每次迭代的历史数据和质量值变化。在每次优化结束后，将初始参数、初始质量、优化后的参数和最终质量记录到结果数据框中。

5）保存和展示结果。每次优化结束后，生成并保存优化过程的图像，展示质量值随迭代次数的变化，完整代码见二维码。

对应文件：4_4.6_2.py

通过上述代码运行变尺度优化算法 10 次，运行结果见表 4-12。

表 4-12　变尺度法运行结果表

运行次数	初始方案质量/kg	最终优化方案质量/kg	优化（轻量化）效果（%）
1	230.86	167.99	27.23
2	504.82	176.43	65.05

（续）

运行次数	初始方案质量/kg	最终优化方案质量/kg	优化（轻量化）效果（%）
3	235.42	162.19	31.11
4	322.11	172.60	46.42
5	447.26	166.35	62.81
6	589.63	190.42	67.71
7	520.43	163.93	68.50
8	230.51	166.79	27.64
9	481.72	171.73	64.35
10	578.20	189.71	67.19
平均	414.10	172.81	58.27

优化目标的质量迭代曲线如图 4-14 所示。

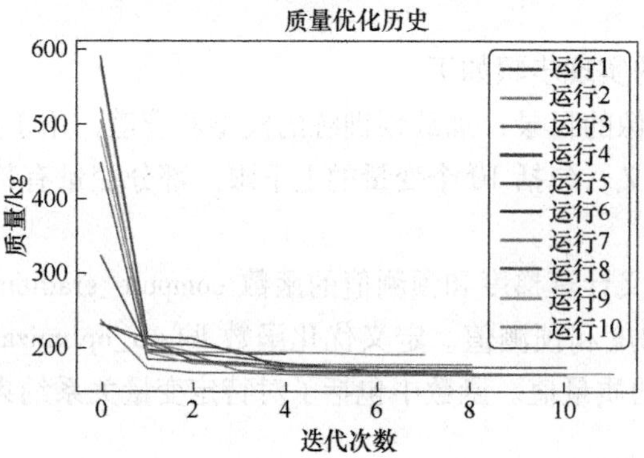

图 4-14　变尺度法优化目标质量迭代曲线

变量迭代曲线图如图 4-15 所示。

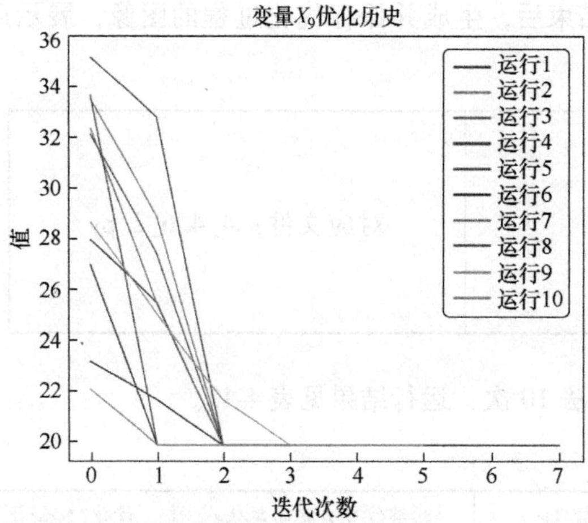

图 4-15　车身设计参数（一般加强结构厚度 W_3）的迭代曲线图

在本次车身优化实验中，通过变尺度法进行了 10 次独立运行，以优化车身的结构参数。每次运行均记录了初始质量和最终质量，计算了质量减少的百分比。数据显示，平均初始质量为 414.10kg，优化后平均质量为 172.81kg，平均减轻了 58.27%。这表明变尺度法在车身结构优化中表现出极佳的性能，能显著降低车身质量。

从优化效果来分析，第 7 次运行显示出最佳优化效果，质量从 520.43kg 减至 163.93kg，减轻了 68.50%。相比之下，第 1 次运行的质量减少最少，为 27.23%。这表明在不同初始条件下，优化方法的表现可能存在差异。迭代过程图表明，在所有运行中，质量均呈现出稳定下降趋势，未出现明显的质量反弹或不稳定现象，显示了优化过程的稳定性和良好的收敛性。

变尺度法作为一种拟牛顿方法，在车身优化中的应用展现了高效的收敛速度和稳定性。该方法通过使用近似 Hessian 矩阵的逆，缓解了计算 Hessian 矩阵逆矩阵速度慢、效率低的问题。

在车身优化案例中，分别应用了最速下降法、牛顿法和变尺度法，每种方法都在车身结构优化中展示了其独特的优势和性能表现。首先，最速下降法的应用在优化初期显示了快速减小质量的能力，但随着接近最优解，其收敛速度显著放慢。其次，牛顿法的案例中，算法利用二阶导数信息，展现了更快的收敛速度和优异的精确度。最后，变尺度法以其高效的 Hessian 矩阵近似和自适应特性，在优化过程中展现出了不错的表现，平均减小了 58.27%的质量，这是三种方法中最高的。综合比较这三种方法，变尺度法在大规模和复杂的优化问题中表现最佳，既节约了计算资源，又保证了优化的效率和稳定性。这些特点指导我们在面对不同的工程优化问题时，可以选择最合适的算法以实现最优的设计结果。

本章小结

本章介绍了优化算法的原理及分类，涵盖了经典极值问题，如最大值、最小值及特定目标值问题。随后，讨论了单纯形法在单目标优化中的应用，以及线性目标规划算法在多目标优化问题中的应用及效果。通过具体案例，介绍了最基本的无约束最优化方法，并求解了同一优化问题以便对比。其中，最速下降法作为最基本方法，利用负梯度方向作为搜索方向，但收敛速度较慢，因此常与其他方法联合应用。牛顿法利用二阶泰勒多项式构建局部二次模型来更新搜索方向，收敛速度快，但需计算 Hessian 矩阵的逆，计算量大。变尺度法试图结合最速下降法的全局收敛性和牛顿法的快速局部收敛性，通过逐步更新近似 Hessian 矩阵来降低计算复杂性。

本章习题

4-1　连铸切割优化

连铸是将钢液变成钢坯的过程，钢液经过结晶器时，长期使用会发生结晶异常，以此切割出的钢坯则为报废段。因此，如何减少损失，成为钢铁生产者关注的主要问题，也是企业生产线制定策略的主要参考依据。假设用户的目标值为 9.5m，用户要求范围为 9~10m，给定尾坯长度 109m、93.4m、80.9m、72m、62.7m、52.5m、44.9m、42.7m、31.6m、22.7m、14.5m 和 13.7m。假设钢坯在切割过程中没有产生磨损、切割后的长度不受热胀冷缩的影响，从尾坯长度、切割方案、切割损失三个方面考虑给出具体的钢坯最优切割方案。

4-2 减速器的优化设计

多刀外圆切割机工作台转动减速器的设计是一大难题。由于整机的特殊功能，要求减速器具有 1∶50 的减速比，且要求体积小、质量小、强度高、输出功率大。该减速器按速比分配为三级减速。由于与其他部件的连接关系，须将低速级暴露在箱体之外，这样仅前两级对其体积和质量有直接影响，因而可按二级圆柱齿轮减速器进行结构及各参数的优化。采用三角式结构比常用的展开式结构具有较大优点，如图 4-16 所示。

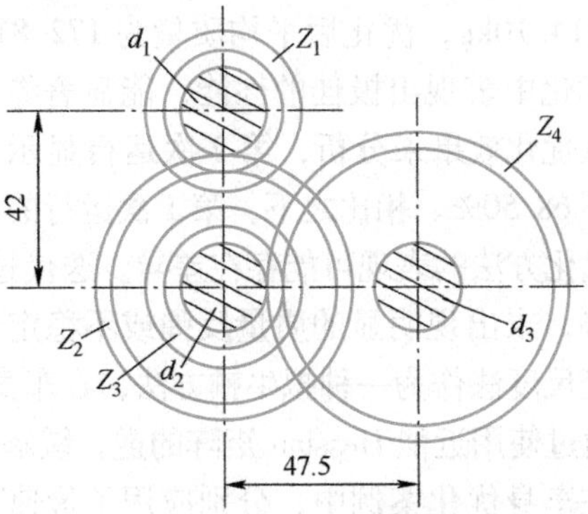

图 4-16 减速器结构

由于减速器的质量取决于箱体、齿轮、轴和其他零件的质量，而箱体和其他零件的质量主要是由齿轮和轴的尺寸来决定，所以可用所有齿轮及轴的体积之和来建立目标函数，将其强度要求作为约束条件。在已知输入转速为 3000r/min，总传动比等情况下，要求选择最合理的传动参数，齿轮的齿数(Z_1, Z_4)，齿宽(b_1, b_3)，轴距(a_1, a_3)以减小体积和质量，降低制造成本。

4-3 什么是优化算法？有哪些分类？

4-4 什么情况下适合采用单纯形法求解优化问题？

4-5 请分别简述最速下降法、牛顿法、变尺度法的优缺点。

第 5 章　智能优化算法

智能优化算法，亦即现代启发式算法，是一类具备全局优化能力和广泛适用性，适用于并行处理的算法体系。它通过模拟自然界的进化机制、群体行为模式、神经网络等自然原理，高效解决复杂的优化问题。本章探讨几种常见的智能优化算法，包括禁忌搜索算法、模拟退火算法、遗传算法、蚁群算法以及粒子群算法等。

本章的学习目标如下：

1. 理解智能优化算法的核心设计理念与基本思想。
2. 掌握禁忌搜索算法的基本原理及其在实际应用中的有效运用。
3. 掌握模拟退火算法的基本运作机制及其实践应用场景。
4. 掌握遗传算法的核心理念与实现原理，并熟悉其在实际问题中的应用方法。
5. 掌握蚁群算法的基本原理，并熟悉其在实际优化问题中的应用策略。
6. 掌握粒子群算法的基本原理，并能够将其有效应用于实际问题中。

5.1　认识智能优化算法

在电子、通信、自动化、机器人等领域，复杂优化问题层出不穷。鉴于传统优化方法(如牛顿法、单纯形法等)在处理大规模搜索空间时效率低下，寻求高效的优化算法已成为这些学科的重要研究方向。

智能优化算法作为一种现代启发式算法，主要通过模拟自然界的进化、群体行为等实现优化，展现出了全局优化能力强、通用性广、适合并行处理等优势。这些方法能够在有限时间内寻找到最优解或近似最优解，主要包括遗传算法(模仿生物进化机制)、差分进化算法(通过个体间的合作与竞争优化搜索)、免疫算法(模拟生物免疫系统的学习和认知功能)、蚁群算法(模拟蚂蚁集体寻径行为)、粒子群算法(模拟鸟群和鱼群群体行为)、模拟退火算法(源于固体物质退火过程)以及禁忌搜索算法(模拟人类智力记忆过程)等。本章将重点介绍几种常见的智能优化算法，涵盖进化类算法、群智能算法、模拟退火算法以及禁忌搜索算法等。

5.2　禁忌搜索算法

禁忌搜索算法(Tabu Search，TS)，作为一种先进的启发式全局优化方法，其理念源于局部邻域搜索算法，在1986年由美国工程院院士Glover教授首次提出。此后，Glover教授于1989~1990年对该算法进行了改进，使之成为模拟人类智力的经典算法。该算法通过其独特的迭代搜索机制，有效规避了陷入局部最优解的风险，并采用全局搜索策略，达成全局优化的目标。

5.2.1 案例描述

设某物流中心需要向20个客户送货，利用计算机随机产生了物流中心和20个客户的位置坐标，其中物流中心的坐标为(14.5km,13.0km)，20个客户的坐标见表5-1。要求合理安排配送车辆的路线，使配送总里程最短。为简便起见，客户之间及物流中心与客户之间的距离均采用直线距离，可根据客户和物流中心的坐标计算得到。

表5-1 客户坐标值

客户编号	横坐标 x/km	纵坐标 y/km
1	24	29
2	39	45
3	21	6
4	3	34
5	23	20
6	9	10
7	26	48
8	8	39
9	28	35
10	0	11
11	47	6
12	28	27
13	36	31
14	28	31
15	24	30
16	11	47
17	25	18
18	45	27
19	5	22
20	31	35

5.2.2 基本原理

因为禁忌搜索以局部搜索为基础，首先介绍局部搜索算法。在局部搜索算法中，邻域是一个非常重要的概念。

在距离空间中，邻域通常被定义为以某一点为中心的球形区域。对于光滑函数极值问题，求解过程是在邻域中寻求上升或下降方向，通过迭代实现函数值的上升或下降。对组合最优化问题，在一点的附近搜索到另一个下降或上升的点，是组合优化求解的基本思想，这需要重新定义邻域的概念。

对于组合最优化问题(D,F,f)，D 中的一点到 D 的子集的一个映射

$$N: x \in D \rightarrow N(x) \in 2^D,$$
$$x \in N(x)$$

称为一个邻域映射，其中 2^D 表示 D 的所有子集组成的集合。$N(x)$称为 x 的邻域，$y \in N(x)$ 称为 x 的一个邻解或邻居。

基于邻域的概念，可以对局部极小和全局最小进行定义。

若 $x^* \in F$ 满足 $f(x^*) \leqslant f(x)$，$x \in N(x^*) \cap F$，则称 x^* 为 f 在 F 上的局部极小解；若 $f(x^*) \leqslant f(x)$，$x \in F$，则称 x^* 为 f 在 F 上的全局最小解。

局部搜索算法可以简单的表示为：

1）选定一个初始可行解 x^0。

2）记录当前最优解：$x^{best}=x^0$，$T=N(x^{best})$，其中 $N(x^{best})$为 x^{best}的邻域。

3）当 $T-x^{best}=\varnothing$ 时，或满足其他停止运算准则时，输出计算结果，停止运算；否则，从 T 中选一集合 S，得到 S 中的最好解 x^{now}；若 $f(x^{now})<f(x^{best})$，则 $x^{best}=x^{now}$，$T=N(x^{best})$；否则，$T=T-S$；重复步骤 2)。

在局部搜索算法中，步骤 1) 的初始可行解可用随机方法选择。步骤 2) 中的集合 S 选取可以是 $N(x^{best})$本身，也可以只有其中的一个元素，如用随机方法在 $N(x^{best})$中选一点。直观上，当 S 选取较小时，每一步的计算量减少，但算法比较的范围也小；S 选取较大时，每一步的计算量增加，比较的范围也相应地扩大。

在对局部搜索算法进行阐述后，继续探讨禁忌搜索算法。

禁忌搜索算法是一种高效的启发式搜索技术，它通过模拟人类避免重复的心理机制，结合动态记忆和特赦准则来探索解空间。该算法的核心机制之一是引入了动态记忆机制——禁忌表，通过记录搜索过程中的移动历史，有效地避免了对已搜索区域的重复搜索。此外，为了确保算法在搜索过程中不错过可能获得全局最优解的关键移动，禁忌搜索算法引入了“特赦准则”。该准则允许在满足特定条件时，对禁忌移动进行解禁，为算法提供了必要的灵活性。

近年来，随着并行计算技术与并行处理硬件的快速发展，禁忌搜索算法的并行化实现也相应得到了深入的研究与开发。与串行禁忌搜索算法相比，在算法的初始化阶段、参数配置以及通信策略等方面实施并行化方案，可以构建多种并行禁忌搜索算法，如图 5-1 所示。

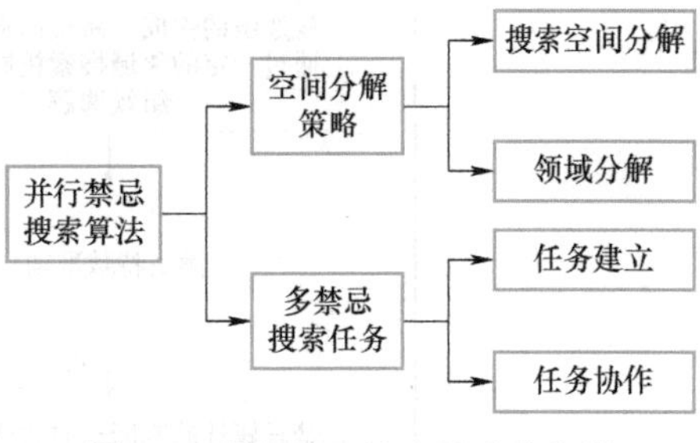

图 5-1　并行禁忌搜索算法的分类

（1）基于空间分解的并行策略

搜索空间分解策略指的是：将原问题拆分为若干子问题，每个子问题独立应用禁忌搜索算法进行求解，以此实现算法的并行化。

邻域分解策略指的是：在每一代迭代中，采用多种方法对邻域进行分解，并评价所得子集，以实现对最优邻域解搜索的并行化。

值得注意的是，基于空间分解的并行策略在实施过程中对同步性的要求较高，这可能会对算法的效率和稳定性构成挑战。禁忌搜索算法的并行化是适应大规模优化问题求解需求的必然趋势。通过空间分解等策略，可以有效地提高算法的搜索效率和处理能力。然而，如何

平衡并行化带来的同步性要求与算法性能提升，仍是需要深入研究的问题。

(2) 基于多禁忌搜索任务的并行策略

并行禁忌搜索算法的多任务策略，顾名思义，涉及多个禁忌搜索算法实例的同时运行。这些算法实例可能采用相同或不同的参数配置，如初始解、禁忌表长度、候选解数量等。各个搜索任务可以独立执行，不需要相互通信；也可以以协作方式运行，例如通过共享最优解信息。与搜索空间分解或邻域分解策略相比，多任务策略具有更广泛的适用性。此外，分解策略和多任务策略可以相互结合，以实现更高效的并行搜索。

尽管并行禁忌搜索算法目前仍处于发展阶段，但随着应用领域的扩展、理论研究的深化以及并行计算技术的持续进步，并行禁忌搜索算法预计将取得显著的发展。

5.2.3 算法步骤

禁忌搜索算法的执行流程如下，如图 5-2 所示。

(1) 初始化阶段

算法始于参数和初始解的设定，并清空禁忌表，为搜索过程做准备。

(2) 收敛性检验

检查算法是否满足终止条件，如达到预定的迭代次数或解的质量满足特定标准。若满足，转步骤(8)；若不满足，继续以下步骤。

(3) 候选解的生成

算法从当前解出发，通过一定的邻域搜索机制产生一组候选解。

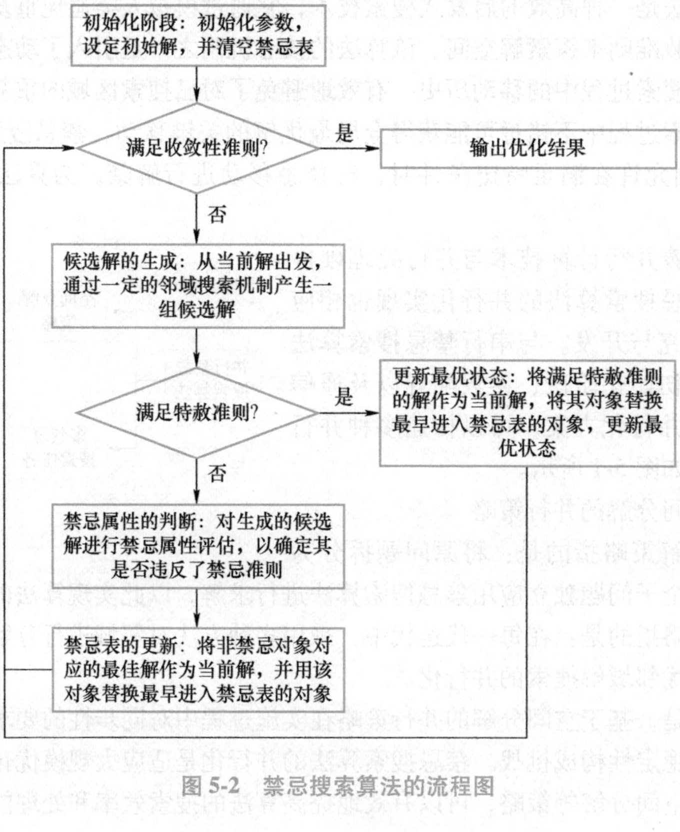

图 5-2 禁忌搜索算法的流程图

(4) 特赦准则的评估

判断候选解是否满足特赦准则。若不满足，转步骤(5)；若满足，转步骤(6)。

(5) 禁忌属性的判断

对生成的候选解进行禁忌属性评估，以确定其是否违反了禁忌准则。

(6) 更新最优状态

将满足特赦准则的解作为当前解，其对应的对象替换最早进入禁忌表的对象，更新最优状态。

(7) 禁忌表的更新

将非禁忌对象对应的最佳解作为当前解，并用该对象替换最早进入禁总表的对象。

(8) 输出优化结果

当满足收敛性检验时，算法终止，并输出当前最优解作为优化结果。

5.2.4　参数设置

一般而言，要设计一种禁忌搜索算法，需要确定多个关键环节，包括初始解、适配值函数、邻域结构、禁忌对象、候选解选择、禁忌表、禁忌长度、特赦准则、搜索策略、终止准则。然而，针对不同的问题，没有标准的方法和步骤来确定如此众多的参数。

1. 初始解

禁忌搜索算法可以随机给出初始解，也可以事先使用其他启发式算法给出一个较好的初始解。由于禁忌搜索算法主要是基于邻域搜索的，初始解的质量对搜索的性能影响很大。尤其是对于一些带有复杂约束的优化问题，如果随机给出的初始解质量很差，甚至通过多步搜索也很难找到一个可行解，这种情况下应该针对特定的复杂约束，采用启发式方法或其他方法找出一个可行解作为初始解；再用禁忌搜索算法求解，以提高搜索的质量和效率。也可以采用一定的策略来降低禁忌搜索算法对初始解的敏感性。

2. 适配值函数

禁忌搜索算法的适配值函数用于对搜索进行评价，进而结合禁忌准则和特赦准则来选取新的当前解。目标函数值和它的任何变形都可以作为适配值函数。若目标函数的计算比较困难或耗时较长，可采用反映目标某些特征值作为适配函数值。选取何种特征值要视具体问题而定，但必须保证特征值的最优性与目标函数的最优性一致。

3. 邻域结构

所谓邻域结构，是指从一个解(当前解)通过“移动”产生另一个解(新解)的途径，它是保证搜索产生优良解和影响算法搜索速度的重要因素之一。邻域结构的设计通常与问题相关，常用的设计方法包括互换、插值、逆序等。

不同的“移动”将导致邻域解个数及其变化情况的不同。通过移动，目标函数值将产生变化，移动前后的目标函数值之差，称之为移动值。如果移动值是非负的，则称此移动为改进移动；否则，称之为非改进移动。值得注意的是，最好的移动不一定是改进移动，也可能是非改进移动，这能使得禁忌搜索算法有机会跳出局部最优。

4. 禁忌对象

所谓禁忌对象，就是被置入禁忌表中的那些变化元素，它们是搜索过程中的关键参考点。禁忌的目的则是为了避免迂回搜索而多探索一些解空间中未被探索的区域。归纳而言，禁忌对象通常可选取状态本身、状态分量或适配值的变化等。

5. 候选解选择

候选解通常在邻域解集内择优选取，若选取过多将造成较大的计算量，而选取较少则容易过早地收敛，但要做到整个邻域的择优往往需要大量的计算，因此可以确定性地或随机性地在部分邻域中选取候选解，具体数据量大小则可视问题特征和对算法的要求而定。

6. 禁忌表

禁忌表的主要目的是阻止搜索过程中出现循环现象和避免陷入局部最优的风险，它通常记录前若干次解，并将从一个解到另一个解的转换称为一次移动，禁止这些移动在近期内重复。在迭代固定次数后，禁忌表释放这些移动，重新参加运算，因此它是一个循环表，每迭代一次，就将最近的一次移动放在禁忌表的末端，而它的最早的一个移动就从禁忌表中释放出来。

从数据结构上讲，禁忌表是具有一定长度的先进先出的队列。禁忌表可以使用两种记忆方式，包括：明晰记忆和属性记忆，明晰记忆是指禁忌表中的元素是一个完整的解，消耗较多的内存和时间；属性记忆是指禁忌表中的元素记录当前解移动的信息，如当前解移动的方向等。

7. 禁忌长度

所谓禁忌长度，是指禁忌对象在不考虑特赦准则的情况下，不允许被选取的时间长度和迭代次数。禁忌长度的选取与问题特征相关，它在很大程度上决定了算法的效率。一方面，禁忌长度可以是一个固定常数($t=C$，C 为一常数)，或者固定为与问题规模相关的一个量(如 $t=\sqrt{n}$，n 为问题维数或规模)，这样的设置既方便又有效；另一方面，禁忌长度也可以是动态变化的，如根据搜索性能和问题特征设定禁忌长度的变化区间，而禁忌长度则可按某种规则或公式在这个区间内变化。

8. 特赦准则

在禁忌搜索算法中，可能会出现候选解全部被禁忌的情况，或者存在一个优于当前最优解的禁忌候选解，此时特赦准则可以发挥作用，它允许算法突破禁忌限制，选择更优的解以实现更高效的优化。特赦准则常可以通过适配值和搜索方向来确定。

9. 搜索策略

搜索策略分为集中性搜索策略和多样性搜索策略。其中，集中性搜索策略用于加强对已知优良解邻域的进一步搜索。多样性搜索策略则用于拓宽搜索区域，尤其是未知区域。

10. 终止准则

禁忌搜索算法需要一个终止准则来结束算法的搜索进程。在实际设计算法时，常用的收敛准则包括：迭代步数、禁忌频率、适配值要求。

5.2.5 结果分析

使用禁忌搜索算法求解 5.2.1 节中的案例，步骤如下：

1）初始化优化客户数量 20，禁忌长度 14，候选集的个数为 40，最大迭代次数 $G=500$。

2）计算任意两个城市之间的距离间隔矩阵；随机产生一组路径为初始解，计算其适配值，并将其赋给当前最优解。

3）定义初始解的邻域映射为两元素优化形式，即初始解路径中的两个城市坐标进行对换。产生 40 个候选解，计算候选解的适配值，并保留前 20 个最好候选解。

4）对候选解判断是否满足特赦准则：若满足，则用满足特赦准则的解替代初始解成为新的当前最优解，并更新禁忌表和禁忌长度，然后转步骤 6）；否则，继续以下步骤。

5）判断候选解对应的各对象的禁忌属性，选择候选解集中非禁忌对象所对应的最佳状态为新的当前解，同时更新禁忌表和禁忌长度。

6）判断是否满足终止条件：若满足，则结束搜索过程，输出优化值，若不满足，则继续进行迭代优化。

具体程序如二维码所示，运行结果如图 5-3、图 5-4 所示。

	对应文件：5_5. 2_1. py

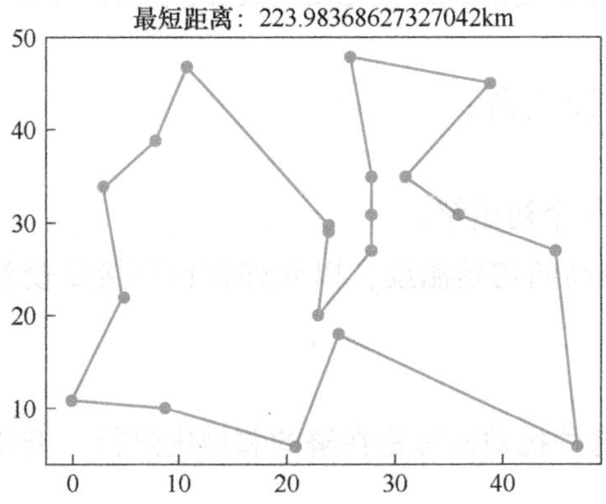

图 5-3　最短路径示意图

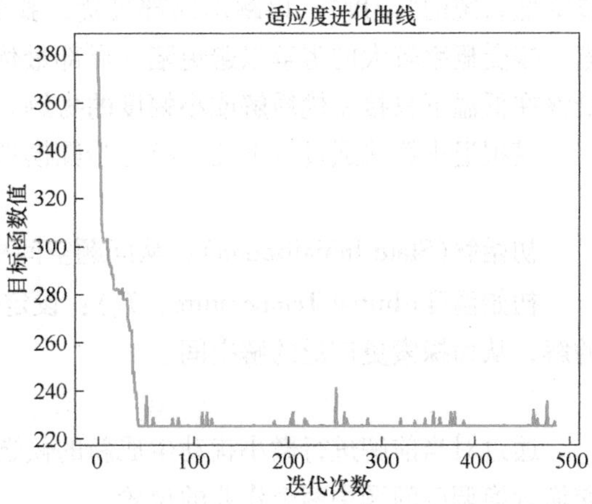

图 5-4　适应度进化曲线

于是得到了最优路径：[15,14,0,4,11,13,8,6,1,19,12,17,10,16,2,5,9,18,3,7]。同时得到了最短距离：223km。

5.3　模拟退火算法

模拟退火算法（Simulated Annealing，SA）的概念最初由 Metropolis 等人于 1953 年提出，并在 1983 年由 Kirkpatrick 等人应用于组合优化领域。自其诞生以来，模拟退火算法在许多领域展现了其强大的应用潜力和高效性。作为一种通用的优化算法，SA 在工程实践中展示了其强大的适应性和有效性。应用领域包括但不限于生产调度、控制工程、机器学习、神经网络、图像处理等多个方面。在这些领域中，模拟退火算法不仅提供了一种解决复杂优化问题的有效工具，还推动了相关技术的发展和进步。其在实际应用中的成功案例和广泛认可，充分证明了其作为优化方法的重要性和潜力。

5.3.1 案例描述

置换流水线车间调度是一类经典的组合优化问题，旨在多条流水线中寻求完成一组作业的最优调度方案，涉及在多个工作站之间合理安排作业任务。在这个问题中，每个作业均需遵循特定的处理顺序。目标是找到一个最佳处理顺序，使得完成所有作业所需的总时间最小化。

现考虑一个具体案例，某流水线现有 10 个作业(Jobs)和 6 台机器(Machines)。每个作业需要在每台机器上按照固定顺序进行加工，不同作业在不同机器上的加工时间各不相同。目标是找到使所有作业的最大完工时间最小的作业顺序。

5.3.2 基本原理

模拟退火算法(Simulated Annealing，SA)是一种基于随机搜索和概率接受机制的优化算法，其灵感来源于物理学中固体退火过程。退火过程指的是将固体加热到高温，然后逐步冷却，使其达到低能量状态，从而获得稳定的晶体结构。模拟退火算法通过模拟这一过程，逐步降低系统的“温度”，以跳出局部最优，找到全局最优解。在算法初期，在高温下随机搜索，接受概率较大的劣解以避免陷入局部最优。随着温度降低，算法逐渐趋向于局部搜索，最终在低温下只接受优质解或小幅度的劣解。

模拟退火算法通过以下几个核心步骤模拟物理退火过程：

1. 初始状态和温度设定

初始解(State Initialization)：从问题空间中选择一个初始解。

初始温度(Initial Temperature，T_0)：设定一个较高的初始温度，以允许在初期接受较差的解，从而探索更广泛的解空间。

2. 邻域结构(Neighborhood Structure)

通过对当前解进行微小扰动生成新的候选解。这种扰动通常是在解的邻域内进行，例如交换置换调度问题中两个作业的位置。

3. 接受准则(Acceptance Criterion)

能量函数(Energy Function)：定义一个能量函数或目标函数，计算当前解和新解的能量(或目标值)。

接受概率(Acceptance Probability)：如果新解优于当前解，则无条件接受新解；如果新解不优于当前解，则以一定概率接受新解。接受概率根据 Metropolis 准则计算：

$$P=\exp\left(-\frac{\Delta E}{T}\right) \tag{5-1}$$

式中，ΔE 为新解与当前解的能量差，T 为当前温度。

4. 降温策略(Cooling Schedule)

温度衰减(Temperature Reduction)：逐步降低温度。常用的温度衰减方法有线性降温和指数降温，常见的公式为：

$$T_{\text{new}}=\alpha T_{\text{current}} \tag{5-2}$$

式中，α 为小于 1 的常数(例如 0.95)。

5. 终止条件(Termination Condition)

算法运行至某个条件满足时停止，常见的终止条件包括：

1）温度降到预设的最低温度。

2）达到最大迭代次数。

3）在若干次迭代中没有更好的解出现。

模拟退火算法的优点在于能够跳出局部最优，找到全局最优解，并且简单易行，对多种优化问题具有普遍适用性，适合大规模复杂问题的求解；同时也存在一定的局限性，该算法计算时间较长，特别是在大规模问题中。此外，参数选择(如初始温度、降温速率等)对算法性能有较大影响，需反复调整和测试。

5.3.3　算法步骤

1. 初始化

设定初始温度 T_0，选择一个较高的初始温度，确保算法在初期能够接受较多的劣解，从而进行充分的搜索。

2. 生成初始解 S_0

从解空间中随机生成一个初始解，并计算其能量(目标函数值)$E(S_0)$。

3. 设定算法参数

温度衰减系数 α：控制每次迭代温度的衰减速度，通常选择 0.8 到 0.99 之间。

终止温度 T_f：设定一个较低的温度作为停止条件。

最大迭代次数 $N_{\max}$：允许的最大迭代次数。

4. 迭代过程

在当前温度 T 下，重复以下步骤直到满足终止条件：

(1) 生成新解 S'

在当前解 S 的邻域中随机生成一个新解 S'。邻域的定义依赖于具体问题，例如对置换问题可以通过交换两个位置来生成新解。

(2) 计算能量差 ΔE

计算新解与当前解的能量差：

$$\Delta E=E(S')-E(S) \tag{5-3}$$

(3) 接受准则

如果 $\Delta E\leqslant 0$，即新解优于或等于当前解，则无条件接受新解 S'。

如果 $\Delta E>0$，即新解劣于当前解，则以概率 $P=\exp\left(-\dfrac{\Delta E}{T}\right)$ 接受新解，概率函数模拟了退火过程中的热激发效应，允许在高温阶段接受较多的劣解以跳出局部最优。

(4) 更新当前解

根据接受准则更新当前解：

$$S\leftarrow S'$$

(5) 记录最优解

如果新解 S' 是迄今为止找到的最优解，则更新最优解记录。

(6) 降温:

按照预定的温度衰减策略降低温度:

$$T_{new} = \alpha T_{current} \tag{5-4}$$

(7) 迭代计数

增加迭代计数，如果达到最大迭代次数，则终止算法。

5. 终止条件

当以下任一条件满足时，停止迭代:

1) 当前温度 T 降到预设的终止温度 T_f 以下。

2) 达到最大迭代次数 N_{max}。

3) 若干次迭代中没有更好的解出现(可选)。

6. 输出最优解

输出记录的最优解及其能量(目标函数值)。

5.3.4 参数设置

模拟退火算法的性能和效率在很大程度上依赖于参数设置。以下是主要参数的设置原则及设置方法:

1. 初始温度 T_0

(1) 设置原则

初始温度应设置为一个较高的值，以确保算法在初期能够接受较多的劣解，从而进行充分的搜索。

(2) 设置方法

可以通过实验进行调试，选择一个能够接受大部分劣解的温度值。一般来说，可以设定一个较大的初始温度，如 1000。在实际应用中，有时通过预跑算法，计算出一个使接受概率在初期为 0.8 到 0.9 之间的温度。较高的初始温度能够使算法在初期阶段接受更多的劣解，有助于进行更广泛的解空间探索。

2. 温度衰减系数 α

(1) 设置原则

温度衰减系数应在 0.8 到 0.99 之间，通常选择较接近 1 的值。

(2) 设置方法

典型值为 0.95，表示温度每次迭代降低 5%。可以根据问题规模和求解难度进行微调。较高的衰减系数(如 0.95)可以使温度逐步降低，确保算法在后期阶段有足够的时间进行局部搜索和精细调整。

3. 终止温度 T_f

(1) 设置原则

终止温度应设置为一个较低的值，以确保算法充分收敛。

(2) 设置方法

典型值为 0.1。可以根据问题规模和计算资源进行调整。较低的终止温度确保算法在接近最优解时有足够的迭代次数进行微调，提高解的质量。

4. 最大迭代次数 N_{max}

（1）设置原则

最大迭代次数应根据问题规模和计算资源设定，确保算法有足够的时间进行搜索。

（2）设置方法

对于中小规模问题，通常选择几千到几万次。对于大规模问题，可以设置更大的迭代次数，如十万次或更多。较大的迭代次数可以增加算法探索解空间的深度和广度，提高找到全局最优解的可能性。

5. 邻域结构

（1）设置原则

邻域结构决定了新解的生成方式，应根据具体问题设计合适的邻域操作。

（2）设置方法

对于置换调度问题，可以采用交换两个作业位置、逆转子序列等邻域操作。对于其他问题，可以根据问题特性设计邻域操作，如变动变量值、调整排列顺序等。合理的邻域结构可以提高新解的质量和多样性，有助于算法跳出局部最优，找到全局最优解。

6. 初始解 S_0

（1）设置原则

初始解可以随机生成，也可以通过启发式方法得到一个较优的初始解。

（2）设置方法

随机生成初始解。通过简单的启发式算法（如贪心算法）生成一个较优的初始解。合理的初始解可以影响算法的初期搜索质量和速度。较优的初始解有助于提高搜索效率，但随机初始解可以增加解的多样性。

5.3.5　结果分析

下面使用 Python 编写模拟退火算法来解决置换流水线车间调度问题，具体代码如二维码所示。以下是该算法的实现以及求解结果。

	对应文件：5_5.3_1.py

有 10 个作业和 6 台机器，每个作业在每台机器上的加工时间见表 5-2。

表 5-2　作业加工时间表

作业（Job）	机器 1（M1）	机器 2（M2）	机器 3（M3）	机器 4（M4）	机器 5（M5）	机器 6（M6）
作业 1	3	2	7	5	6	4
作业 2	4	6	3	7	5	3
作业 3	2	3	5	6	4	7
作业 4	6	4	6	3	2	5

（续）

作业（Job）	机器 1（M1）	机器 2（M2）	机器 3（M3）	机器 4（M4）	机器 5（M5）	机器 6（M6）
作业 5	7	3	4	2	3	6
作业 6	5	7	2	4	6	3
作业 7	3	5	6	7	2	4
作业 8	4	2	3	5	7	6
作业 9	2	6	5	4	3	7
作业 10	6	3	2	7	5	4

数据定义：定义了每个作业在每台机器上的加工时间。

计算完工时间：calculate_makespan 函数计算给定作业顺序的完工时间。

邻域结构：swap_jobs 函数通过交换两个作业的位置生成新解。

模拟退火算法：simulated_annealing 函数实现模拟退火算法，返回最优作业顺序和最小完工时间。

求解问题：调用 simulated_annealing 函数求解问题，并打印最优解。

绘制最优解的甘特图：调用 plot_gantt_chart 函数绘制最优解的甘特图。

求解结果

运行上述代码，得到以下输出结果(注意结果可能因随机性而异)：

最优作业顺序：[0,4,2,6,1,7,8,9,3,5]。

最小完工时间：54。

甘特图：代码将生成一个甘特图，显示每个作业在各台机器上的加工时间和顺序，帮助直观地理解调度方案的效果。

结果分析如图 5-5 所示。

最优作业顺序：表示算法找到的使最大完工时间最小的作业排列顺序。

最小完工时间：表示所有作业完成的最短时间。

通过模拟退火算法，可以有效地解决置换流水线车间调度问题，找到一个近似最优的作业调度方案，从而最小化最大完工时间。结果显示了该算法在求解复杂优化问题中的有效性和实用性。

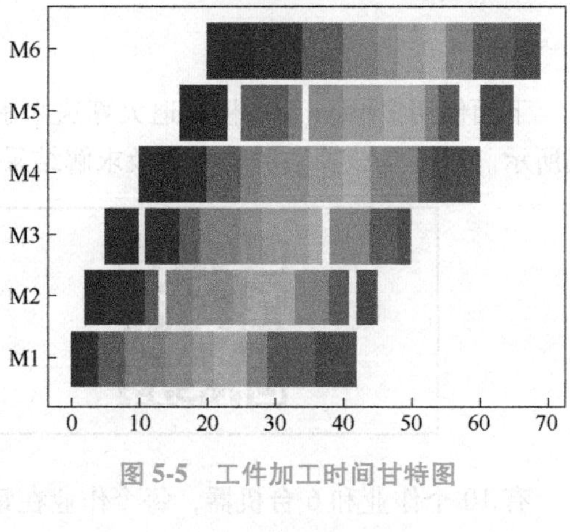

图 5-5　工件加工时间甘特图

5.4　遗传算法

遗传算法(Genetic Algorithm，GA)是一种应用于最优化问题求解的搜索算法，是进化算法的一种。这种算法借鉴了自然选择和遗传学的理论，通过模拟生物进化过程中的遗传、变异、交叉和选择等机制来解决优化问题。

遗传算法通常实现方式为一种计算机模拟。面对一个特定的最优化问题，首先需要构建一个由多个候选解组成的种群，这些解被称为“个体”，并且每个个体都可以用染色体的形式进行编码。在传统应用中，染色体通常采用二进制编码，即由 0 和 1 组成的序列，但也可以采用其他编码方式以适应不同的问题需求。进化从完全随机个体的种群开始，之后一代一代发生。在每一代中评价整个种群的适应度，从当前种群中随机地选择多个个体（基于它们的适应度），通过自然选择和突变产生新的生命种群，该种群在算法的下一次迭代中成为当前种群。

5.4.1　案例描述

在现代制造业中，任务分配优化是实现成本效益生产的关键。该问题涉及将一系列生产任务分配至不同的生产线，以最小化总体生产成本。任务分配优化案例见表 5-3，考虑有 8 个生产任务和 5 条生产线的场景，每条生产线对每个任务的加工时间和费用具有特定的数值。任务是确定一种最优的任务分配方案，该方案在满足生产线能力的前提下，能够使得总加工时间和费用达到最低。

表 5-3　任务分配优化案例

任务	L1	L2	L3	L4	L5
A	6h，120 元	7h，130 元	5h，140 元	8h，150 元	6h，160 元
B	9h，230 元	8h，240 元	7h，250 元	10h，260 元	9h，270 元
C	4h，100 元	5h，110 元	3h，90 元	6h，95 元	4h，105 元
D	5h，170 元	4h，160 元	6h，180 元	7h，175 元	5h，165 元
E	7h，200 元	6h，210 元	8h，220 元	9h，230 元	7h，240 元
F	8h，190 元	7h，180 元	6h，170 元	5h，160 元	8h，175 元
G	5h，150 元	6h，140 元	4h，130 元	7h，135 元	5h，145 元
H	6h，210 元	7h，220 元	5h，230 元	8h，240 元	6h，250 元

5.4.2　基本原理

遗传算法，作为一种随机优化算法，并非仅限于简单的随机比较搜索。其核心在于通过对染色体的评价与编辑，有效利用现有信息来指导搜索过程，以此提高解的质量。标准遗传算法的主要操作步骤可概括如下：

1）随机产生一组个体构成初始种群，并评价每个个体的适应度。

在遗传算法中，染色体和基因的关系非常重要。染色体可以被视为个体的编码方式，而基因则是染色体上的基本单位。具体来说，染色体是一串由基因组成的序列，基因则代表着特定的属性或特征。在优化问题中，每个染色体对应一个可能的解，而基因则代表解的一个组成部分。通过对染色体进行操作（如交叉和变异），遗传算法能够生成新的解，从而在解空间中搜索最优解。染色体和基因之间的关系就像是一本书和其中的文字，染色体是整体，而基因是构成整体的最小单位。

在构建优化问题的解决方案时，通常首先通过随机生成或其他方法构造一个初始群体。虽然通过特定方法构造的初始群体可能有助于减少进化所需的代数，但同时也存在风险，即可能过早地陷入局部最优解的困境，称之为“早熟现象”。此外，群体中个体的数量，即群体的维数，对于算法的效率和结果质量具有重要影响。维数越大，群体的代表性越广泛，从而增加进化至全局最优解的可能性。然而，过高的维数也会显著增加计算时间，这是在设计算法时需要权衡的因素。在实际应用中，群体的维数通常被设定为一个固定的常数，但在某些场景下，也可以将其设计为与遗传代数相关的动态变量，以提升算法的整体性能。另外，为了确保较优解能够在进化过程中获得更高的生存机会，通常采用与目标函数紧密相关的适应函数。

2）判断算法收敛准则是否满足。

在遗传算法的迭代流程中，为确保算法的有效性和效率，需明确设定一个或多个收敛准则，用以评估算法是否已寻得满足要求的解或是否需持续迭代。这些准则通常涵盖达到预设的最大迭代次数、解的质量未能实现显著优化、种群多样性的显著减少等情况。若以上任一准则得到满足，则算法将终止迭代并输出当前所获得的最佳解；反之，则算法将继续执行后续步骤。

3）根据适应度大小执行复制操作。

在遗传算法的迭代过程中，适应度较高的个体有更大的机会被复制到下一代。这一选择过程通常通过轮盘赌选择、锦标赛选择或其他精心设计的选择机制得以实现。通过这一机制，优秀个体的基因得以在种群中广泛传播，有效地推动整个种群朝着最优解进化。

4）按交叉率 p_c 执行交叉操作。

交叉(杂交)是遗传算法中的关键操作之一，其本质在于通过结合两个父代个体的遗传信息来生成新的后代个体。交叉操作的执行概率，即交叉率，直接决定了在算法的每次迭代过程中，参与交叉操作的个体所占的比例。这一操作对于提升种群的多样性至关重要，有助于遗传算法在搜索过程中避免陷入局部最优解的困境，从而更有效地寻找全局最优解。然而，交叉率的设定需要谨慎处理。过高的交叉率可能导致算法早熟，即过早地收敛到某个次优解而非全局最优解；而过低的交叉率则可能降低种群的多样性，影响算法的全局搜索能力。

5）按变异概率 p_m 执行变异操作。

在遗传算法的运行过程中，变异作为一种重要的操作手段，旨在通过随机改变个体的特定基因，从而引入新的遗传信息。变异概率的设定，直接影响到每次迭代中接受变异操作的个体比例。经过精心调整的变异概率有助于避免算法过早地收敛至次优解，同时保持种群的多样性和活力。若变异率设置得过低，则可能削弱算法的搜索能力；反之，若设置过高，则有可能破坏种群中已形成的有益结构。

6）判断是否满足终止规则，如不满足，返回步骤 3）。

算法终止规则的设定包含最大迭代次数、收敛准则以及种群多样性等关键要素。

设定最大迭代次数作为终止规则，旨在确保算法在达到预定的迭代次数后自动停止。这种策略简便易行，能够有效控制算法的运行时间，避免长时间无结果的运行。然而，此方法可能存在一定局限性，即无法保证在有限迭代次数内找到全局最优解。因为最优解的发现可能需要更多次的迭代，或者在达到最大迭代次数之前，算法已找到满意的解，但继续迭代可能进一步优化该解。

收敛准则作为遗传算法中常用的终止规则之一，其核心在于判断算法是否已接近最优解。当连续几代中，最优个体的目标函数值变动微小，或整个种群的目标函数值分布趋于稳定时，可视为算法已收敛。此方法能够灵活适应算法的搜索过程，及时捕捉解的稳定状态，避免不必要的迭代。

种群多样性在遗传算法中占据重要地位，它关系到算法能否在解空间中实现有效搜索。一旦种群多样性降低至某一临界水平，算法可能陷入局部最优的困境。此时，终止算法可避免进一步的无效搜索。为维持种群多样性，可监控如个体间基因差异等遗传多样性指标。当这些指标低于预设阈值时，即表示种群已过度同质化，应适时终止算法。

算法流程图如图 5-6 所示。

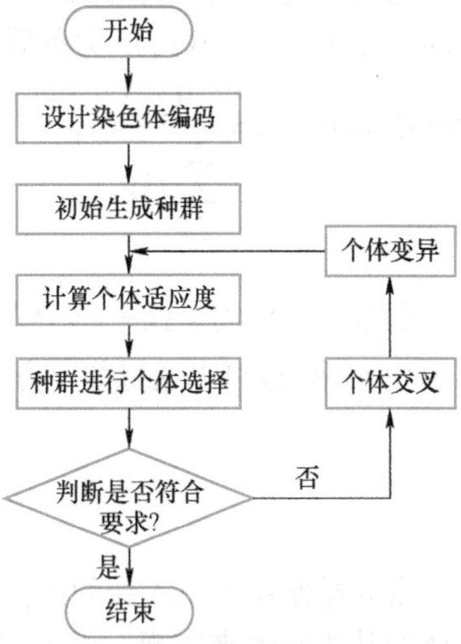

图 5-6　标准遗传算法流程

在所述算法框架内，适配值作为对染色体(即个体)性能评价的关键指标，构成了遗传算法优化过程的核心信息基础。这一指标与个体的目标值之间存在着明确的对应关系。在复制操作阶段，普遍采用比例复制的方法，即个体的复制概率直接与其适应度成正比。这一机制确保了适应度较高的个体在后续代次中拥有更高的复制机会，从而有效地提升了整个种群的平均适应度水平。交叉操作通过精心设计的策略，交换两个父代个体的部分遗传信息，以构造新的后代个体。这一过程旨在让后代能够继承父代的有效遗传模式，从而有助于生成性能更为优越的个体。最后，变异操作通过随机改变个体内部某些基因的方式，引入新的遗传变异，生成全新的个体。这一操作对于维持种群的多样性至关重要，同时也能够有效地避免算法陷入过早收敛的困境。

遗传算法利用生物进化和遗传的思想实现优化过程，区别于传统优化算法，它具有以下特点：

1）遗传算法将问题参数编码成“染色体”后，对其中的基因进行交叉、变异等操作，而不是针对参数本身，这使得遗传算法不受函数约束条件的限制，如连续性、可导性等。

2）遗传算法的搜索过程是从问题解的一个集合开始的，而不是从单个个体开始的，具有隐含并行搜索特性，从而大大减小了陷入局部极小的可能。

3）遗传算法使用的遗传操作均是随机操作，同时遗传算法根据个体的适应度信息进行搜索，不需要其他信息。

4）遗传算法具有全局搜索能力，最善于搜索复杂问题和非线性问题。

遗传算法的优越性主要表现在：

1）算法进行全空间并行搜索，并将搜索重点集中于性能高的部分，从而能够提高效率且不易陷入局部最优。

2）算法具有固有的并行性，通过对种群中每个个体的遗传操作，可以同时处理和优化许多基因排列，并且这种操作能够在多个处理器上同时进行，极大地提高了计算效率和处理能力。

5.4.3　算法步骤

1. 初始化种群

设 $P=\{p_1,p_2,\cdots,p_n\}$ 为初始种群，其中 n 是种群，每个 p_i 是一个个体，表示一个任务分配方案。

2. 定义适应度函数

适应度函数用于评估每个个体的解决方案的质量。在任务分配问题中，适应度可以是总成本的倒数，以鼓励更低的成本。设 $f(p_i)$ 为个体 p_i 的适应度，总成本为 $C(p_i)$，则 $f(p_i)=\frac{1}{C(p_i)}$。

3. 选择

轮盘赌选择是一种常见的选择方法，它根据个体的适应度来分配选择概率。设 $F=\{f(p_1),f(p_2),\cdots,f(p_n)\}$ 为种群中所有个体的适应度集合，P' 为选中个体的集合，则 $p_i \in P'$ 的概率为 $P(p_i)=\frac{f(p_i)}{\sum_{j=1}^{n} f(p_j)}$。

4. 交叉

通过在个体间交换一部分基因来生成后代。设 p_{i1} 和 p_{i2} 为两个父代个体，c 为交叉点，则子代 p_{o1} 和 p_{o2} 可以通过如下方式生成：

$$p_{o1}=p_{i1}[1:c]+p_{i2}[c:n] \tag{5-5}$$

$$p_{o2}=p_{i2}[1:c]+p_{i1}[c:n] \tag{5-6}$$

5. 变异

变异操作用于引入新的遗传信息，防止算法过早收敛到局部最优解。变异通过随机改变个体的某些基因来实现。设 p_i 为个体，m 为变异率，p_{ij} 为变异后的个体，变异操作可以表示为：

$$p_{ij}=\begin{cases} p_{ij} & j \notin M \text{ 或 } random()>m \\ random\_value() & j \in M \text{ 且 } random() \leqslant m \end{cases} \tag{5-7}$$

式中，p_{ij} 表示个体 p_i 的第 j 个基因，$random\_value()$ 是一个函数，用于随机生成新的基因的值，M 是变异点集合，表示个体中哪些位置会变异，$random\_value()$ 是一个在 $[0,1]$ 范围内的随机数，用于与变异率比较，确定是否进行变异。

6. 迭代终止

遗传算法通过迭代上述步骤来不断改进种群。终止条件可以是达到最大代数、解的质量不再显著提升或其他预设条件。设 G 为当前代数，G_{max} 为最大代数，Δf 为适应度的最小变化阈值则终止条件可以是 $G=G_{max}$ 或 $\Delta f<\epsilon$。

5.4.4 参数设置

遗传算法的性能在很大程度上依赖于参数的设置。以下是主要参数的设置原则及方法。

1. 种群规模

种群规模应保证足够的多样性，避免过早收敛，同时不过于庞大，以保持计算效率。通常根据问题规模和计算资源，种群规模可以设置在几十到几百之间。

2. 交叉率

交叉率决定了遗传算法中交叉操作的频率，应平衡探索新解空间和保持优良基因的能力。一般设置在 0.6 到 0.95 之间，较高的交叉率有助于快速搜索，但过低可能导致解的多样性不足。

3. 变异率

变异率应足够低以保持解的稳定性，同时足够高以避免局部收敛。通常设置在 0. 01 到 0. 1 之间，以保持种群的多样性。

4. 选择压力

选择压力应鼓励适应度较高的个体被选中，同时给予低适应度个体一定的生存机会。可以通过调整选择机制，如轮盘赌选择或锦标赛选择，来控制选择压力。

5. 遗传代数

遗传代数应足够多，允许算法充分搜索解空间，同时避免不必要的迭代。根据问题复杂性，可以设置在几十到几千代之间。

6. 收敛准则

收敛准则用于判断算法是否已经找到满意的解或是否需要继续迭代。可以设定为适应度不再显著提高时停止，或种群多样性降低到一定阈值时停止。

7. 初始种群

初始种群应随机生成以保证解空间的广泛覆盖。通过随机方法生成初始种群，也可以引入问题领域的先验知识来引导初始种群的生成。

5.4.5　结果分析

遗传算法的具体代码实现如二维码所示。

	对应文件：5_5. 4_1. py

经过 40 次迭代，种群中最佳个体适应度与平均适应度的变化如图 5-7 所示。可以看到随着迭代，种群中的最优个体适应度收敛，而种群的平均适应度也逐渐向最优适应度逼近。

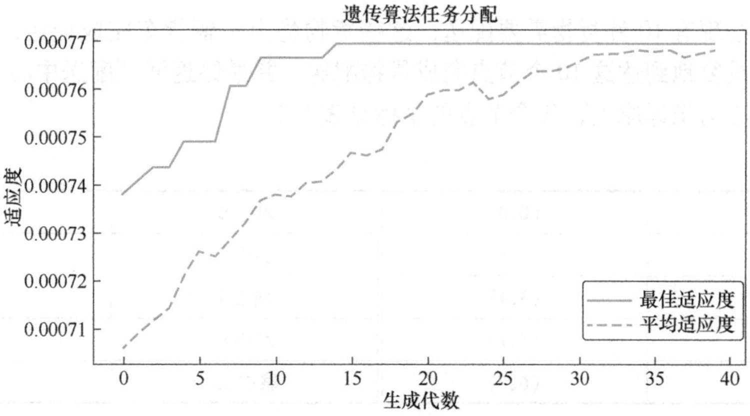

图 5-7　算法结果

5.5 蚁群算法

蚂蚁，作为自然界中普遍存在的生物，其独特的智能性在诸如“蚂蚁搬家，天将降雨”等民间谚语中得到了生动的诠释。随着近代仿生学的迅速崛起，人们开始深入剖析蚁群如何仅凭个体力量微小、功能有限的特性，成功完成诸如寻找食物最佳路径并返回的复杂任务。这一微小而高效的生物群体，已逐渐成为学术界的关注焦点。

蚁群算法(Ant Colony Optimization，ACO)，由 Marco Dorigo 在 20 世纪 90 年代于其博士论文中正式提出。该算法，亦被称为蚂蚁算法，是一种在图论中寻找优化路径的概率型算法。它模拟了自然界中蚂蚁在觅食过程中释放并依据信息素浓度选择路径的行为，通过信息素浓度的指引进行搜索，从而寻得全局最优解。作为群智能的一种关键展现形式，蚁群算法在解决各类组合优化问题上展现出广泛的应用价值，包括但不限于旅行商问题(Traveling Salemans Problem，TSP)、调度问题以及网络路由等。

5.5.1 案例描述

1. 问题描述

在 5.2 节所探讨的送货问题也称旅行商问题中，蚁群算法同样展现出了高效的求解能力。旅行商问题(Traveling Salesman Problem，TSP)是组合优化领域中一个经典且广泛研究的问题，它的主要任务是找到一条能够访问一系列城市并返回起点的最短路径，是一种典型的复杂路径设计问题。

旅行商问题可以形式化地定义如下：

给定一组城市 $C=\{c_1,c_2,\cdots,c_n\}$ 和城市间的距离矩阵 $D=[d_{ij}]$，其中 $[d_{ij}]$ 表示城市 c_i 和城市 c_j 之间的距离。寻找一条从某个起始城市出发，访问每个城市一次且仅一次，并返回起始城市的路径，使得路径总长度最短。

TSP 可以分为两种类型：

1) 对称旅行商问题：即 $d_{ij}=d_{ji}$，城市间的距离是对称的。

2) 非对称旅行商问题：即 $d_{ij}\neq d_{ji}$，城市间的距离不是对称的，可能存在方向性。

2. 问题实例

某配送中心现有 10 件货物需要配送，这些货物将由一辆货车完成配送，也就是说该货车需要依次不重复地到达这 10 个节点完成货物配送，并最终返回到配送中心。

以配送中心为坐标原点，各个节点的坐标见表 5-4。

表 5-4 城市坐标

城市 1	(0,0)	城市 6	(8,3)
城市 2	(2,6)	城市 7	(1,2)
城市 3	(3,4)	城市 8	(9,8)
城市 4	(5,1)	城市 9	(7,5)
城市 5	(6,7)	城市 10	(4,6)

要求找到最优路径，使得配送车辆完成配送并保证配送总路径最短。

5.5.2 基本原理

蚁群算法的基本思想源于蚂蚁在觅食过程中通过释放和感知信息素来找到最短路径的行为。具体来说，蚂蚁在行进过程中会在路径上留下信息素，其他蚂蚁可以通过感知信息素的浓度，依照一定概率来选择路径，浓度越高的路径被选择的概率越大。

$$P_{ij}=\frac{\tau_{ij}^{\alpha}\cdot\eta_{ij}^{\beta}}{\sum_{k}\tau_{ik}^{\alpha}\cdot\eta_{ik}^{\beta}} \tag{5-8}$$

式中，P_{ij}是从城市 i 到城市 j 的选择概率，τ_{ij}是路径上的信息素浓度，η_{ij}是启发式信息(通常是距离的倒数)，α 和 β 是权重因子，控制信息素和启发式信息的重要性。

关于信息素的更新，蚁群算法提供了三种主要模型：

1）蚁周模型（Ant-Cycle)：当蚂蚁完成一次周游后再增加所走路径每条边上的信息素浓度，增量为 Q/L_k。

2）蚁量模型(Ant-Quantity)：每走完一步即增加边 ij 的信息素浓度，增量为 Q/d_{ij}。

3）蚁密模型(Ant-Density)：每走完一步即增加边 ij 的信息素浓度，增量为 Q。

其中，L_k 表示第 k 只蚂蚁本次周游中走过的路径长度；Q 是一个正常数，表示信息素强度，可调节算法的收敛速度；d_{ij}表示边 ij 的长度。

更新信息素矩阵时，在原有信息素矩阵中加入本轮产生的信息素，同时原信息素会产生一定程度的衰减，衰减部分占比为 ρ，即信息素挥发因子。这使得路径信息能够动态更新，防止算法陷入局部最优。

5.5.3 算法步骤

详细算法步骤如下：

1. 初始化

初始化信息素矩阵，每条路径上的初始信息素浓度相同。根据问题规模设置蚂蚁数量、迭代次数、信息素挥发系数等关键参数。

2. 蚂蚁构造解

每只蚂蚁从随机选择的起点出发。在每一步中，蚂蚁根据路径上的信息素浓度和启发式信息(如距离的倒数)选择下一步移动的城市。具体选择方式通常采用轮盘赌法(Roulette Wheel Selection)，即概率选择，所依据的概率为：

$$P_{ij}=\frac{\tau_{ij}^{\alpha}\cdot\eta_{ij}^{\beta}}{\sum_{k}\tau_{ik}^{\alpha}\cdot\eta_{ik}^{\beta}} \tag{5-9}$$

3. 更新信息素

以蚁周模型为例，每轮所有蚂蚁完成路径构造后，更新信息素矩阵。具体包括两个步骤：

1）信息素挥发。模拟信息素的自然挥发过程，通常采用衰减公式：

$$\tau_{ij}\leftarrow(1-\rho)\cdot\tau_{ij} \tag{5-10}$$

式中，ρ 是信息素挥发因子，取值范围为(0,-1)。

2）信息素增量。根据蚂蚁构造的路径质量增加信息素。对于路径长度较短的路径，增加的信息素浓度较高：

$$\tau_{ij} \leftarrow \tau_{ij} + \sum_{\text{蚂蚁}} \Delta\tau_{ij}^{k} \tag{5-11}$$

式中，$\Delta\tau_{ij}^{k}$是蚂蚁 k 在路径 ij 上增加的信息素量，通常通过信息素常量 Q 来计算。

4. 寻找最优解

在每轮迭代中，记录当前最优路径和其长度。经过预设的迭代次数后，返回全局最优路径及其长度。

5.5.4 参数设置

蚁群算法(Ant Colony Optimization，ACO)有六个主要参数，这些参数的选择对算法的性能和最终解的质量有很大影响。下面是这六个参数及其设置原则的详细介绍。

1. 信息素重要性参数 α

(1) 定义

α 是控制信息素浓度在路径选择过程中重要性的参数。

(2) 作用

决定蚂蚁在选择路径时对信息素的依赖程度。较大的 α 值会使蚂蚁更倾向于选择信息素浓度较高的路径。

(3) 设置原则

一般取值范围为[0.5,2.0]。较小的 α 值使得算法更具随机性，较大的 α 值则加快了信息素的作用，容易陷入局部最优。

2. 启发式信息重要性参数 β

(1) 定义

β 是控制启发式信息在路径选择过程中重要性的参数，启发式信息通常是距离的倒数($1/d$)。

(2) 作用

决定蚂蚁在选择路径时对启发式信息(如距离)的依赖程度。较大的 β 值会使蚂蚁更倾向于选择距离较短的路径。

(3) 设置原则

一般取值范围为[2.0,5.0]。较小的 β 值使得算法更关注信息素，较大的 β 值则加大了启发式信息的作用。

3. 信息素挥发因子 ρ

(1) 定义

ρ 是控制信息素挥发速度的参数。

(2) 作用

决定信息素在每轮迭代后保留的比例。信息素挥发是为了防止信息素无限积累，避免过早收敛到局部最优解。

(3) 设置原则

一般取值范围为[0.1,0.5]。较小的 ρ 值(高挥发率)会使信息素快速减少，促进探索；较大的 ρ 值(低挥发率)会使信息素保留较多，加强开发。

4. 蚂蚁数量 m

(1) 定义

m 是蚂蚁的数量，即每轮迭代中参与路径构造的蚂蚁个数。

(2) 作用

影响算法的搜索范围和计算复杂度。更多的蚂蚁可以探索更多的路径，但也会增加计算开销。

(3) 设置原则

一般取值为城市数量的 10%~50%。较少的蚂蚁数量减少计算量，但可能不足以探索足够的路径；较多的蚂蚁数量增加计算量，但可以更全面地探索解空间。

5. 信息素初始值 τ_0

(1) 定义

τ_0 是信息素矩阵的初始值。

(2) 作用

为初始状态的路径选择提供均衡的起点。初始信息素值过高或过低都会影响算法的初始搜索行为。

(3) 设置原则

一般取值为一个小的正数，如 0.1。具体取值可以根据问题规模和具体实验进行调整。

6. 信息素常量 Q

(1) 定义

指每只蚂蚁产生的信息素总量。

(2) 作用

它是一个常量系数，用于控制信息素更新的速度。

(3) 设置原则

一般为正数，具体取值根据问题规模和实验调整。通常情况下，较大的 Q 值会使信息素更新得更快，而较小的 Q 值则会使信息素更新得更慢。

7. 参数设置原则

(1) 平衡探索与开发

α 和 β 的设置应平衡信息素和启发式信息的作用，α 大时强化信息素作用，β 大时强化启发式信息作用。

(2) 防止过早收敛

ρ 的值不宜过低，以避免信息素挥发过快，使得算法不能充分利用已有的信息素积累。

(3) 计算资源与算法性能

蚂蚁数量应根据计算资源和问题规模进行设置，过多的蚂蚁会增加计算量，过少的蚂蚁则可能导致搜索不足。

5.5.5　结果分析

为了求解上述十个城市的旅行商问题(TSP)，使用蚁群算法，完整的蚁群算法 Python 代码如二维码所示。

	对应文件：5_5. 5_1. py

图形化示例如图 5-8 所示。

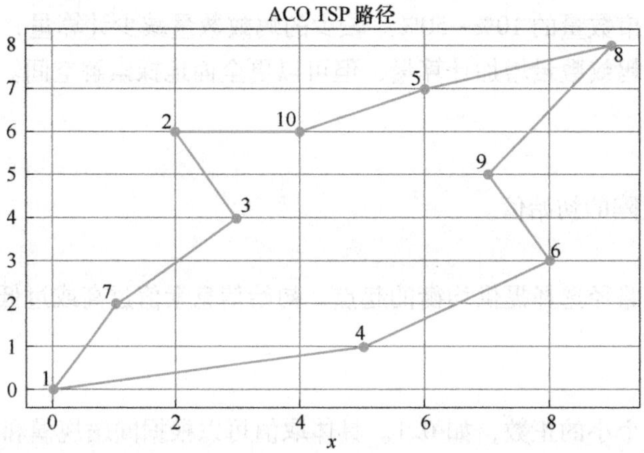

图 5-8　图形化示例

最短路径：表示算法找到的使得配送路径最短的城市遍历顺序。

路径长度：表示最短路径的长度。

运行蚁群算法解决旅行商问题实例，得到了一条最优路径及其长度。通过图形化展示，可以直观地观察蚂蚁找到的最优路径。蚁群算法通过多次迭代和信息素更新机制，逐渐优化路径，体现了其有效性和实用性。

5.6　粒子群算法

粒子群优化算法(Particle Swarm Optimization，PSO)，最早由 James Kennedy 与 Russell Eberhart 在 1995 年联合提出，这一算法的设计灵感源自自然界中群体行为的观察，特别是鸟类和鱼群在觅食时所展现的群体协作与信息共享的机制。Kennedy 与 Eberhart 观察到，在觅食过程中，鸟群个体间存在相互影响与信息共享的现象，从而使得整个群体能够更为高效地定位食物来源。在这个过程中，每只鸟既依赖于自身的经验(即个体历史最佳位置)，又参考群体中其他成员的经验(即全局最佳位置)，这种协作机制为 PSO 算法的设计提供了核心思路。

PSO 算法因其简便易行、参数设置相对简单且具备强大的全局搜索能力，已被广泛应用于多个领域的优化问题中。在函数优化、参数优化、多目标优化、组合优化、控制工程以及机器人学等多个领域，PSO 均展现出了显著的优化效果。

5.6.1　案例描述

假设规划一个新兴智能城市，需要优化能源分配系统和交通网络布局，以提高城市的能源利用效率和交通流畅度。为简化问题，分别使用 Rosenbrock 函数和 Rastrigin 函数来替代这两个目标。

1. 城市能源分配系统优化（Rosenbrock 函数）

目标：找到能源分配网络中各个节点的最佳参数组合，使得整体能源损耗最小化，系统稳定性最大化。

最优解：通过 PSO 算法找到的参数组合将使得能源分配系统的损耗接近最小值。

函数表达式：

$$f(x)=\sum_{i=1}^{n-1}[100(x_{i+1}-x_i^2)^2+(1-x_i)^2] \tag{5-12}$$

在这个场景中，每个 x_i 代表一个能源节点的分配参数。通过优化这些参数，可以确保能源在城市中的分配高效且稳定。

2. 城市交通网络优化（Rastrigin 函数）

目标：找到交通网络中各个道路和交叉口的最佳参数组合，使得交通拥堵最小化，通行效率最大化。

最优解：通过 PSO 算法找到的参数组合将使得交通网络的拥堵程度接近最小值。

函数表达式：

$$f(x)=10n+\sum_{i=1}^{n}[x_i^2-10\cos(2\pi x_i)] \tag{5-13}$$

在这个场景中，每个 x_i 代表一个道路或交叉口的参数。通过优化这些参数，可以降低交通拥堵，提高通行效率。

5.6.2 基本原理

PSO 算法通过一群粒子在搜索空间中的迭代运动来寻找最优解。每个粒子代表一个潜在的解，其运动受个体经验和群体经验的共同影响。

1. 粒子和群体

粒子：每个粒子表示搜索空间中的一个位置，即一个可能的解。

群体：由多个粒子组成，所有粒子共同合作搜索最优解。

2. 初始化

位置初始化：粒子的位置随机初始化在搜索空间内。

速度初始化：粒子的速度也随机初始化，代表粒子在搜索空间中的移动方向和速度。

3. 适应度评估

每个粒子的适应度值由目标函数 $f(x)$ 评估，目标是最小化或最大化这个函数。

4. 更新个体最佳位置（p_{Best}）和全局最佳位置（g_{Best}）

个体最佳位置 p_{Best_i}：粒子 i 在历史上访问过的最优位置。

全局最佳位置 g_{Best}：所有粒子中访问过的最优位置。

5. 速度和位置更新

每个粒子的速度和位置根据以下公式进行更新。

速度更新公式：

$$v_i(t+1)=w\cdot v_i(t)+c_1\cdot r_1\cdot(p_{\mathrm{Best}_i}-x_i(t))+c_2\cdot r_2\cdot(g_{\mathrm{Best}}-x_i(t)) \tag{5-14}$$

其中，$v_i(t)$和$v_i(t+1)$分别表示粒子i在时间t和$t+1$时刻的速度；$x_i(t)$表示粒子i在时间t时刻的位置；w是惯性权重，控制前一速度对当前速度的影响；c_1和c_2是学习因子，分别控制个体最佳位置和全局最佳位置对速度的影响；r_1和r_2是两个[0,1]之间的随机数。

位置更新公式：

$$x_i(t+1)=x_i(t)+v_i(t+1) \tag{5-15}$$

6. 迭代过程

上述步骤循环执行，直到满足终止条件，例如达到最大迭代次数或解的变化小于预设阈值。

5.6.3 算法步骤

粒子群优化算法(PSO)是一种基于群体智能的优化算法。详细算法步骤如下：

1. 初始化

粒子位置和速度初始化：随机初始化粒子群中每个粒子的初始位置和速度。位置表示搜索空间中的一个可能解，速度表示粒子移动的方向和速率。

参数设置：设定惯性权重w、个体学习因子c_1和群体学习因子c_2，以及最大迭代次数等参数。

2. 适应度计算

评估适应度：计算每个粒子当前位置的适应度值，即目标函数值$f(x_i)$。

3. 更新个体最佳位置(p_{Best})和全局最佳位置(g_{Best})

个体最佳位置更新：对于每个粒子i，如果当前适应度值优于其历史最佳适应度值，则更新其个体最佳位置p_{Best_i}。

全局最佳位置更新：在所有粒子中，选出适应度值最优的粒子，其位置作为全局最佳位置g_{Best}。

4. 速度和位置更新

速度更新：使用以下公式更新每个粒子的速度

$$v_i(t+1)=w\cdot v_i(t)+c_1\cdot r_1\cdot(p_{\mathrm{Best}_i}-x_i(t))+c_2\cdot r_2\cdot(g_{\mathrm{Best}}-x_i(t)) \tag{5-16}$$

位置更新：使用以下公式更新每个粒子的位置

$$x_i(t+1)=x_i(t)+v_i(t+1) \tag{5-17}$$

5. 迭代过程

重复迭代：重复适应度计算、个体最佳位置更新、全局最佳位置更新、速度和位置更新的过程，直到达到最大迭代次数或预设的终止条件。

6. 寻找最优解

记录最优解：在每轮迭代中，记录当前的全局最佳位置g_{Best}及其对应的适应度值。

返回结果：经过预设的迭代次数后，返回全局最佳位置g_{Best}及其适应度值，作为问题的最优解。

5.6.4 参数设置

粒子群优化算法(PSO)中的参数对算法性能有重要影响。合理的参数设置可以提高 PSO

的收敛速度和解的质量。PSO 的各个主要参数及其设置原则如下。

主要参数

1. 粒子数量

定义：粒子群中粒子的总数。

设置原则：通常设置 20~50 的粒子数量。较小的粒子数量计算速度快，但可能不足以覆盖搜索空间；较大的粒子数量能提高搜索空间的覆盖率，但计算量增加。

2. 惯性权重

定义：决定粒子前一次速度对当前速度的影响。

设置原则：惯性权重的值通常为 0.4~0.9。较大的惯性权重有利于全局搜索，较小的惯性权重有利于局部搜索。一种有效的策略是采用线性递减的惯性权重，从较大的初始值逐渐减小，以实现全局和局部搜索的平衡。

3. 个体学习因子

定义：反映粒子向其个体最佳位置移动的程度。

设置原则：个体学习因子通常设为 2.0，用于鼓励粒子探索其自身历史最佳位置。

4. 社会学习因子

定义：反映粒子向全局最佳位置移动的程度。

设置原则：社会学习因子通常设为 2.0，用于鼓励粒子向群体中的全局最佳位置移动。

5. 速度范围

定义：限制粒子速度的最大值和最小值，以防止粒子飞出搜索空间。

设置原则：速度范围通常设置为位置范围的 10%~20%。过大的速度范围可能导致粒子跳过最优解，过小的速度范围可能导致收敛速度慢。

6. 最大迭代次数

定义：算法运行的最大循环次数。

设置原则：应根据问题的复杂性和计算资源来设定。一般来说，设置为数百到数千次。

参数设置策略

1. 线性递减惯性权重

定义：在迭代过程中逐渐减小惯性权重，以平衡全局搜索和局部搜索。

公式：

$$w = w_{max} - \left(\frac{w_{max} - w_{min}}{iter_{max}}\right) \times iter \tag{5-18}$$

式中，w_{max} 和 w_{min} 分别为初始和最终的惯性权重，$iter_{max}$ 为最大迭代次数，$iter$ 为当前迭代次数。

2. 随机惯性权重

定义：在一定范围内随机选择惯性权重，增加算法的随机性。

设置原则：在[0.5,0.9]范围内随机选择惯性权重。

3. 自适应参数

定义：根据当前搜索情况动态调整参数，如个体学习因子和社会学习因子。

设置原则：可以根据粒子群的多样性和收敛性动态调整参数，增强算法的适应性。

实践中的参数设置

1. 经验参数设置

1）粒子数量：30。

2）惯性权重：线性递减，从 0.9 减到 0.4。

3）个体学习因子：2.0。

4）社会学习因子：2.0。

5）速度范围：根据问题规模设定，一般为位置范围的 10%~20%。

6）最大迭代次数：1000。

2. 调整策略

初步测试：使用经验参数运行 PSO，观察收敛速度和解的质量。

参数调优：根据初步测试结果调整参数，例如增加粒子数量、调整惯性权重的范围、增加最大迭代次数等。

5.6.5 结果分析

下面使用 Python 实现粒子群优化算法（PSO）来求解 Rosenbrock 函数和 Rastrigin 函数。具体实现代码如二维码所示。

	对应文件：5_5.6_1.py

结果分析

运行上述代码结果如下：

```
Rosenbrock Function:Best Position=[1.1.],Best Value=7.581202770930923e-19。
Rastrigin Function:Best Position=[ 9.35016959e-10 -2.68218807e-09],
Best Value=0.0。
```

由结果可知：

1. Rosenbrock 函数

该函数的全局最优解位于(1,1)，对应的函数值为 0。

通过 PSO 算法，粒子群逐渐聚集到函数的全局最优解，函数值接近 0。这表明 PSO 能够在复杂的搜索空间中找到 Rosenbrock 函数的全局最优解。

2. Rastrigin 函数

该函数的全局最优解位于原点(0,0)，对应的函数值为 0。

通过 PSO 算法，粒子群逐渐聚集到函数的全局最优解，函数值接近 0。这表明 PSO 在具有多重局部最优解的复杂搜索空间中，依然能够找到 Rastrigin 函数的全局最优解。

通过上述代码和结果分析，粒子群优化算法展示了其在连续函数优化中的有效性。PSO 通过模拟群体智能行为，能够在复杂的多维搜索空间中找到全局最优解，并且具有简单易实现、参数设置较少等优点。

本章小结

本章通过典型案例，全面介绍了几种典型智能优化算法，详细分析了它们的基本原理、应用方法和效果。

5.1 节主要介绍了智能优化算法的基本思想，强调了这些算法在解决复杂优化问题中的重要性。5.2 至 5.6 节，分别借用一个实际的案例介绍了禁忌搜索算法、模拟退火算法、遗传算法、蚁群算法和粒子群算法。

以物流公司配送路线问题为例，详细说明了禁忌搜索算法的基本原理、操作步骤以及关键参数设置问题，展示了该算法在解决实际问题中的有效性；以多置换流水线车间调度问题为例，介绍了模拟退火算法在此类复杂调度问题中的应用，探讨了其优化过程和实际效果；通过将一系列生产任务分配至不同生产线的问题，展示了遗传算法的应用，重点介绍了遗传算法的选择、交叉和变异操作，及其在求解复杂分配问题中的优势；以旅行商问题为例，详细介绍了蚁群算法的原理和应用，蚁群算法通过模拟蚂蚁觅食的行为，提供了一种有效的求解路径优化问题的方法；讨论了粒子群算法在能源分配系统和交通网络布局的参数优化中的应用，粒子群算法通过模拟群体行为，展示了其在连续优化问题中的强大求解能力。

本章通过多个实际案例，展示了智能优化算法在不同领域的应用和优势。这些算法不仅在理论上具有重要价值，更在实际应用中展示了其强大的求解能力和灵活性。通过对不同算法的比较与分析，本章为读者提供了全面的智能优化算法的知识框架，为解决复杂优化问题提供了有力的工具和方法。

本章习题

5-1　工厂内物料运送优化

在一个工厂内，有四个物料存放点 A、B、C 和 D，每个点之间的距离已知。请使用禁忌搜索算法，找到从起始点出发访问所有存放点并返回起始点的最短路径。已知存放点之间的距离矩阵见表 5-5。

表 5-5　存放点之间的距离矩阵

物料存放点	A	B	C	D
A	0	10	15	20
B	10	0	35	25
C	15	35	0	30
D	20	25	30	0

5-2　工业机器人路径规划的优化

假设设计一条自动化生产线，需要优化工业机器人在生产线上的运动路径。生产线上的关键点包括：点 A(开始点)、点 B(加工站)、点 C(装配站)、点 D(终点)。每条路径的距离和时间已知。请使用遗传算法，考虑以下因素进行优化：

1. 路径：

ABCD：总距离 40m，总时间 15min；

ACBD：总距离 35m，总时间 20min；

ADBC：总距离 45m，总时间 10min。

2. 机器人型号：

型号 X：速度 3m/min，负载 50kg；

型号 Y：速度 2m/min，负载 100kg；

型号 Z：速度 1m/min，负载 150kg。

3. 路径权重：

距离权重：0.4；

时间权重：0.6。

请根据这些参数进行编码，并设计适应度函数，权衡距离和时间，找到最优的机器人路径和型号组合。

5-3 请简述禁忌搜索算法的基本原理，并说明其在解决优化问题中的优势和不足。

5-4 模拟退火算法的收敛准则是什么？请详细解释收敛准则的具体内容以及其重要性。

5-5 在粒子群算法中，个体学习因子和社会学习因子分别起什么作用？如何调节这两个因子会影响算法的性能？

第 6 章　多学科优化设计方法

多学科优化设计(Multi-disciplinary Design Optimization，MDO)是指在工程设计过程中，利用多个学科(如结构力学、流体力学、材料科学等)分析技术，综合考虑各种设计变量和约束条件，以实现系统的优化。MDO 策略是按照某种规则将原问题分解、处理耦合、协调系统任务和各子系统任务以及组织 MDO 的实现过程。本章首先介绍 MDO 的基本思想、关键技术、发展历史，然后重点介绍同时分析与优化(AAO)算法、并行子空间优化(CSSO)算法、协同优化(CO)算法、两层综合集成(BLISS)算法和目标级联法(ATC)等模型原理，并结合具体案例及程序代码介绍其工程应用。

本章的学习目标如下：

1. 了解 MDO 基本思想及关键技术。
2. 熟悉典型的 MDO 策略。
3. 掌握 AAO、CSSO、CO、BLISS 和 ATC 等算法。

6.1　认识多学科优化设计

近年来，在工程研究和产品设计中，研究的重点更多是复杂系统和结构。随着设计变量维数的增加和结构功能更加复杂化，涉及的学科领域和知识体系也日益广泛。传统的优化设计方法在应对复杂系统和结构时，常常面临设计周期长、结果可信度低等挑战，通常无法有效解决此类复杂的设计问题。

多学科优化设计基于系统科学的理念，采用数学方法，并利用计算机技术，能够有效处理复杂系统的优化设计问题。MDO 方法最初在航空航天领域得到研究和应用，随后迅速扩展至兵器、汽车、船舶等多个领域。

6.1.1　MDO 的基本思想

飞行器是一个典型的复杂系统，可以根据知识体系和工程组织形式分解为多个子系统，包括气动、结构、推进和控制等，如图 6-1 所示。早在 20 世纪 60 年代，国际上就提出了飞行器总体参数优化的研究方向。然而，由于传统的设计优化需要将所有子系统整合在一个模型中进行分析，受限于系统的复杂性和计算条件，成熟的高精度模型、分析方法和分析工具难以融入传统的优化框架。这使得优化过程通常依赖低保真度的统计数据、工程估算或经验公式等，导致优化结果的可信度较低。

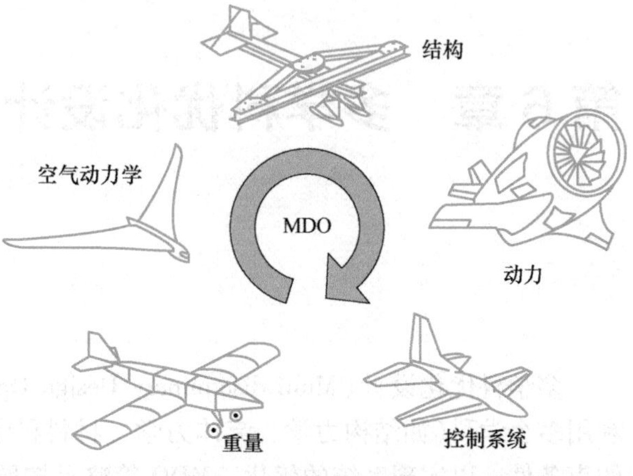

图 6-1　飞行器多学科架构

为有效求解此类问题，将子系统耦合效应纳入设计优化模型的多学科优化设计（MDO）方法应运而生。MDO 最早由 Sobieszczanski-Sobieski 等人在研究大型结构优化设计问题时提出，是一种系统设计优化方法。20 世纪 90 年代，NASA 将 MDO 定义为：MDO 是一种通过充分探索和利用系统中相互作用的协同机制来设计复杂系统和子系统的方法论。其基本思想是按照某种准则将复杂系统分解为若干易于分析的子系统，对子系统进行分析和优化，并协调子系统之间的耦合关系，以获得系统整体最优的可行设计方案。

6.1.2　MDO 的关键技术

MDO 的关键技术可分为五大部分，分别是仿真计算、数值分析、MDO 策略、优化算法及软件平台。MDO 的关键技术框图如图 6-2 所示。

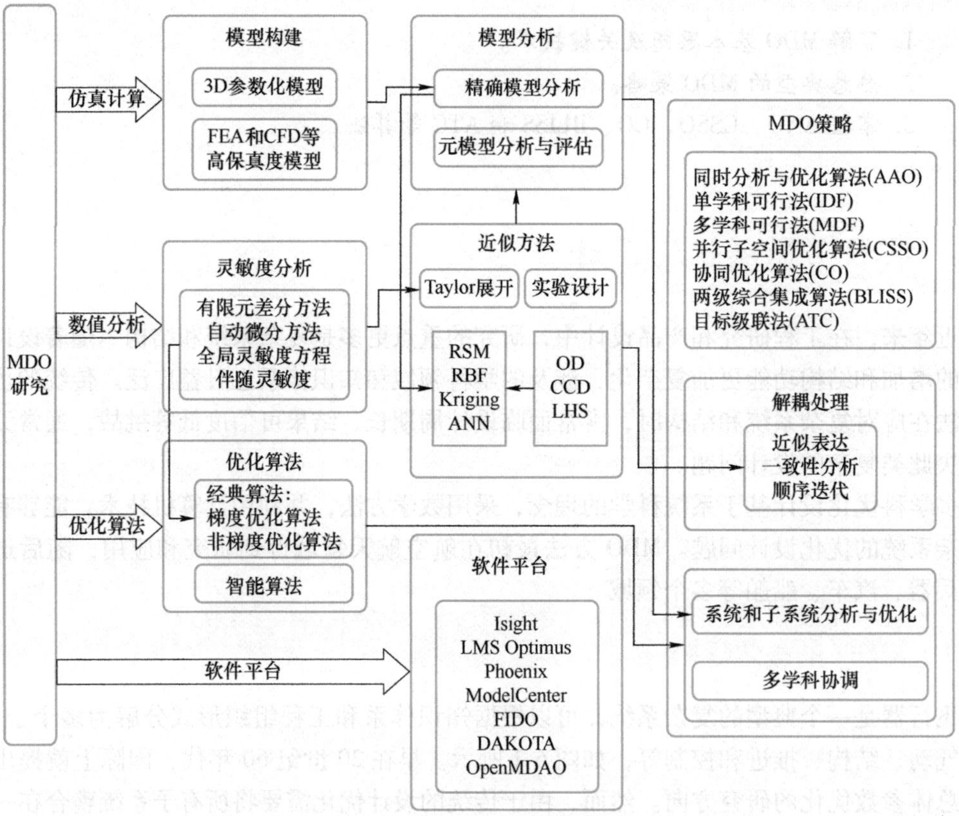

图 6-2　MDO 的关键技术框图

1. 模型构建与模型分析

设计变量、目标函数和约束条件是优化模型的三个基本组成部分。对于复杂的工程优化问题，模型通常不能通过数学表达式直接显式化表达，需要在目标和约束中结合有限元方法(FEA)和计算流体动力学(CFD)来计算系统/结构响应。在构建模型时，需要在效率和精度之间找到平衡。如果提高有限元模型的精度，则会导致计算效率降低；而提高计算效率，通常会牺牲模型的精度。

2. 灵敏度分析

针对大规模结构工程优化问题，这类问题通常涵盖着庞大的设计变量数量，有时可达数百个或更多。在这种情况下，基于灵敏度的梯度优化方法成为一种高效且切实可行的解决方案。有限差分法是其中的一种常用方法，虽然直接，但其计算成本往往受到设计变量数量和步长设置的显著影响。然而，在工程实践中，结合控制方程推导的直接灵敏度分析方法，因其更高的效率和精确性，通常被视为一种更为高效且有效的优化策略。相比有限差分法，直接灵敏度分析能够更快速地处理大量设计变量，且在计算过程中保持较高的精度。

3. 近似方法

多学科优化设计(MDO)的首要任务是解决耦合系统中复杂的信息交互难题。在解析复杂系统的过程中，经常需要大量耗时的有限元分析(FEA)或计算流体动力学分析(CFD)，这些分析常常导致优化流程在效率上受到极大限制。为了在工程实践中突破这一瓶颈，通常采用近似模型(“模型的模型”)技术来减少计算负担。其核心思想是借助近似技术来替代计算复杂的仿真模型。这些近似方法涵盖了多项式响应面、径向基函数、Kriging 模型以及支持向量机等，以期在提高优化效率的同时，降低计算成本。通过使用这些近似模型，可以在保持较高精度的同时显著减少计算时间，从而使大规模复杂系统的优化变得更加可行和高效。

4. MDO 策略

MDO 的耦合分解策略通常可分为单级和多级两大类。在单级 MDO 策略中，主要包括三种方法：多学科可行法(MDF)、单学科可行法(IDF)和同时分析与优化算法(AAO)。在多级 MDO 策略中，每个层级都配备有独立的优化器，具体方法有协同优化算法(CO)、并行子空间优化算法(CSSO)、两级综合集成算法(BLISS)以及目标级联法(ATC)等。这些方法旨在实现多学科间的有效协调与优化，提升整体设计效果。

5. 优化算法

现有的优化算法大致可以分为两类：梯度优化算法和智能优化算法。梯度优化算法包括多种常用技术，如序列线性规划、序列二次规划和移动渐进线法等。智能优化算法在处理离散问题时具有独特优势，常见的方法有粒子群优化(PSO)和遗传算法(GA)，在解决离散问题方面尤为出色。

6. 软件平台

为推动 MDO(多学科设计优化)方法在工程实践中的广泛应用，科研人员历经长期的不懈探索与努力，现已成功研发出多款集成化 MDO 计算平台，旨在显著减轻设计人员的繁重工作负担。当前市场上备受瞩目的平台软件主要包括 FIDO、Isight、LMS Optimus、DAKOTA 以及 OpenMDAO 等。这些先进的 MDO 平台凭借其出色的界面集成能力，实现了多模型与多源数据之间的无缝自动化交互，为复杂工程问题的求解构筑了高效且便捷的桥梁，极大地促进了工程设计与优化过程的智能化与高效化。

6.1.3 多学科设计优化(MDO)系统的变革

自 MDO 技术问世以来，经过数十年的发展，其设计系统已取得显著的进步。最初，该系统是基于本地计算机架构构建的，由单一操作者进行控制的综合设计平台。随着时间的演进，它已逐步发展成为一个能够支持不同机构和团队协同工作的分布式大型设计优化系统。这种转变与计算能力的持续增强和设计任务复杂性的不断增加密切相关。至今，MDO 系统已经明确地分为三个主要的发展阶段。

1. 第一代 MDO 系统

第一代 MDO 系统是一款整合了各学科能力与优化算法的综合设计应用程序，主要运行于单一计算机系统上。该系统通过学科间的耦合技术，实现多学科设计优化，从而精确捕捉系统对设计参数的灵敏度。图 6-3 直观地展示了第一代多学科优化设计环境。其核心目标是缩短系统运行时间，探寻最佳设计方案，并着重于开发高效的多学科优化算法和增强多学科求解器的功能。

以飞行器设计为例，第一代 MDO 系统主要应用于两个场景。首先，在飞行器的概念设计阶段，设计团队倾向于采用相对简单的模型，对分析结果的精确度要求相对宽松，更侧重于通过多学科优化设计，迅速分析多种因素对设计的影响，以引导后续设计流程。其次，该系统也应用于少数几个强耦合物理学科领域的详细设计优化，如流固耦合、气动弹性等。在这一代系统中，涉及的关键技术主要包括模型参数化、多学科灵敏度分析以及代理模型优化策略等。

2. 第二代 MDO 系统

第二代 MDO 系统采用先进的计算分发机制，将复杂的计算分析过程合理分散到多个专用计算设备上。通过集中设计与优化流程，实现了对这些专用设备的有效调用。在维持整体设计过程配置稳定性的同时，赋予了设计模块交互或更新的高度灵活性。系统能够针对每个分析模块的独特需求，优化其计算设备配置，如图 6-4 所示。

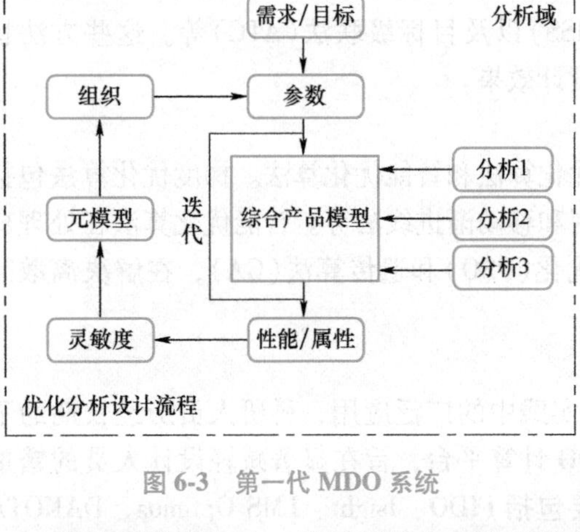

图 6-3 第一代 MDO 系统

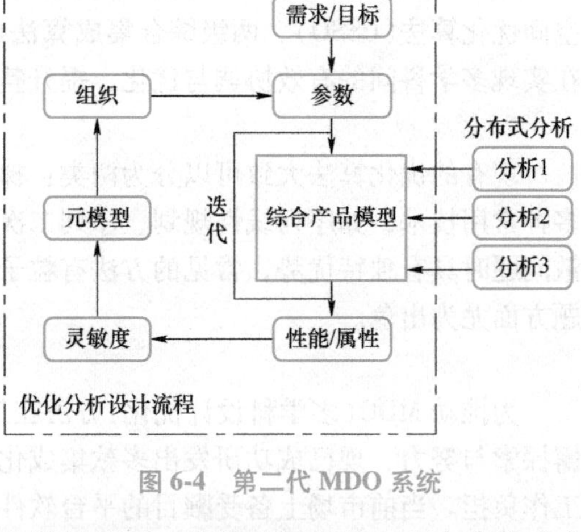

图 6-4 第二代 MDO 系统

在该系统架构中，设计团队主要负责统筹整个设计流程，实施全局优化，而专业技术专家则分别聚焦于各自的专业模块。通过构建高效的数据管理与通信系统，实现了各模块间信息的流畅交互。第二代 MDO 系统的核心工作聚焦于改进设计与优化过程的系统架构体系，以及与之相匹配的设计团队组织结构，从而充分发挥各专业领域的分布式分析能力。

该系统的关键技术涵盖多任务系统分解技术、各学科高效求解技术、分布式计算技术、优化算法与流程的自动化技术，以及几何与数据模型交换标准等。尽管基于知识的工程系统在一定程度上增强了系统的跨学科分析能力与扩展性，但在面对复杂设计过程时，整体设计优化的挑战依然严峻。

3. 第三代 MDO 系统

为确保复杂系统能够达到卓越的整体性能，在研发过程中需要深入探索并应用新布局、新材料、新结构以及新设备，同时整合多学科的智慧。在此过程中，设计工作已不再是个人或少数人的孤立努力，而是汇聚了数百位设计人员的集体智慧与协同努力。如图 6-5 所示，第三代多学科优化设计(MDO)系统作为任务分布式系统，不仅将分析工作向外扩展，还将整体设计任务分配给不同的单位和组织。在该系统架构下，通过并行工程和协同优化等高级技术，实现设计任务的精确分解与高效执行。

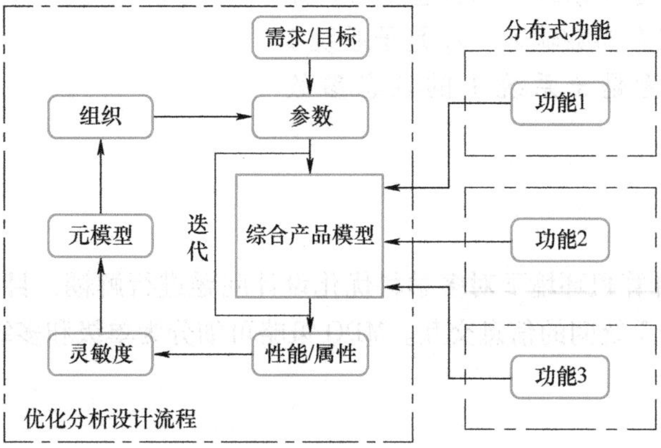

图 6-5　第三代 MDO 系统

第三代 MDO 系统的核心目标在于提升设计人员的决策能力，并简化优化流程的复杂性。为实现这一目标，当前研究聚焦于可视化技术、标准化技术和教育计划等领域的改进，所涉及的关键技术涵盖综合热管理技术、虚拟现实/增强现实技术、并行工程与协同优化技术、数字孪生技术以及面向效能的多学科设计优化技术等。

6.2　MDO 策略分类

6.2.1　MDO 的一般性模型

一般而言，MDO 问题可以描述为：

$$\min f(x_0, x_i, y)$$

$$\text{s.t.}\begin{cases} g_j(x_0, x_i, y) \leqslant 0 \\ h_k(x_0, x_i, y) = y_k - y_k(x_0, x_i, y_i) = 0 \end{cases}$$

式中，f 表示目标函数；x_0 表示共享(或全局)设计变量，表示两个或两个以上学科或子系统共有的设计变量和设计参数；x_i 为子系统或学科 i 的设计变量；y 为耦合变量向量，表示多学科分析函数或者耦合状态方程，它包含设计变量和状态变量，反映的是不同学科或者子系统之间的耦合联系；y_i 是子系统 i 的耦合状态参数向量，为其他子系统的输出。其中，求解 y 是 MDO 中最为耗时的部分，这个过程称为多学科分析或系统分析，需要进行反复迭代求解。g 表示不等式约束，h 表示等式约束。

针对复杂工程问题，y 涉及耗时的仿真分析过程，如 FEA 或 CFD 仿真。在优化过程中，耦合机制可能会导致子系统之间的反复迭代计算，使其计算极其耗时。由于传统的优化理论无法考虑各子系统的差异，造成优化效率极低。为了有效解决此问题，需要构建相应的数学模型，协调各子系统之间的相互作用，使得优化过程中多学科分析次数最少的情况下得到多学科系统的最优解。

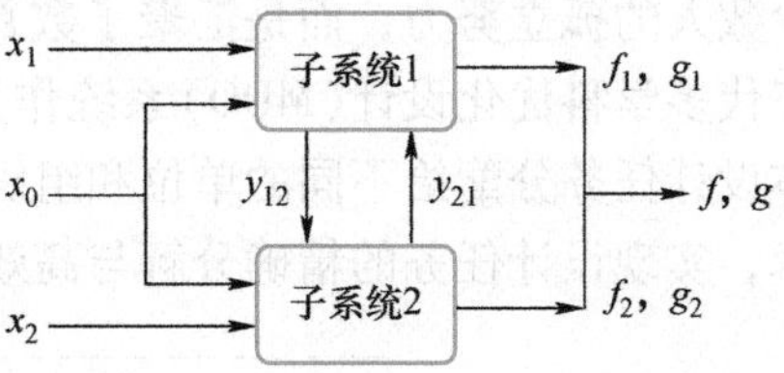

图 6-6　两个完全耦合的子系统

以两个学科耦合为例，图 6-6 给出了两个完全耦合的子系统，y_{12}是子系统 1 的状态变量，并被视为子系统 2 的状态参数输入。y_{21}是子系统 2 的状态变量，被认为是子系统 1 的状态参数输入。

6.2.2　典型的 MDO 策略

MDO 方法是在计算机环境下对多学科优化设计问题进行解耦，目的是采用不同策略重新组织系统并处理子系统间的信息交互。MDO 策略可细分为单级和多级两种类型，如图 6-7 所示。

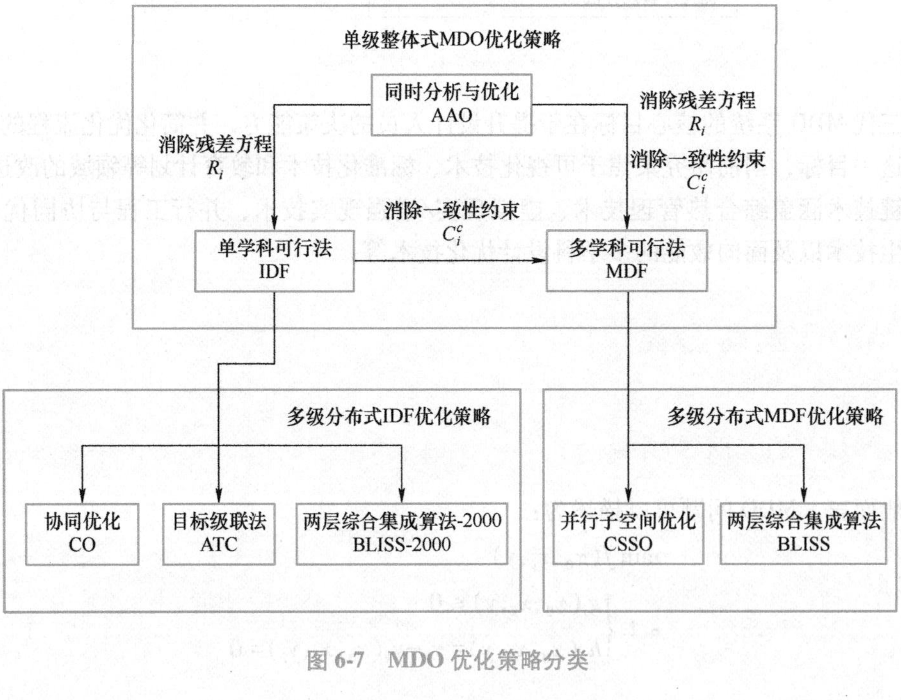

图 6-7　MDO 优化策略分类

单级优化策略侧重于系统级的优化任务，子系统级则主要负责分析，并向系统级提供状态变量的分析结果。子系统间的耦合变量通过迭代计算或相容性约束来确保。然而，由于单级优化策略无法实现并行处理，求解效率相对较低。常见的单级策略包括同时分析与优化算法(All at Once，AAO)、单学科可行法(Individual Discipline Feasible，IDF)和多学科可行法(Multidisciplinary Design Feasible，MDF)等。

多级优化策略是当前多学科优化设计(MDO)策略研究的热点。在这种策略中，子系统在进行分析的同时也进行优化，拥有对其局部变量的控制权。系统级则负责系统级设计变量的优化以及子系统优化的协调。多级优化策略的主要特点包括：系统分解后与实际知识体系及工程组织形式高度一致，易于融入实际工程应用；各子系统及学科组具备一定的设计自主权，有助于发挥设计人员的创造性；能够实现并行优化设计，从而提升效率、缩短设计周期；并且能够方便采用成熟的高精度分析模型和方法，增强设计的可靠性。其中，整体式优化策略将所有目标函数、设计变量和约束条件都放在系统级的求解器中进行优化求解，而子系统级只负责分析或计算。系统级将所需参数输入到各个子系统进行学科耦合求解，最终将合适的参数传递回系统级。系统级利用已优化的参数进行目标函数求解和约束校核，并判断是否为最优解。在分布式优化策略中，各子系统可以相对独立地进行优化和分析。系统级主要负责利用各子系统获得的信息进行整体优化，并将获得的优化值传递回各子系统进行协调，最终得到各个子系统的协调系数，从而得到最优解。多级策略主要包括 CSSO(并行子空间优化)、CO(协同优化)、BLISS(两层综合集成)、ATC(目标级联法)等方法。

鉴于实际工程问题需求，本文重点阐述了 AAO(同时分析与优化)、CSSO(并行子空间优化)、CO(协同优化)、BLISS(两层综合集成)和 ATC(目标级联法)等几种典型的多学科优化策略。

6.3 同时分析与优化算法

6.3.1 模型原理

AAO(同时分析与优化)算法是一种整体式优化算法，通过两个辅助变量——耦合辅助设计变量和状态耦合设计变量，将各子学科彻底解耦。该方法旨在实现系统级的整体优化，而非逐一优化各个子系统。在具体实践中，该方法将所有子系统的变量提升至系统层面，然后利用系统级优化器进行全局优化。

在操作过程中，各子学科保持其独立性，并采用并行计算以提高计算效率。此外，为确保计算结果的准确性和一致性，在系统级增加了一致性约束条件，并对残差进行了严格校核，从而最小化辅助变量和耦合变量的误差。AAO 算法在优化过程中，将辅助变量视为设计变量的一部分，并将其纳入每个子学科的分析模型中进行分析。尽管 AAO 算法具备高度的并行性和学科自治性，但这也相应增加了设计空间的维度，并引入了更为严格的学科一致性收敛条件。

为便于理解 AAO 算法的原理，AAO 算法的一般表达式描述为

$$
\begin{aligned}
&\min f_0(x,y)+\sum_{i=1}^{N} f_i(x_0,x_i,y_i)\\
&\text{find } x,\bar{y},y,\hat{y}\\
&\text{s.t.}\begin{cases}
c_0(x,y)\geqslant 0\\
c_i(x_0,x_i,y_i)\geqslant 0, & i=1,\cdots,N\\
c_i^c=\hat{y}_i-y_i=0, & i=1,\cdots,N\\
R_i(x_0,x_i,\hat{y}_{j\neq i},\bar{y}_i,y_i)=0, & i=1,\cdots,N
\end{cases}
\end{aligned}
$$

式中，f 为目标函数；f_0 为系统目标函数；f_i 为学科目标函数；$\bar{y}$ 为状态变量矢量；c 为设计约束；c^c 为一致性约束；R 为残差形式的学科分析控制方程；$\hat{y}_i$ 为输入子系统的变量副本。

为方便理解算法的数学表达式，使用扩展设计结构矩阵(eXtended Design Structure Matrix，XDSM)直观地显示复杂系统组件之间的相互联系，并表现出数据的变化过程。XDSM 图是一种可视化工具，用于表示复杂系统中各组件之间的关系及其数据流。它主要包括两种类型的组件：用矩形表示的学科分析组件，负责处理数据；以及用圆角矩形表示的驱动程序组件，是一个特殊的控制迭代组件，用于协调和管理整个系统或过程中的数据流和迭代计算。

图 6-8 展示了 AAO 模型的 XDSM 图，其中外部输入包括设计变量和对系统耦合变量的初始估计。在该图中，每个学科都配备了一个计算残差组件，并且这些学科能够并行执行，提高了分析效率。每个学科分析都会独立计算自己的耦合变量集，并将结果返回给驱动程序进行进一步处理。当多学科分析流程结束时，每个学科都会提交其计算出的最终耦合变量集，以供后续使用或评估。在图 6-8 中，黑色细线用于表示流程，这些线的方向与数据流线的方向保持一致，清晰地展示了数据和分析流程在系统中的传递路径。为了更明确地显示组件的执行顺序，图中还采用了一个编号系统。每个组件内部都标注了一个数字，后面紧跟冒号和组件名称。在算法执行过程中，每当到达一个特定的数字时，相应的组件就会执行一次相关的计算任务。算法的执行从编号为 0 的组件开始，然后按照数字顺序依次执行后续的组件，直到所有组件都按照预定的顺序完成计算。这种编号和执行顺序的设计有助于确保分析的准确性和一致性，同时也便于跟踪和调试算法。

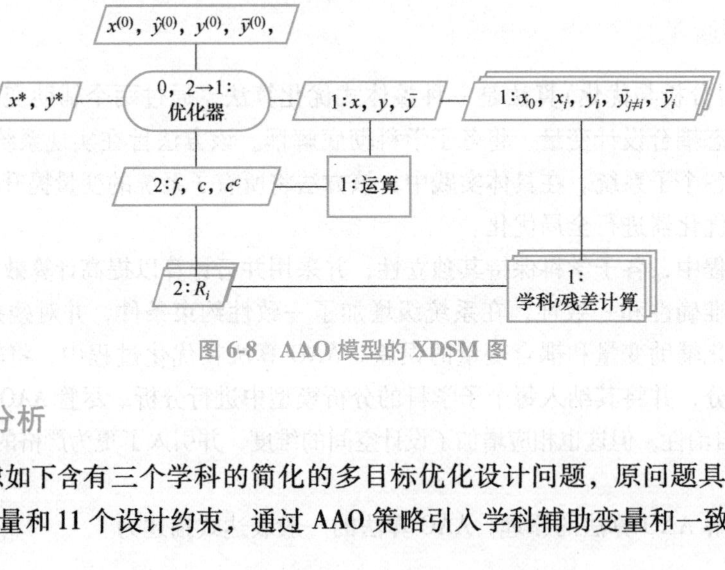

图 6-8 AAO 模型的 XDSM 图

6.3.2 案例分析

本案例考虑如下含有三个学科的简化的多目标优化设计问题，原问题具有三个学科函数、7 个设计变量和 11 个设计约束，通过 AAO 策略引入学科辅助变量和一致性约束，可构建如下的多学科优化设计模型：

$$\min -f$$

$$f=f_1+f_2+f_3$$

$$f_1=-1.508x_1x_6^2+7.477x_6^3+0.7854x_4x_6^2$$

$$f_2=-1.508x_1x_7^2+7.477x_7^3+0.7854x_5x_7^2$$

$$f_3=0.7854x_1x_2^2(3.333x_3^2+14.933x_3-43.0934)$$

$$\text{find } x_1,x_2,x_3,x_4,x_5,x_6,x_7,f_{1\text{Design}},f_{2\text{Design}},f_{3\text{Design}}$$

$$\text{s. t.}\begin{cases}g_1=1-27.0/(x_1x_2^2x_3)\leqslant 0\\ g_2=1-397.5/(x_1x_2^2x_3^2)\leqslant 0\\ g_3=1-19.3x_4^3/(x_2x_3x_6^4)\leqslant 0\\ g_4=1-19.3x_5^3/(x_2x_3x_7^4)\leqslant 0\\ g_5=1100-[(745.0x_4/x_2x_3)^2+16.9\times 10^6]^{0.5}/0.1x_6^3\leqslant 0\\ g_6=850-[(745.0x_5/x_2x_3)^2+157.5\times 10^6]^{0.5}/0.1x_7^3\leqslant 0\\ g_7=x_2x_3-40.0\leqslant 0\\ g_8=x_1/x_2-12.0\leqslant 0\\ g_9=-x_1/x_2+5.0\leqslant 0\\ g_{10}=(1.5x_6+1.9)/x_4-1\leqslant 0\\ g_{11}=(1.1x_7+1.9)/x_5-1\leqslant 0\\ c_1=f_{1\text{Design}}-(-1.508x_1x_6^2+7.477x_6^3+0.7854x_4x_6^2)=0\\ c_2=f_{2\text{Design}}-(-1.508x_1x_7^2+7.477x_7^3+0.7854x_5x_7^2)=0\\ c_3=f_{3\text{Design}}-[0.7854x_1x_2^2(3.333x_3^2+14.933x_3-43.0934)]=0\\ 2.6\leqslant x_1\leqslant 3.6\\ 0.7\leqslant x_2\leqslant 0.8\\ 17\leqslant x_3\leqslant 28\\ 7.3\leqslant x_4\leqslant 8.3\\ 7.3\leqslant x_5\leqslant 8.3\\ 2.9\leqslant x_6\leqslant 3.9\\ 5.0\leqslant x_7\leqslant 5.5\end{cases}$$

在 AAO 算法中，辅助变量 $f_{1\text{Design}}$、$f_{2\text{Design}}$、$f_{3\text{Design}}$ 三个学科设计变量以满足一致性约束。在优化问题求解过程中，通过同时更新学科设计变量及辅助变量，实现设计变量更新与多学科分析的协同进行。编制 Python 程序，通过优化算法求解上述问题，经过 500 迭代步获取目标函数最优解为 2994.22。

需要强调的是，尽管当前各学科模型的构建均基于显式表达数学公式，其根本目的在于引导读者了解 AAO 策略原理及实现过程，从而构建出与原问题等效且易于求解的优化设计问题。在解决复杂系统时，各学科的目标函数与约束条件往往可以通过构建高保真度近似模型来实现。

对应文件：6_6.3_1.py

6.4 并行子空间优化算法

并行子空间优化算法(CSSO)作为基于 MDF 的多级分布式 MDO 算法的早期代表之一，其核心在于通过复杂的多学科分析(MDA)实现系统问题的有效分解。在 CSSO 中，首先将系统问题拆解为若干相互独立的子系统，这些子系统各自拥有不相关的变量集。初始阶段，通过执行 MDA 获取设计的初始值。随后，对各个子系统进行详尽的灵敏度分析，精确计算每个子系统的偏导数，从而构建全局灵敏度方程。

在获得各子系统的灵敏度后，CSSO 针对各子系统进行并行优化，并将得到的优化结果反馈至系统级进行统一协调。值得注意的是，各子系统的优化目标函数均源于原系统优化问题的目标函数，且各子学科仅针对其局部设计变量进行优化。

在系统层面，CSSO 通过解决协调问题，重新计算并分配每个学科的权重系数。这些系数确保了每个学科在整体系统中拥有适度的自主权。整个优化过程通过循环迭代的方式持续进行，直至达到收敛。

6.4.1 模型原理

本节面向复杂问题，介绍基于近似模型的 CSSO 策略，即通过近似模型代替优化目标或约束中复杂耗时的仿真。与单级 MDO 方法不同的是，CSSO 除了在系统级上具有优化求解器外，在子系统级上也具有优化求解器。

在 CSSO 算法中，系统级的优化模型可以表示为：

$$
\begin{aligned}
&\min f_0(x,\tilde{y}(x,\tilde{y}))\\
&\text{find } x\\
&\text{s. t.}\begin{cases} c_0(x,\tilde{y}(x,\tilde{y}))\geqslant 0\\ c_i(x_0,x_i,\tilde{y}_i(x_0,x_i,\tilde{y}_{j\neq i}))\geqslant 0, \quad i=1,\cdots,N\end{cases}
\end{aligned}
$$

式中，$\tilde{y}$ 为给定函数的近似值。

在子系统层面上，第 i 个学科的优化模型可以表示为：

$$
\begin{aligned}
&\min f_0(x,y_i(x_i,\tilde{y}_{j\neq i}),\tilde{y}_{j\neq i})\\
&\text{find } x_0,x_i\\
&\text{s. t.}\begin{cases} c_0(x,\tilde{y}(x,\tilde{y}))\geqslant 0\\ c_i(x_0,x_i,y_i(x_0,x_i,\tilde{y}_{j\neq i}))\geqslant 0,\\ c_j(x_0,\tilde{y}_j(x_0,\tilde{y}))\geqslant 0, \quad j=1,\cdots,i-1,i+1,\cdots,N\end{cases}
\end{aligned}
$$

基于近似模型的 CSSO 模型的 XDSM 如图 6-9 所示。

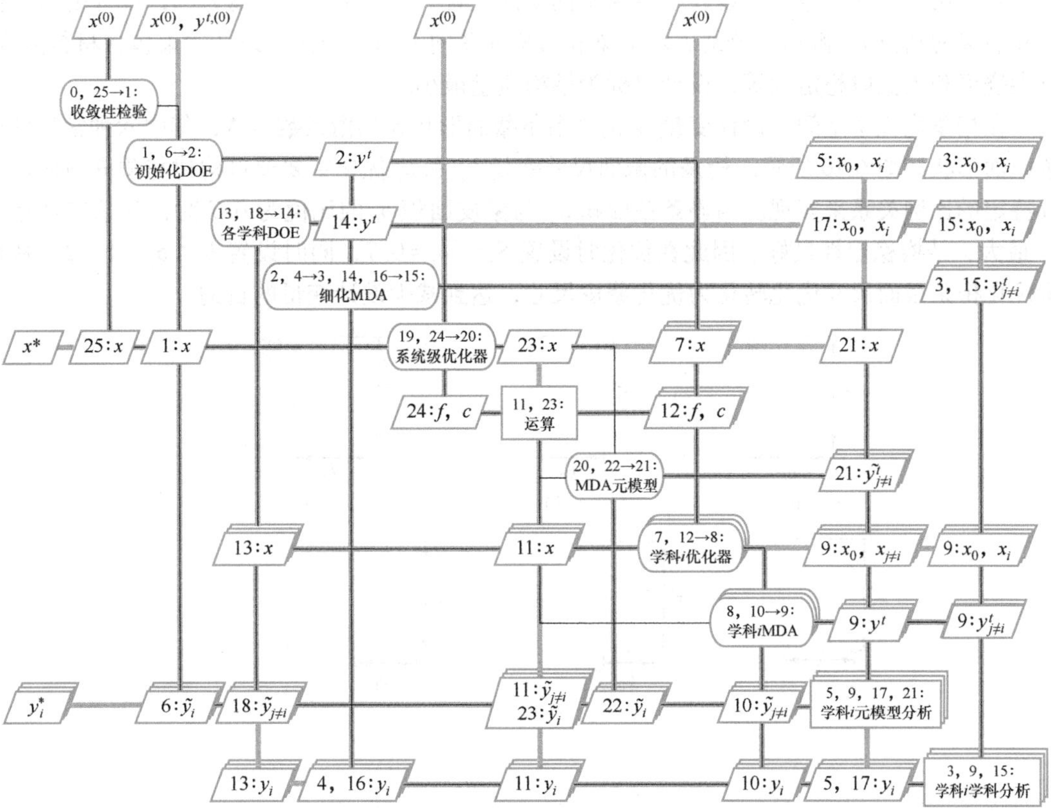

图 6-9　CSSO 模型的 XDSM 图

6.4.2　案例分析

本节在基于近似模型 CSSO 模型 XDSM 图的基础上，结合机翼布局多学科优化介绍其原理及应用。在该优化问题中，其设计变量包括梁的位置 L、壁板筋条数目 N、蒙皮壁板筋条形状 S 以及各区域蒙皮、梁和肋的厚度 T 等。设计目标为整个机翼结构质量 W 最轻。约束包括静强度、刚度和稳定性约束。优化问题的数学模型如下：

$$
\min W(X)
$$

$$
\text{s.t.}\begin{cases}\sigma(X)\leqslant[\sigma]\\ \varepsilon(X)\leqslant[\varepsilon]\\ \delta(X)\leqslant\delta^*\\ \lambda(X)\leqslant\lambda^*\\ X_L\leqslant X\leqslant X_U\end{cases}
$$

式中，$X=(L,N,S,T)$ 为设计变量；σ、ε 分别为结构应力、应变；$[\sigma]$ 和 $[\varepsilon]$ 为材料应力和应变许用值；δ 和 δ^* 分别为结构变形及其临界值；λ 和 λ^* 分别为屈曲因子及其临界值；X_L 和 X_U 分别为各自变量的上下限。对于此优化问题，分别设置梁站位优化、桁条优化和厚度优化三个子空间，在每个子空间内部，只优化该空间内的设计变量，其余子空间的设计变量作为状态变量在该子空间内保持不变。

在梁站位优化子空间，设计变量为不同梁的位置 L，以双梁式机翼为例，设计变量为前梁和后梁的站位 L_1 和 L_2，分别表示前梁和后梁在弦向上的百分比。设计约束包含材料强度、翼尖挠度和主盒段稳定性等，设计目标为结构质量最小。

在桁条优化子空间，设计变量 D 包含桁条截面形状 S 和桁条数目 N，其中六种常见的桁条截面形状如图 6-10 所示。桁条的截面尺寸变量 b_w 和 b_f 优化主要通过构建与蒙皮截面尺寸成特定的比例关系来实现。当筋条截面积 S_{str} 与蒙皮面积 b_t 的比值为 0.7 时，筋条支持系数 K_f 最大，结构稳定性最好。因此在优化时设置 $S_{str}:b_t=0.7$，同时设置 $b_f:b_w=1:2$，从而将优化桁条截面尺寸优化转化为优化蒙皮尺寸，达到减少设计变量的目的。

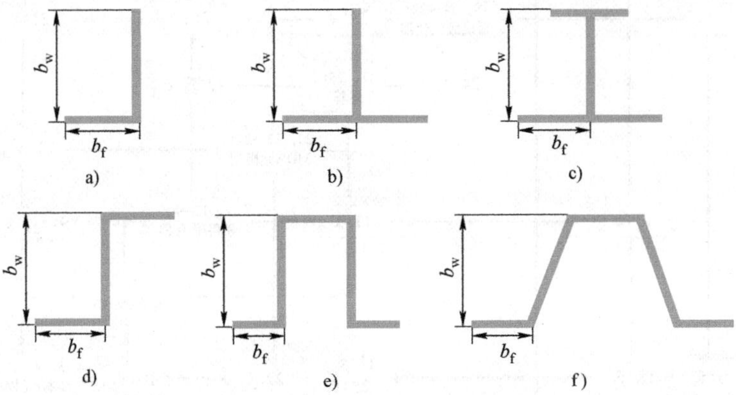

图 6-10 常见的桁条截面形状

a) L形 b) T形 c) 工形 d) Z形 e) 帽形 1 f) 帽形 2

在厚度优化子空间，设计变量 T 包含各个区域内蒙皮、梁和肋的铺层厚度 t_i，设计约束包含材料强度、翼尖挠度和主盒段稳定性等，设计目标同样为结构质量最小。

在系统级协调中，系统级在获得 3 个子空间传递来的优化结果后，选取最小结构质量的子空间的解作为该次设计的最优值，在下一次迭代时，该空间的设计变量保持不变，而对其他子空间的设计变量进行协调处理。首先，设第 k 次迭代子空间 A 经过优化后得到的结构质量在 3 个子空间中最小，即

$$W_A=\min_{i\in[1,3]} W_i$$

通过此确定最小质量的子空间，随后协调其余子空间变量。设第 k 次迭代除子空间 A 外的其他子空间 $\bar{A}$ 的设计变量初始值为 $X_{\bar{A}}^{(k)}$（经过第 $k-1$ 次系统级协调后得到的变量值），经过子空间优化后得到的最优解为 $X_{\bar{A}}^{(k)*}$，则 $\bar{A}$ 两个子空间的变量 $X_{\bar{A}}$ 在第 $k+1$ 次迭代的初始值 $\hat{X}_{\bar{A}}^{(k+1)}$ 可以表示为

$$\hat{X}_{\bar{A}}^{(k+1)}=X_{\bar{A}}^{(k)}+\Delta X_{\bar{A}}^{(k)}$$

其中，$\Delta X_{\bar{A}}^{(k)}$ 表示为

$$\Delta X_{\bar{A}}^{(k)}=\alpha^{(k)}\cdot(X_{\bar{A}}^{(k)*}-\hat{X}_{\bar{A}}^{(k)})$$

$$\alpha^{(k)}=\upsilon\frac{X_{\bar{A}}^{(k)*}-X_{A}^{(k)*}}{\hat{X}^{(k)}}$$

式中，协调参数 $\alpha^{(k)}$ 为控制步长；$\hat{X}_{\bar{A}}^{(k)}$ 为设计变量在第 k 次迭代的初始值；$(X_{\bar{A}}^{(k)*}-\hat{X}_{\bar{A}}^{(k)})$ 为

搜索方向；系数 υ 根据情况取 0~1 之间的常数，$\hat{X}^{(k)}$ 为第 k 次迭代结构质量初值。

机翼布局优化流程如图 6-11 所示。双梁结构的无人机机翼平面尺寸以及蒙皮分区图如图 6-12 所示。以肋、前后梁为界划分分区，A11 ~ A53 为上蒙皮各个分区的编号，每个分区包含 3 个层合板厚度设计变量。前后梁分别沿展向设置 5 个设计变量。翼肋厚度方面，根肋设置为一个厚度，其余肋设置为同一个厚度。材料的属性见表 6-1。机翼上的气动载荷简化为一个沿展向的椭圆分布和沿弦向梯形分布的载荷，如图 6-13 所示。机翼上的总载荷为 9750kg。最终优化模型共包含 2 个站位优化变量、2 个桁条优化变量和 126 个厚度优化变量。各个设计变量的取值范围见表 6-2。

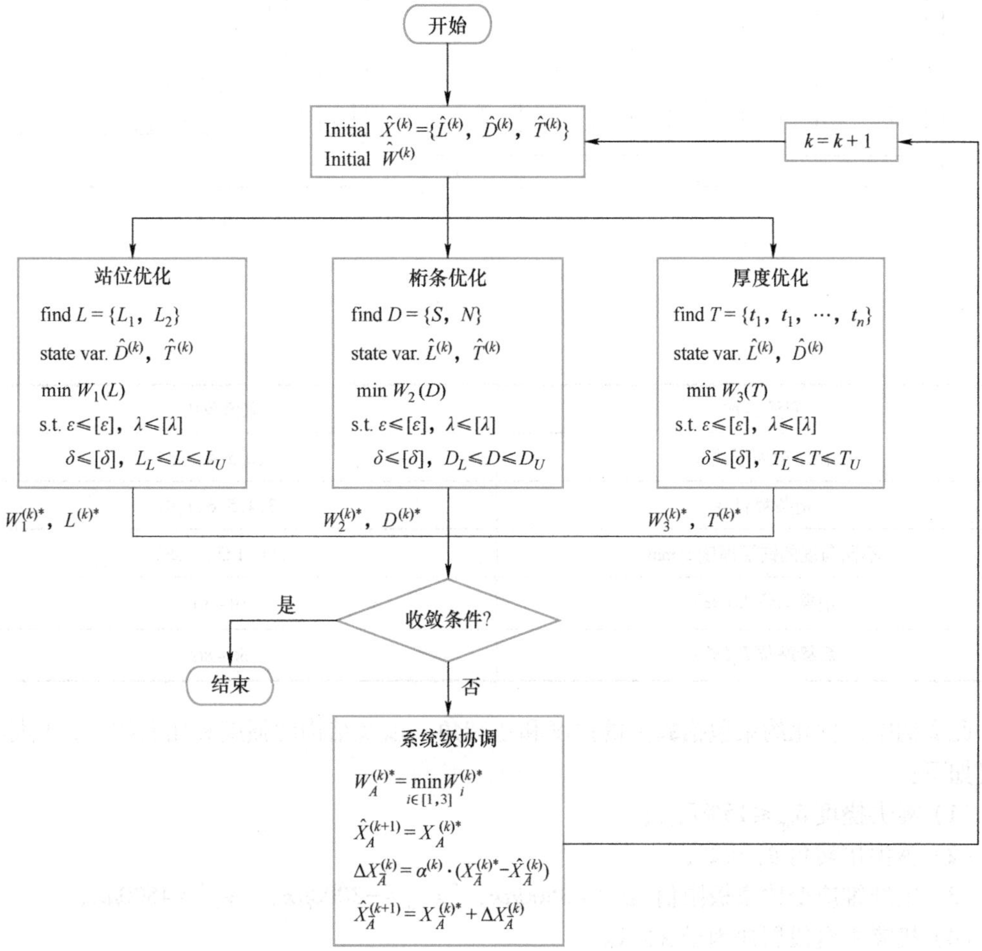

图 6-11　机翼布局优化流程图

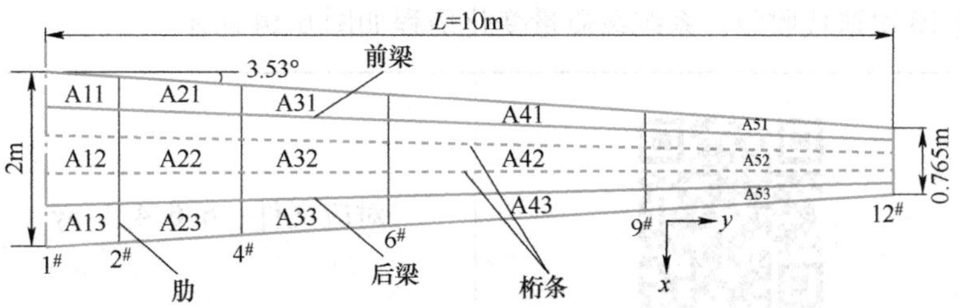

图 6-12　机翼平面尺寸以及蒙皮分区图

表 6-1　材料性能

参数	数值	参数	数值
E_{11}/GPa	125	μ	0.33
E_{22}/GPa	7.2	$\rho/(\mathrm{kg\cdot mm^{-3}})$	1.5×10^{-6}
G_{12}/GPa	4.7	单层厚度/mm	0.125

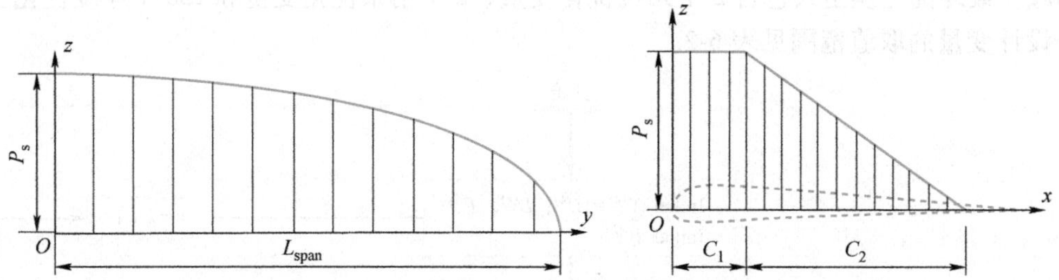

a)　　b)

图 6-13　机翼展向和弦向的气动分布

a）椭圆分布　b）梯形分布

表 6-2　设计变量取值范围

变量名称	取值范围
桁条截面形式 S	{1,2,3,4,5,6}
桁条数目 N	{3,4,5,6,7,8}
不同角度的铺层厚度 t/mm	$n\times0.125$，$n\geqslant1$
前梁站位 L_1(%)	10~30
后梁站位 L_2(%)	60~80

此实例中，优化约束包括翼尖的挠度和扭转角，以及结构的强度和屈曲约束，具体约束设置如下：

（1）翼尖挠度 $\delta_{tip}\leqslant15\%L_{span}$；

（2）翼尖扭转角 $\theta_{tip}\leqslant2°$；

（3）碳纤维应变约束极限值 $[\varepsilon_+]=3500\mu\varepsilon$，$[\varepsilon_-]=-3000\mu\varepsilon$，$[\gamma_+]=4500\mu\varepsilon$；

（4）机翼主盒段屈曲因子 $\lambda\geqslant1$。

编制 Python 程序进行优化，最终的优化结果见表 6-3。可以看出，结构分析次数为 1410 次，共计经过 10 次迭代收敛，系统级质量变化历程如图 6-14 所示。

对应文件：6_6.4_1.py

表 6-3　初始值与优化结果

项目	初始值	CSSO 方法
L_1(%)	18	25.7
L_2(%)	68	67.3
S	L 形	T 形
N	3	6
W/kg	235.0	171.0
迭代次数	—	10
结构分析次数	—	1410

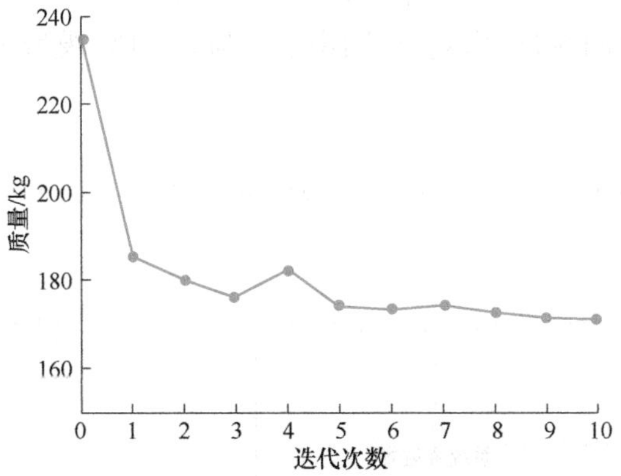

图 6-14　系统级质量变化历程

6.5　协同优化算法

6.5.1　模型原理

CO 算法是目前研究最广泛、应用最多的基于 IDF 方法的多级多学科优化策略之一。其基本思想是将系统进行层次分解，各子系统仅与系统级进行数据交换。系统级的目标函数为原问题的目标函数，并为各子系统间的耦合变量分配期望的目标值，并将这些值传递给各个子系统。各子系统则以最小化与系统分配的目标方案之间的差异为目标函数，在满足本学科的约束条件下，尽量减少学科间耦合变量的取值和系统级分配的目标值之间的差异。经过分析和优化后，各子系统将结果返回到系统级。

系统级通过一致性约束条件来解耦和协调各学科间的耦合变量，然后将优化后求得的新目标值再分配给各子系统。通过这种方法不断迭代，直至达到最优解。与单级优化方法相比，CO 算法通过系统层的相容性约束协调学科间的相互影响，使问题可以收敛到正确的最优解。与 CSSO 算法相比，CO 算法更容易实现，各参数的物理意义也更加明确，非常适合用于大型的松散耦合问题。然而，CO 算法在满足系统层相容性约束时可能会花费过多的时间，因此在实际工程应用中，还需要关注其计算效率问题。

本节重点介绍由 Braun 提出的 CO 架构，其具体模型如下：

$$\min f_0(x_0,\hat{x}_1,\cdots,\hat{x}_N,\hat{y})$$
$$\text{find } x_0,\hat{x}_1,\cdots,\hat{x}_N,\hat{y}$$
$$\text{s. t. }\begin{cases}c_0(x_0,\hat{x}_1,\cdots,\hat{x}_N,\hat{y})\geqslant 0\\ J_i^*=\|\hat{x}_{0i}-x_0\|_2^2+\|\hat{x}_i-x_i\|_2^2+\|\hat{y}_i-y_i(\hat{x}_{0i},x_i,\hat{y}_{j\neq i})\|_2^2=0,\ i=1,\cdots,N\end{cases}$$

式中，J_i^* 表示学科间的一致性约束。

在子系统层面上，学科 i 的数学模型如下：

$$\min J_i(\hat{x}_{0i},x_i,y_i(\hat{x}_{0i},x_i,\hat{y}_{j\neq i}))$$
$$\text{find } \hat{x}_{0i},x_i$$
$$\text{s. t. } c_i(\hat{x}_{0i},x_i,y_i(\hat{x}_{0i},x_i,\hat{y}_{j\neq i}))\geqslant 0$$

CO 模型的 XDSM 如图 6-15 所示。由图中步骤易知，CO 模型类似于子系统自带优化的单学科优化(IDF)模型。

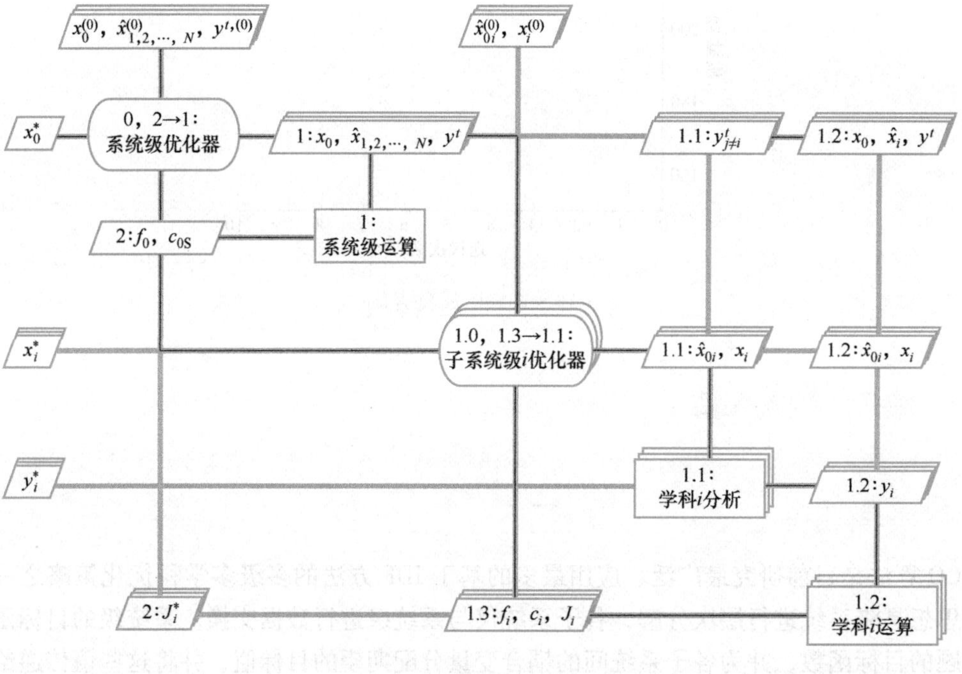

图 6-15 CO 模型的 XDSM 图

6.5.2 案例分析

本节中将以航空发动机涡轮叶片的气—热—结构多学科耦合设计问题为例，使用 CO 算法获得最优平衡解。表 6-4 给出涡轮转子的初始设计参数，包括进口空气质量流量、转子转速和等熵效率，材料采用定向结晶合金 DZ125。

表 6-4　涡轮转子初始设计参数

设计参数	数值
进口空气质量流量/($kg \cdot s^{-1}$)	79.5
转子转速/($r \cdot min^{-1}$)	10300.0
等熵效率(%)	97.38

以涡轮叶片的气动效率和叶片质量作为优化指标，对其进行归一化处理。约束规定流量变化在 1kg/s 范围内，即将空气质量流量 mf 的变化范围为[78.5,80.5]kg/s；涡轮叶片(包括叶身、叶冠和伸根)的弯曲应力和拉伸应力之和不应超过 75%$\sigma_{0.1}$；对涡轮叶片进行热分析和应力分析可知，涡轮叶片的最大等效应力出现在涡轮叶片叶身根部附近，温度约为 980K；伸根最大等效应力处的温度约为 1043K，根据 DZ125 材料性能参数，通过插值确定涡轮叶片叶身最大等效应力 $\sigma_{b\,\max}$ 和伸根最大等效应力 $\sigma_{s\,\max}$ 不应超过 691.4MPa 和 692.9MPa；叶片的最大径向伸长量 dx_{tip} 不超过 0.5mm；涡轮叶片的最高温度 $T_{\max}$ 不应超过 1273K。以涡轮叶片的气动效率和叶片质量作为优化指标，对其进行归一化处理，建立该涡轮叶片的 MDO 目标函数，涡轮叶片多学科优化的数学模型如下：

$$\min F(X) = W_1/\eta(X) + W_2 * V(X)/V_0(X)$$

$$\text{s.t.} \begin{cases} g_1 = T_{\max} - 1273 \leqslant 0 \\ g_2 = \sigma_{b\,\max} - 691.4 \leqslant 0 \\ g_3 = \sigma_{s\,\max} - 692.9 \leqslant 0 \\ g_4 = dx_{\mathrm{tip}} - 0.0005 \leqslant 0 \\ g_5 = mf \in [78.5, 80.5] \end{cases}$$

式中，$\eta(X)$ 为转子叶片的气动等熵效率函数；$V(X)$ 为叶片体积函数；$V_0(X)$ 为叶片初始体积；W_1 和 W_2 为加权因子，根据经验分别取 0.7 和 0.3；X 为设计变量。

该涡轮叶片设计采用重心积叠方式，sweep 曲线表述了积叠点在流面上的轴向坐标沿叶展的分布规律，采用三点控制的二阶 Bezier 曲线，如图 6-16 所示，其叶形参数为 β_{1Z} 和 β_{2Z}。lean 曲线表述了积叠点在流面上的周向坐标沿叶展的分布规律，也采用三点控制的二阶 Bezier 曲线，如图 6-17 所示，其叶形参数 $\beta_{1\theta}$ 和 $\beta_{2\theta}$。叶片的中弧线也采用二阶 Bezier 曲线，如图 6-18 所示，叶形参数为安装角 γ、β_1、β_2 和基准长度(Reference Length)，本例中选择中弧线的轴向长度 DZ 作为基准长度。该涡轮叶片吸力面曲线和压力面曲线沿中弧线厚度分布对称，此处只定义吸力面一侧的曲线，如图 6-19 所示。通过 4 个等距离的点实现对三次 B-Spine 曲线的控制，控制参数包括前缘半径(R_l)、尾缘半径(R_t)、前缘半楔角(θ_l)、尾缘半楔角(θ_t)、P_1 点和 P_2 点的半厚度(TP_1、TP_2)。最终，通过对叶根、叶中和叶尖三个位置的叶型定义，按照积叠点的 sweep 规律和 lean 规律生成一个实心涡轮叶片。通过前面的分析，选择上述 3 个截面的 30 个叶型参数和 4 个积叠规律控制参数作为该涡轮叶片的多学科优化设计变量。另外，为了保证叶型不发生大的改变，取角度变化值不大于 3°，长度变化值不超过初始值的 50%。

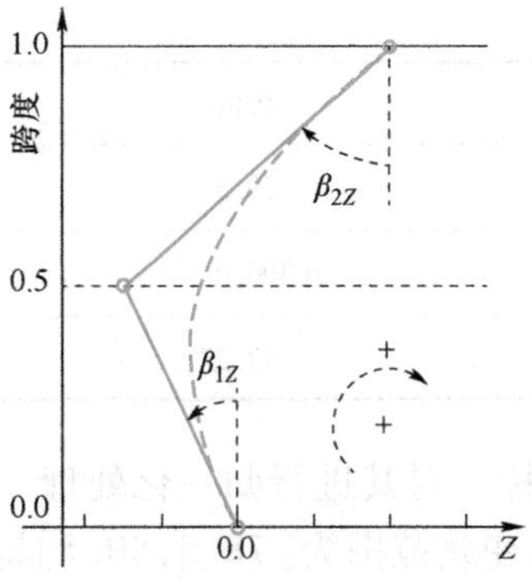

图 6-16 积叠点 sweep 规律曲线

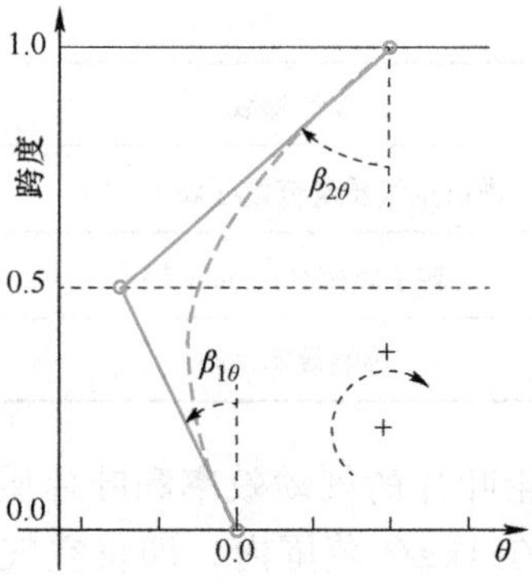

图 6-17 积叠点 lean 规律曲线

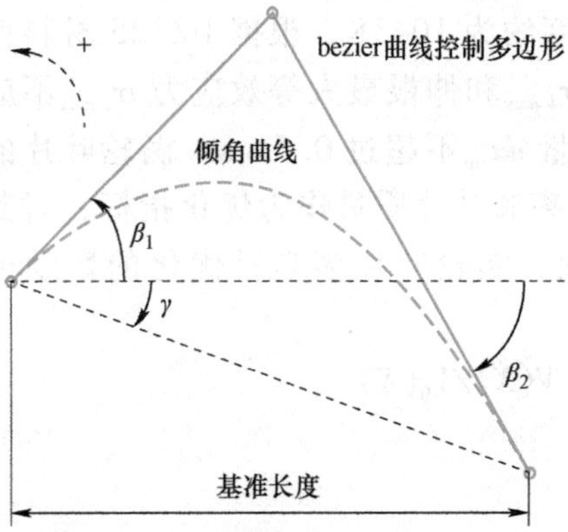

图 6-18 中弧线的定义

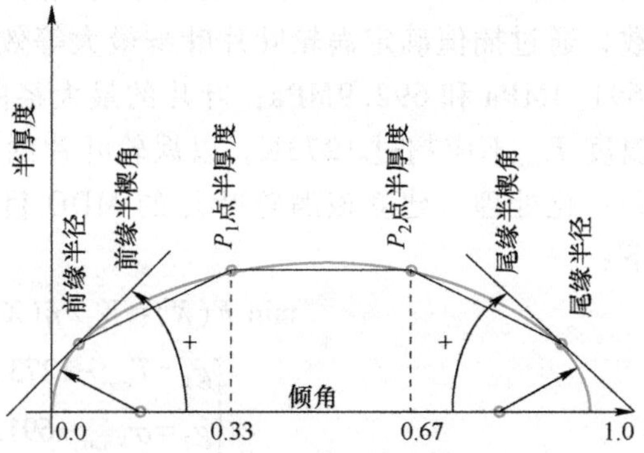

图 6-19 吸力侧曲线 B-Spine 定义

涡轮叶片的叶型几何参数共 34 个，当要求空气质量流量变化较小时，并非所有的参数都会对气动效率和叶片的结构强度造成明显的影响，并且不同的参数对效率和强度的影响也不尽相同。如果能够消除对问题影响微小的参数，使问题的规模减小，将会降低计算所占用的资源，提高优化效率。同时，通过灵敏度分析对参数进行分类，分别确定出对气动效率和结构强度占支配地位的设计变量，将会进一步降低问题的规模，大幅提高优化的效率。设 f_1、f_2、f_3 分别表示气动、传热、结构三个学科的目标函数或约束函数，在对涡轮叶片进行优化设计时，由于设定空气流量和叶型参数都在较小范围内变化，因此，可以近似认为叶片温度场不随优化过程发生剧烈变化，即考虑恒定的温度场。另外，由于本文只考虑静强度计算，不涉及寿命分析，温度场小幅变化不会对结果造成显著的误差。这样，实心涡轮叶片的气—热—结构多学科强耦合过程就可以简化为气动和结构的松散耦合问题，即可以重点研究 f_1 和 f_3。设 X_1 和 X_3 分别为气动和结构学科的设计变量，X_0 为二者的耦合变量，确定了对 f_1 和 f_3 影响显著的设计变量，其中 $X_1=\{DZ_1,DZ_2,DZ_3,X_0\}$，$X_3=\{\theta_{l1},\theta_{t1},\theta_{l2},\theta_{t2},\theta_{l3},\theta_{t3},X_0\}$，$X_0=\{\gamma_1,\gamma_2,\gamma_3\}$。设计变量的个数从 34 减少为 12，计算维度和计算复杂度都大幅降低。

实心涡轮转子叶片进行气动和结构的多学科优化设计的 CO 算法结构如图 6-20 所示。在实际工程过程中，系统设计变量与耦合状态变量严格一致难以实现，因此为了避免优化不收敛，常取学科一致性约束小于一个极小值 ε（一般取 1×10^{-5}）。编制 Python 程序并进行求解，CO 算法的系统级目标函数的收敛历史曲线如图 6-21 所示。

对应文件：6_6.5_1.py

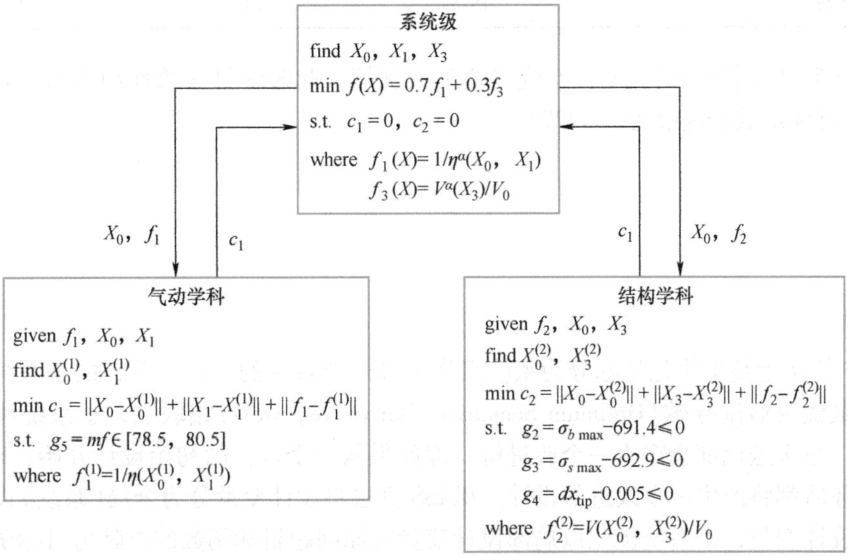

图 6-20　涡轮叶片 CO 算法

注：上标(1) 表示气动学科变量，(2) 表示结构学科变量

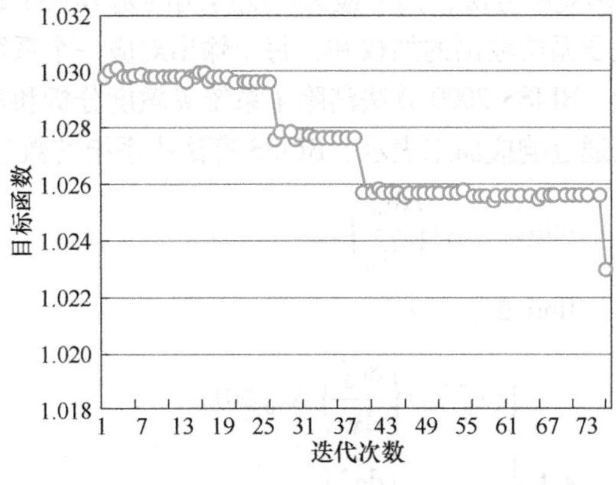

图 6-21　CO 算法系统级目标函数收敛历史曲线

CO 算法的优化结果见表 6-5。

表 6-5 CO 算法优化结果

变量	初始值	CO		
		气动	结构	系统级
F	1.0298	—	—	1.02297
f_1	1.02699	1.02807	—	1.02807
f_2	1.03641	—	1.01108	1.01108
c_1	—	0.001	—	—
c_2	—	—	0.00074	—
迭代次数	—	1575	2217	76

见表 6-5，CO 算法在第 76 次迭代时达到最优解，此时学科一致性约束 $c_1=0.001$、$c_1=0.00074$，目标函数最优解为 1.02297。

6.6 两层综合集成算法

6.6.1 模型原理

BLISS 算法把整个优化问题分为系统级优化和几个自主的、可以并行的子系统优化，并将其通过最优灵敏度导数(Optimum Sensitivity Derivative，OSD)相联系，子系统和系统优化交替进行，每次迭代都会产生一个改进解，即如果从一个可行的初始设计开始，BLISS 算法在每个循环后都将产生一个改进的设计。BLISS 算法将设计变量分为全局(系统)设计变量和学科局部设计变量，子系统优化以局部设计变量对原问题目标函数的贡献为目标函数，由灵敏度数据连接，交替优化全局设计变量和学科局部设计变量，直到获得系统最优解。BLISS 算法的每一次循环通过两次优化来改进设计：固定共享设计变量，在各个子系统对局部设计变量进行优化；在系统级对共享设计变量进行优化。

BLISS 算法产生了许多变种方法，其中最为广泛应用的是 BLISS-2000 算法。在 BLISS-2000 算法中，系统优化目标是子系统输出的加权和，每个输出对应一个系统加权系数，而加权系数被作为系统层的优化变量。BLISS-2000 算法消除了系统灵敏度分析和最优灵敏度分析，使得子系统最优值可以在系统层通过响应面来表示。BLISS 算法中系统的数学模型如下：

$$\min (f_0^*)_0+\left(\frac{\mathrm{d}f_0^*}{\mathrm{d}x_0}\right)\Delta x_0$$

$$\text{find } \Delta x_0$$

$$\text{s.t.}\begin{cases}(c_0^*)_0+\left(\dfrac{\mathrm{d}c_0^*}{\mathrm{d}x_0}\right)\Delta x_0\geqslant 0,\\(c_i^*)_0+\left(\dfrac{\mathrm{d}c_i^*}{\mathrm{d}x_0}\right)\Delta x_0\geqslant 0,\ i=1,\cdots,N\\\Delta x_{0L}\leqslant\Delta x_0\leqslant\Delta x_{0U}\end{cases}$$

在子系统层面上，每个学科 i 的数学模型如下

$$\min (f_0)_0+\left(\frac{\mathrm{d}f_0}{\mathrm{d}x_i}\right)\Delta x_i$$

$$\text{find } \Delta x_i$$

$$\text{s. t.}\begin{cases}(c_0)_0+\left(\dfrac{\mathrm{d}c_0^*}{\mathrm{d}x_i}\right)\Delta x_i \geqslant 0 \\ (c_i)_0+\left(\dfrac{\mathrm{d}c_i}{\mathrm{d}x_i}\right)\Delta x_i \geqslant 0 \\ \Delta x_{iL} \leqslant \Delta x_i \leqslant \Delta x_{iU}\end{cases}$$

BLISS 算法需进行大量的偏导数计算，优化计算成本高，通过响应面方法、Kriging 方法可提高求解效率。BLISS 模型的 XDSM 如图 6-22 所示。

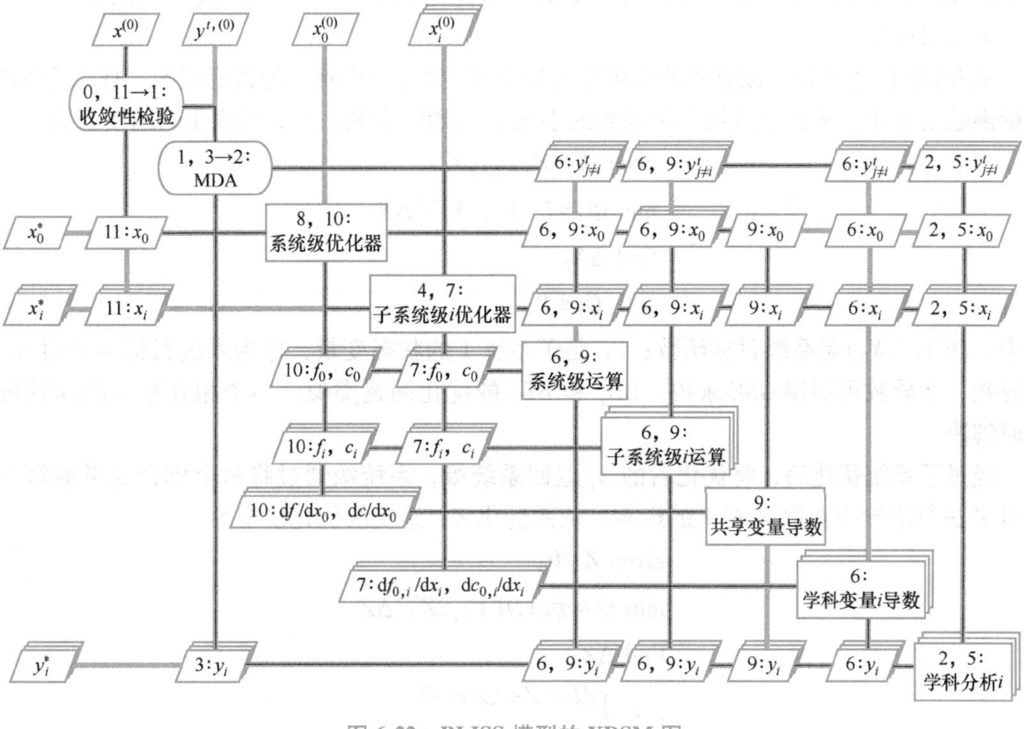

图 6-22 BLISS 模型的 XDSM 图

针对复杂工程问题，此处首先介绍 BLISS 算法的具体流程，以下为 BLISS 算法中的术语和符号：

1）系统分析指给定系统设计变量通过解一组系统状态方程，得到系统状态变量的分析过程。对于复杂工程系统，系统分析涉及多门学科分析；对于非层次系统，由于耦合效应，分析过程需多次迭代才能完成。

2）黑匣子(Black Box，BB)在 BLISS 算法中表示子系统。

3）子系统灵敏度分析(Black Box Sensitivity Analysis，BBSA)用来计算本子系统的输出状态变量对输入变量的导数。

4）子系统优化(Black Box Optimization，BBOPT)。

5）最优灵敏度导数(Optimum Sensitivity Derivative，OSD)为 BLISS 算法中局部设计变量 X 的最优解对共享设计变量 Z 和耦合状态变量 Y 的导数。

6）最优灵敏度分析(Optimum Sensitivity Analysis，OSA)用来计算最优灵敏度导数。

7）$D(V_1, V_2)$为变量 V_1 对 V_2 的全导数。

以三个耦合 BB 系统为例，耦合系统结构如图 6-23 所示。

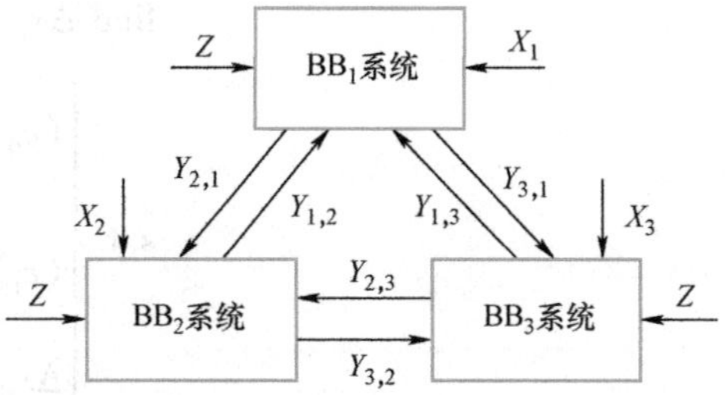

图 6-23　耦合 BB 系统

假设其为飞行器优化模型，其中 BB_1 为性能分析，BB_2 为空气动力学，BB_3 为结构；Z 为全局设计变量；X_i 为学科局部设计变量；Y_{ij} 为学科间耦合状态变量。由 6.6.1 节已知，通过 BLISS 过程的每一步优化设计分两步进行：首先，保持 Z 恒定的同时通过优化设计变量 X 以优化 BB；然后，利用优化后的 X 对变量 Z 进行系统级优化。

从 BB 级优化开始，该算法的基础是为每个 BB 拟定一个唯一的目标函数，使每个 BB 的目标函数最小化，从而使系统目标函数最小化。以 BB_2 为例，其局部优化问题模型为

$$
\begin{aligned}
&\text{given } X_2, Z, Y_{2,1}, Y_{2,3}\\
&\min\ \Phi_2 = D(Y_{1,i}, X_2)^{\mathrm{T}} \Delta X_2\\
&\text{find } \Delta X_2\\
&\text{s.t. } G_2 \leqslant 0
\end{aligned}
$$

式中，$D(Y_{1,i}, X_2)$是系统目标函数；$Y_{1,i}$是子系统 1 的状态变量，作为系统目标函数对 X_2 的全导数，全导数可利用 GSE 求得。BB_1 和 BB_3 的优化问题类似，三个相互独立的问题可以同时解决。

经过子系统优化后，将优化后的 X_i 返回系统级，系统级通过将每个耦合变量的每个元素对 Z 进行求导以获取 Z 对 Y 的影响，从而优化 Z。系统级优化模型为

$$
\begin{aligned}
&\text{given } Z, \Phi_0\\
&\min\ \Phi = \Phi_0 + D(Y_{1,i}, Z)^{\mathrm{T}} \Delta Z\\
&\text{find } \Delta Z\\
&\text{s.t. } \begin{cases} ZL \leqslant Z + \Delta Z \leqslant ZU \\ \Delta ZL \leqslant \Delta Z \leqslant \Delta ZU \end{cases}
\end{aligned}
$$

式中，Φ_0 是上一次系统分析得到的系统目标函数值；$D(Y_{1,i}, Z)$是系统目标函数对 Z 的全导数。

BLISS 算法流程如图 6-24 所示。

6.6.2　案例分析

本节同样以航空发动机涡轮叶片的气—热—结构多学科耦合设计问题为例，介绍 BLISS 算法。与上节案例条件相同，实心涡轮转子叶片进行气动和结构的多学科优化设计的 BLISS 算法结构如图 6-25 所示。编制 Python 程序进行求解，系统级目标函数的收敛历史曲线如图 6-26 所示。BLISS 算法的优化结果见表 6-6。

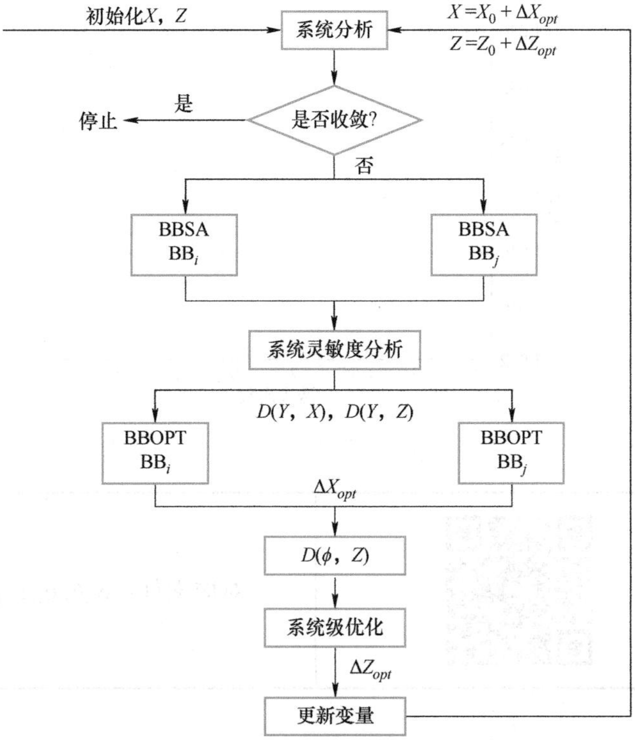

图 6-24 BLISS 算法流程

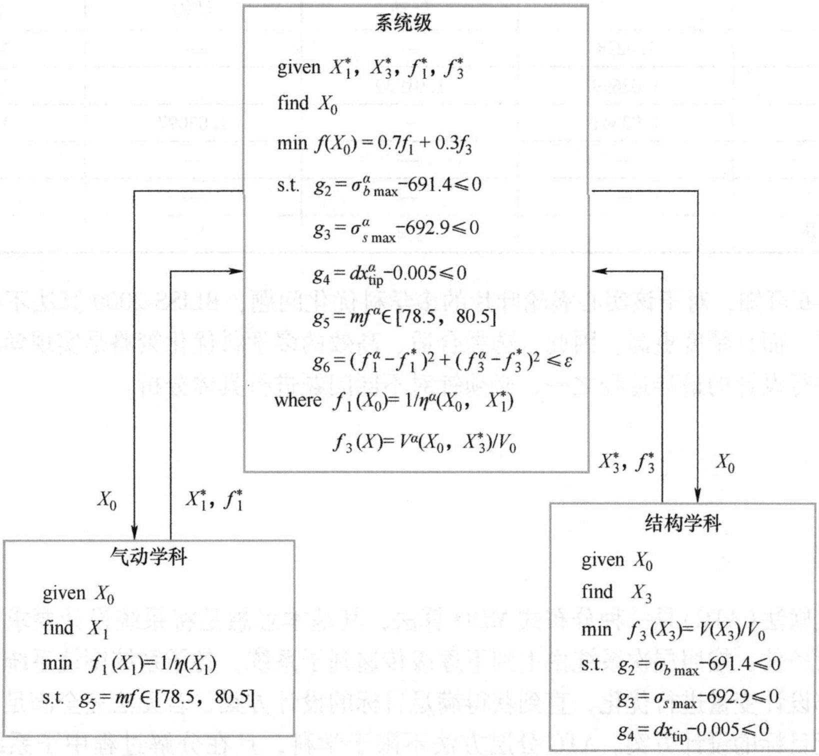

图 6-25 涡轮转子叶片 BLISS 算法

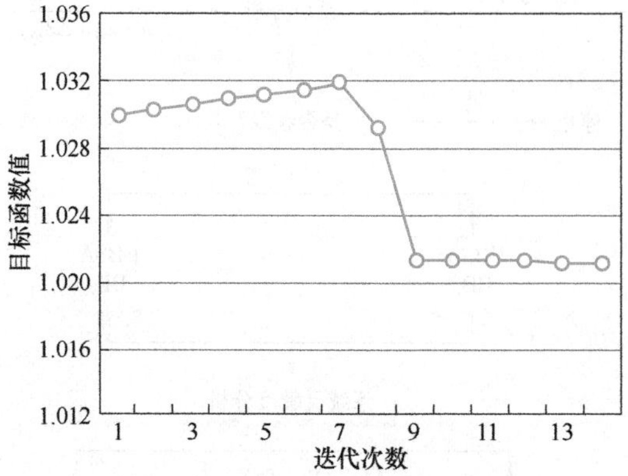

图 6-26 系统级目标函数的收敛历史曲线

对应文件：6_6.6_1.py

表 6-6 涡轮叶片 BLISS 算法的优化结果

变量	初始值	BLISS-2000		
		气动	结构	系统级
F	1.0298	—	—	1.02116
f_1	1.02699	1.01929	—	1.01696
f_2	1.03641	—	1.03097	1.03097
c_1	—	—	—	—
c_2	—	—	—	—
迭代次数	—	174	300	13

由表 6-6 可知，对于该实心涡轮叶片的多学科优化问题，BLISS-2000 算法不仅在效率上的占据优势，而且精度更高。因此，选择合适、高效的多学科优化策略是实现学科自治、保证各学科并行设计的最佳途径之一，必须针对不同问题进行具体分析。

6.7 目标级联法(ATC)

6.7.1 模型原理

目标级联法(ATC)是一种分布式 MDO 算法，其基本思想是将系统设计要求，包括目标函数、约束条件，按照层次系统由上到下逐级传递到子系统，各子系统围绕系统设计要求对各学科局部设计变量进行优化，直到获得满足目标的设计方案，若无法完全满足目标值，则返回最接近目标的设计方案。ATC 分层方法不限于学科，且在分解过程中子系统和上层系统之间不断交换数据以体现学科间的耦合作用。

本节中介绍的 ATC 算法表述源自 Tosserams 等人，其中明确包含了全系统的目标和约束函数，且要求优化问题中的惩罚项都趋近于零，ATC 算法中系统的数学模型如下

$$\min f_0(x,\hat{y})+\sum_{i=1}^{N}\phi_i(\hat{x}_{0i}-x_0,\hat{y}_i-y_i(x_0,x_i,\hat{y}))+\phi_0(c_0(x,\hat{y}))$$

$$\text{find } x_0,\hat{y}$$

在子系统层面上，每个学科 i 的数学模型如下

$$\min f_0(\hat{x}_{0i},x_i,y_i(\hat{x}_{0i},x_i,\hat{y}_{j\neq i}))+f_i(\hat{x}_{0i},x_i,y_i(\hat{x}_{0i},x_i,\hat{y}_{j\neq i}))+$$
$$\phi_i(\hat{x}_{0i}-x_0,\hat{y}_i-y_i(\hat{x}_{0i},x_i,\hat{y}_{j\neq i}))+\phi_0(c_0(\hat{x}_{0i},x_i,y_i(\hat{x}_{0i},x_i,\hat{y}_{j\neq i}),\hat{y}_{j\neq i}))$$

$$\text{find } \hat{x}_{0i},x_i$$

$$\text{s. t. } c_i(\hat{x}_{0i},x_i,y_i(\hat{x}_{0i},x_i,\hat{y}_{j\neq i}))\geqslant 0$$

ATC 模型的 XDSM 如图 6-27 所示。

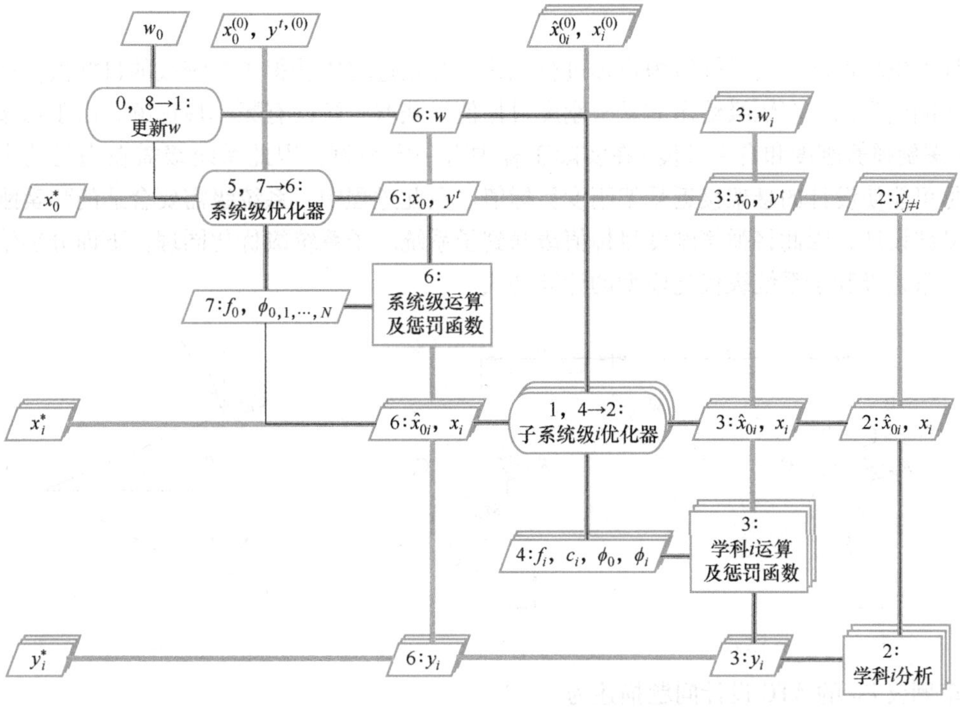

图 6-27　ATC 模型的 XDSM 图

6.7.2　案例分析

本节中将以一个汽车底盘设计问题为例，建立组成模型和 ATC 数学模型。底盘设计问题结构如图 6-28 所示。

车辆级设计问题包含两个分析模型，“半车”模型和“自行车”模型，如图 6-29 和图 6-30 所示。车辆级求解车辆级操纵和乘坐质量目标，包括前后悬架的一阶固有频率(ω_{sf},ω_{sr})、前后悬架的二阶固有频率(轮跳频率)(ω_{tf},ω_{tr})、转向不足梯度(k_{us})。这五个变量构成目标向量，对于该目标向量，通过“半车”模型和“自行车”模型产生响应，然后将计算出的变量值作为目标级联到系统级设计问题，即图 6-29 中所示悬架刚度、轮胎刚度、转向刚度，系统

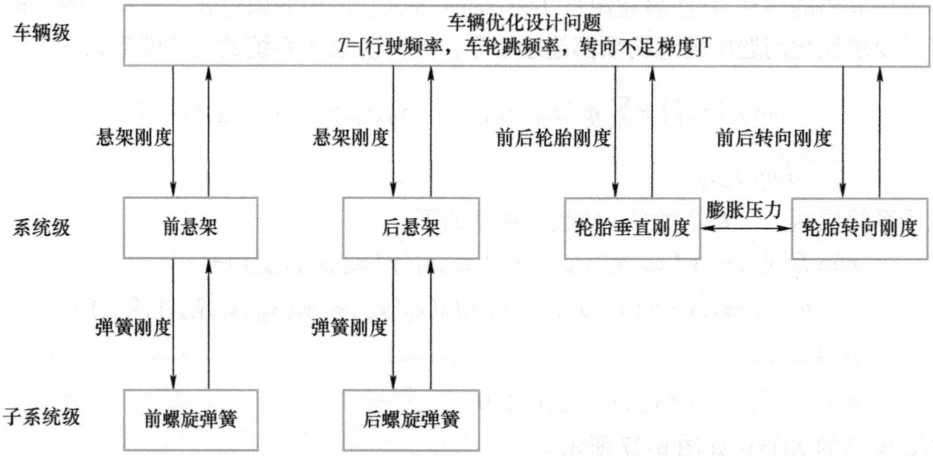

图 6-28　汽车底盘设计问题结构

级以计算值尽可能接近目标值为目标进行优化，并在过程中获得子系统级的目标值。以改变前悬架刚度为例，车辆级给出前悬架刚度目标值以获取一阶固有频率最优解，由于悬架设计变量(螺旋弹簧刚度和自由长度)在实际工程中有一定约束，因此系统级需在满足约束的条件下尽可能使设计的悬架接近悬架刚度目标值。在此过程中，系统级需要合适的弹簧刚度以满足悬架设计，因此将弹簧刚度目标值级联到子系统。子系统级优化同理。下面分别给出车辆级、系统级和子系统级优化模型的计算公式。

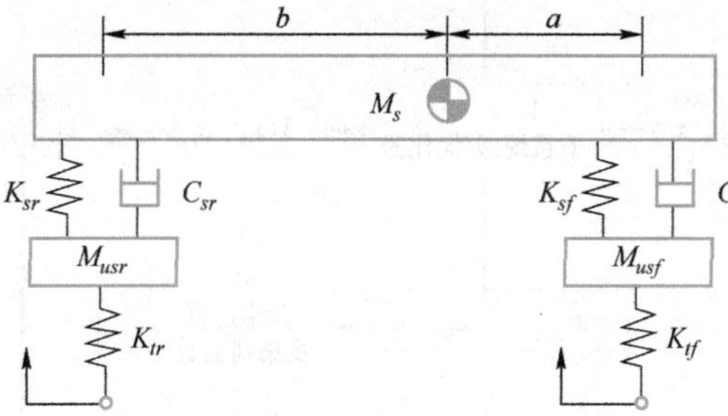

图 6-29　“半车”模型

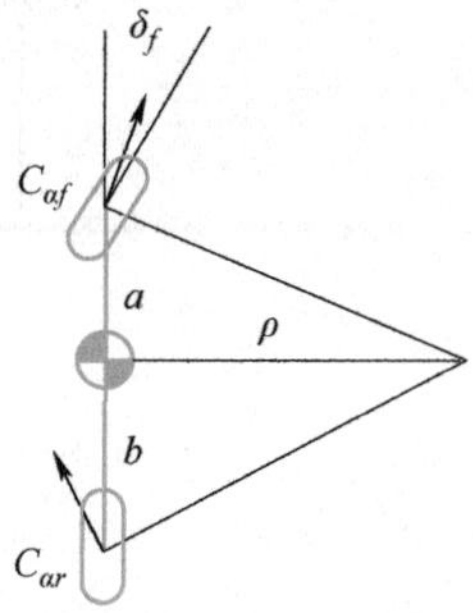

图 6-30　“自行车”模型

车辆级 P_V 的 ATC 设计问题描述为

$$P_V:\min \|\omega_{sf}-\omega_{sf}^U\|+\|\omega_{sr}-\omega_{sr}^U\|+\|\omega_{tf}-\omega_{tf}^U\|+\|\omega_{tr}-\omega_{tr}^U\|+\|k_{us}-k_{us}^U\|+\varepsilon_R+\varepsilon_\gamma$$

$$\text{find } \omega_{sf},\omega_{sr},\omega_{tf},\omega_{tr},k_{us},a,b,K_{sf},K_{sr},Kt_{sf},K_{tr},C_{\alpha f},C_{\alpha r},P_{if},P_{ir},\varepsilon_R,\varepsilon_\gamma$$

$$\omega_{sf}=\sqrt{\frac{K_{sf}}{M_{sf}}},\ \omega_{sr}=\sqrt{\frac{K_{sr}}{M_{sr}}},\ \omega_{tf}=\sqrt{\frac{K_{tf}}{M_{usf}}},\ \omega_{tr}=\sqrt{\frac{K_{tr}}{M_{usr}}},\ k_{us}=\frac{Mb}{LC_{\alpha f}}-\frac{Ma}{LC_{\alpha r}}$$

$$\text{s. t.}\begin{cases}\|K_{sf}-K_{sf}^L\|+\|K_{sr}-K_{sr}^L\|+\|K_{tf}-K_{tf}^L\|+\|K_{tr}-K_{tr}^L\|+\|C_{\alpha f}-C_{\alpha f}^L\|+\|C_{\alpha r}-C_{\alpha r}^L\|\leqslant\varepsilon_R\\ \frac{1}{2}((P_{if}-P_{if}^L|_{vert})^2+(P_{if}-P_{if}^L|_{corn})^2)+\frac{1}{2}((P_{ir}-P_{ir}^L|_{vert})^2+(P_{ir}-P_{ir}^L|_{corn})^2)\leqslant\varepsilon_\gamma\\ a_{\min}\leqslant a\leqslant a_{\max}\\ b_{\min}\leqslant b\leqslant b_{\max}\end{cases}$$

前悬架模型 P_{s1} 的 ATC 系统级设计问题描述为

$$
\begin{aligned}
P_{s1}:\min & \|K_{sf}-K_{sf}^U\|+\varepsilon_R \\
\text{find } & Z_{sf}, K_{Lf}, K_{Bf}, L_{0f}, \varepsilon_R \\
& K_{Bf}=\text{AutoSim}(Z_{sf}, K_{Lf}, K_{Bf}, L_{0f}) \\
\text{s. t. } & \begin{cases} \|K_{Lf}-K_{Lf}^L\|+\|K_{Bf}-K_{Bf}^L\|+\|L_{0f}-L_{0f}^L\|\leqslant\varepsilon_R \\ K_{Lf\min}\leqslant K_{Lf}\leqslant K_{Lf\max} \\ K_{Bf\min}\leqslant K_{Bf}\leqslant K_{Bf\max} \\ L_{0f\min}\leqslant L_{0f}\leqslant L_{0f\max} \\ Z_{sf\min}\leqslant Z_{sf}\leqslant Z_{sf\max} \end{cases}
\end{aligned}
$$

由于子系统层面没有关联变量(如图 6-28 所示，在系统级，充气压力为关联变量)，因此目标函数中不包含最小化关联变量偏差的公差项。

后悬架模型 P_{s2} 的 ATC 设计问题与前悬架模型相同，只是变量边界不同。在车辆的“半车”模型中，轮胎被表示为单个弹簧。在系统层面，考虑同一轮胎分析模型的两个不同方面，即垂直方向和转弯，并为每个方面构造一个 ATC 设计问题。垂直和转弯轮胎刚度的设计模型描述为

$$
\begin{aligned}
P_{s3}:\min & \|K_{tf}-K_{tf}^U\|+\|K_{tr}-K_{tr}^U\|+\|P_{if}-P_{if}^U\|+\|P_{ir}-P_{ir}^U\| \\
\text{find } & K_{tf}, K_{tr}, P_{if}, P_{ir} \\
& K_{tf}=0.9[(0.1839P_{if}-9.2605)F_m+110119] \\
& K_{rf}=0.9[(0.1839P_{ir}-9.2605)F_m+110119] \\
& F_m=\frac{9.81Mb}{a+b} \\
\text{s. t. } & \begin{cases} P_{if\min}\leqslant P_{if}\leqslant P_{if\max} \\ P_{ir\min}\leqslant P_{ir}\leqslant P_{ir\max} \end{cases}
\end{aligned}
$$

$$
\begin{aligned}
P_{s4}:\min & \|C_{\alpha f}-C_{\alpha f}^U\|+\|C_{\alpha r}-C_{\alpha r}^U\|+\|P_{if}-P_{if}^U\|+\|P_{ir}-P_{ir}^U\| \\
\text{find } & C_{\alpha f}, C_{\alpha r}, P_{if}, P_{ir} \\
& C_{\alpha f}=F_m(-2.668\times10^{-6}P_{if}^2+1.605\times10^{-3}P_{if}-3.86\times10^{-2})\frac{180}{\pi} \\
& C_{\alpha r}=F_m(-2.668\times10^{-6}P_{ir}^2+1.605\times10^{-3}P_{ir}-3.86\times10^{-2})\frac{180}{\pi} \\
& F_m=\frac{9.81Mb}{a+b} \\
\text{s. t. } & \begin{cases} P_{if\min}\leqslant P_{if}\leqslant P_{if\max} \\ P_{ir\min}\leqslant P_{ir}\leqslant P_{ir\max} \end{cases}
\end{aligned}
$$

子系统级 P_{sub1} 的 ATC 设计问题描述为

$$
\begin{aligned}
P_{sub1}:\min & \|K_{Lf}-K_{Lf}^U\|+\|K_{Bf}-K_{Bf}^U\|+\|L_{0f}-L_{0f}^U\| \\
\text{find } & D_f, d_f, p_f
\end{aligned}
$$

$$K_{Lf}=\frac{Gd_f^4}{8D_f^3\left(\frac{L_{0f}-3d_f}{p_f}\right)}$$

$$K_{Bf}=\frac{Egd_f^4}{16D_f(2G+E)}$$

$$\text{s.t.}\begin{cases}(F_a+F_m)\times\left(\frac{8D_f}{\pi d^3}+\frac{4}{\pi d_f^2}\right)-\frac{S_{su}}{n_s}\leqslant 0\\ n_f-\left(\frac{S_{su}S_{se}\pi d_f^3}{8D_f}\right)\Big/\left[\left(\frac{4D_f}{d_f}+2\right)\Big/\left(\frac{4D_f}{d_f}-3\right)F_aS_{su}+\left(\frac{2D_f}{d_f}+1\right)\Big/\left(\frac{2D_f}{d_f}\right)F_mS_{se}\right]\leqslant 0\\ p_f-d_f\leqslant 0\\ D_{f\min}\leqslant D_f\leqslant D_{f\max}\\ d_{f\min}\leqslant d_f\leqslant d_{f\max}\end{cases}$$

首先解决顶层车辆设计问题，并级联系统级目标。其次，根据顶层分配的目标，独立解决四个系统级问题。第三，解决前、后螺旋弹簧设计的子系统级问题。在子系统级响应的基础上，再次求解前/后悬架设计的系统级设计问题，并将四个系统设计问题的所有系统级响应和关联变量反馈到顶层，完成一次迭代。当偏差项小于容差 ε 时，迭代结束。编制 Python 程序(伪代码)，可经过 10 次迭代获取最优值。原则上，目标级联算法收敛后的最终结果取决于分配给目标偏差的相对权重、目标值本身以及约束边界。在各公式中，目标中的偏差项权重相同，因为假设它们是按比例计算的。在多学科设计工作中，关于每个目标的相对重要性的决定是先验的，可能需要根据其不相容的程度和性质进行调整。在目标实现不尽人意的情况下，高层讨论也可能导致约束条件的放松，从而产生不同的设计空间。

此处以等权重行驶和操控目标为例(以下表示为方案 A)，在缩放后为每个行驶和操控目标分配同等权重，偏差量按相同数量级进行缩放，使用了相同权重，以便进行有意义的比较。表 6-7 列出了基线研究中的目标值和反应。

表 6-7　车辆目标和车辆响应

变量	期望值	优化值
前悬架第一固有频率 ω_{sf}/Hz	1.20	1.18
后悬架第一固有频率 ω_{sr}/Hz	1.44	1.56
前悬架轮跳频率 ω_{tf}/Hz	12.00	11.94
后悬架轮跳频率 ω_{tr}/Hz	12.00	12.11
转向不足梯度 k_{us}/(rad · m^{-1} · s^{-2})	0.00719	0.0056

表 6-8 至表 6-14 列出了方案 A 的最优设计。从表中可以看出，ATC 产生了一致的设计，即对于从第 i 层级联到第(i+1)层作为目标的给定设计量(如前悬架刚度)，第(i+1)层分析模型对该设计量的响应与目标非常匹配，且不超出容差范围。同样，对于每个受其影响的系统，链接变量都会在容差范围内趋同于单一值。如果公差更小，那么响应和关联变量的匹配

程度会更高。从表中可以看出，一些变量在下限或上限达到了最佳值；例如，后线性螺旋弹簧刚度的下限是有效的。这表明，如果放宽变量边界，整体响应会发生变化，从而更好地实现目标。最终的响应值与目标值非常吻合，但转向不足梯度除外。转向不足梯度在一定程度上是距离 a 和 b 的函数，而这两个距离处于其边界。

表 6-8　车辆级基线设计

车辆设计参数	初始值	优化值	上边界值	下边界值
前端距离 a/m	1.32	1.25	1.25	1.39
后端距离 b/m	2.38	2.45	2.31	2.45
前悬架刚度 $K_{sf}/(\mathrm{N\cdot mm^{-1}})$	40	41.3	13.13	60.00
后悬架刚度 $K_{sr}/(\mathrm{N\cdot mm^{-1}})$	40	37.17	25.7	60.00
前垂直轮胎刚度 $K_{tf}/(\mathrm{N\cdot mm^{-1}})$	20	32.09	14.29	49.38
后垂直轮胎刚度 $K_{tr}/(\mathrm{N\cdot mm^{-1}})$	20	33.00	12.56	34.55
前转向刚度 $C_{\alpha f}(\mathrm{N\cdot mm\cdot rad^{-1}\cdot 10^4})$	10	11.23	7.08	19.60
后转向刚度 $C_{\alpha r}/(\mathrm{N\cdot mm\cdot rad^{-1}\cdot 10^4})$	10	9.25	4.28	12.23

表 6-9　前悬架系统基线设计

前悬架系统设计参数	初始值	优化值	上边界值	下边界值
线性螺旋弹簧刚度 $K_{Lf}/(\mathrm{N\cdot mm^{-1}})$	159	142.5	120	180
弹簧自由长度 L_{0f}/mm	393.6	384.9	350	420
弹簧弯曲刚度 $K_{Bf}/(\mathrm{N\cdot mm\cdot deg^{-1}})$	82500	79400	75000	85000
悬架整体刚度 $K_{sf}/(\mathrm{N\cdot mm^{-1}})$	—	41.32[a]	13.13	60
悬架行程 Z_{sf}/m	—	0.0589	0.05	0.1

表 6-10　后悬架系统基线设计

后悬架系统设计参数	初始值	优化值	上边界值	下边界值
线性螺旋弹簧刚度 $K_{Lr}/(\mathrm{N\cdot mm^{-1}})$	159	120	120	180
弹簧自由长度 L_{0r}/mm	393.6	407.2	350	420
弹簧弯曲刚度 $K_{Br}/(\mathrm{N\cdot mm\cdot deg^{-1}})$	82500	85000	75000	85000
悬架整体刚度 $K_{sr}/(\mathrm{N\cdot mm^{-1}})$	—	37.2[a]	25.7	60
悬架行程 Z_{sr}/m	—	0.0823	0.05	0.1

表 6-11　前螺旋弹簧子系统设计

前螺旋弹簧子系统设计参数	初始值	优化值	上边界值	下边界值
线径 d_f/m	0.0216	0.0232	0.005	0.03
弹簧直径 D_f/m	0.1507	0.18	0.05	0.2
节距 p_f	0.0781	0.088	0.005	0.1
线性螺旋弹簧刚度 $K_{Lf}/(\mathrm{N\cdot mm^{-1}})$	—	142.6[a]	120	180
弹簧弯曲刚度 $K_{Bf}/(\mathrm{N\cdot mm\cdot deg^{-1}})$	—	79407[a]	75000	85000

表 6-12 后螺旋弹簧子系统设计

后螺旋弹簧子系统设计参数	初始值	优化值	上边界值	下边界值
线径 d_r/m	0.0216	0.0237	0.005	0.03
弹簧直径 D_r/m	0.157	0.18	0.05	0.2
节距 p_r	0.0781	0.082	0.005	0.1
线性螺旋弹簧刚度 K_{Lr}/($N \cdot mm^{-1}$)	—	120[a]	120	180
弹簧弯曲刚度 K_{Br}/($N \cdot mm \cdot deg^{-1}$)	—	85000[a]	75000	85000

表 6-13 垂直轮胎系统设计

垂直轮胎系统设计参数	初始值	优化值	上边界值	下边界值
前轮胎膨胀压力 P_{if}/kPa	100	125.49	83	330
后轮胎膨胀压力 P_{ir}/kPa	100	192.85	83	330
前垂直轮胎刚度 K_{tf}/($N \cdot mm^{-1}$)	—	30	14.29	49.38
后垂直轮胎刚度 K_{tr}/($N \cdot mm^{-1}$)	—	29.88	12.56	34.55

表 6-14 转向轮胎系统设计

转向轮胎系统设计参数	初始值	优化值	上边界值	下边界值
前轮胎膨胀压力 P_{if}/kPa	100	125.49	83	330
后轮胎膨胀压力 P_{ir}/kPa	100	192.85	83	330
前转向轮胎刚度 $C_{\alpha f}$/($N \cdot mm^{-1}$)	—	11.07	7.08	19.6
后转向轮胎刚度 $C_{\alpha r}$/($N \cdot mm^{-1}$)	—	8.35	4.28	12.23

当某些目标出现偏差时，关键是要有替代的设计方案，而不是分配新的目标值。替代设计方案包括改变目标权重、改变设计空间、使用不同材料进行设计或改变设计配置。

分析目标级联为解决具有多层次结构的大规模、多学科系统设计问题提供了一个丰富的框架。响应、链接变量和局部变量捕捉了设计问题与分析模型之间的互动。从设计的角度来看，所提出的目标级联方法的主要优点是缩短了大规模产品设计的周期时间，避免了开发过程后期的设计迭代，并提高了物理原型接近生产质量的可能性。

本章小结

本章介绍了 MDO 技术，梳理了 MDO 主要分类和框架，并对主要的 MDO 算法进行了介绍，对其性能特点及工作方法进行了总结，同时附加了具体数值算例的分析。目前，MDO 算法研究已经接近成熟，为工程应用提供了更多的选择。同时，新的技术又不断促进传统 MDO 算法的升级和优化，如 BLISS 算法的新技术不同于传统 BLISS 算法，将其架构由基于 MDF 变为 IDF，并且减少了多学科分析耗时，同时也避免了复杂耗时的灵敏度计算，节省了大量时间。作为工程师，在实际工程中面对给定的 MDO 问题，应确定哪种体系结构对于给定的 MDO 问题或一类问题最有效，需要了解不同 MDO 算法对于特定问题的解决能力。另外，对于复杂大系统的 MDO 算法应用及新算法开发研究将是今后 MDO 算法研究的重要方向，随着新的体系结构越来越为人所熟知，在已建立的 MDO 框架中实现新的架构将有更好的发展前景。

同时，当设计系统的规模大到一定程度时，MDO 算法建模的复杂性、收敛性、稳定性等性能可能发生根本性的改变，因此，今后的 MDO 算法研究应更紧密地结合实际工程大系统，而不是仅局限于一些数学算例或工程概念设计阶段的简单问题。

本章习题

6-1　假设有一气动弹性优化系统，在静态气动弹性中，考虑稳定飞行中飞机的可变机翼，冲过机翼的空气会对机翼产生压力，从而导致机翼变形，机翼形状的变化反过来又导致空气动力压力的变化。假设上述物理过程达到平衡，处于平衡状态的气动弹性系统如图 6-31 所示。

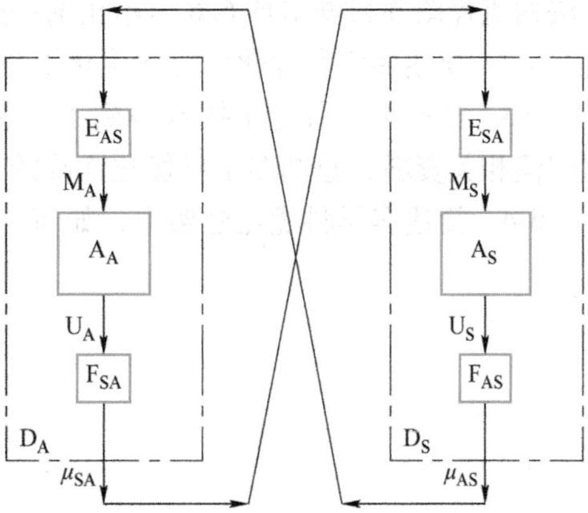

图 6-31　气动弹性系统

图 6-31 中，D_A 表示空气动力学，D_S 表示结构，A_A 为空气动力学的流体力学求解部分，A_S 为结构的流体力学求解部分，M_A 为 A_A 的输入(如空气流速等)，U_A 为 A_A 的输出(如机翼表面的压力和速度等)，M_S 为 A_S 的输入(如机翼上的载荷)，U_S 为 A_S 的输出(如机翼截面尺寸和应力等)。

各个学科在完成各自的求解后需要进行输入输出值的交互，而这需要一定的转换使得数据匹配，因此加入了拟合模块 F 和评估模块 E，如在 F_{SA} 或 E_{SA} 中将输出压力转换为载荷，和在 F_{AS} 或 E_{AS} 中将输出挠度转换为形状变化。

在气动弹性优化中，通常同时具有气动设计变量(形状)和结构设计变量(尺寸、形状)，在模型中把所有设计变量集中为 X_D。气动弹性优化多学科优化问题描述为

$$\min f(X)$$

$$\text{find } X=(X_D, X_{U_A}, X_{U_S})$$

$$\text{s.t.}\begin{cases} C_D(X)\geqslant 0 \\ W_A(X_D, M_{AS}(X), X_{U_A})=0 \\ W_S(X_D, M_{SA}(X), X_{U_S})=0 \end{cases}$$

式中，$M_{AS}(X)=G_{AS}(X_D, X_{U_S})$；$M_{SA}(X)=G_{SA}(X_D, X_{U_A})$；$X_{U_A}$、$X_{U_S}$ 为耦合变量；C 为约束函数；W 为残差函数；G 为反映学科间耦合关系的映射函数。若使用 AAO 方法解决本问题，AAO 算法的运行流程如图 6-32 所示。

假设对于两个学科给定目标函数、关系式及约束如下

$$\min f=X_2^2+X_3+M_{AS}+e^{-M_{SA}}$$

$$M_{AS}=X_1^2+X_2+X_3-0.2M_{SA}$$

$$M_{SA}=\sqrt{M_{AS}}+X_1+X_2$$

$$\text{find } X_1, X_2, X_3$$

$$\text{s.t.}\begin{cases}C_1=M_{AS}/8-1\geqslant 0\\C_2=10-M_{SA}/10\geqslant 0\\-10\leqslant X_1\leqslant 10\\0\leqslant X_1\leqslant 10\\0\leqslant X_1\leqslant 10\end{cases}$$

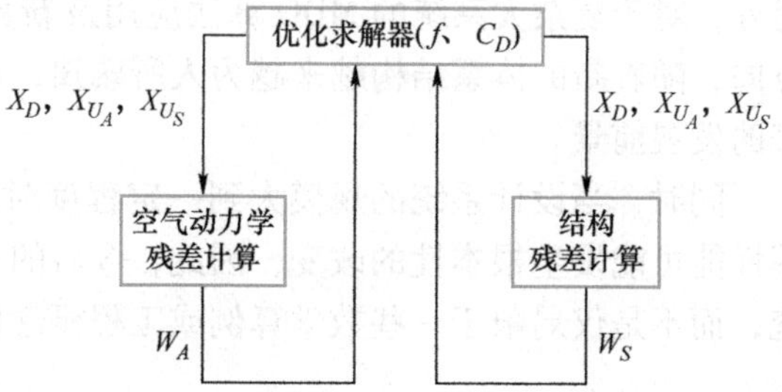

图 6-32 气动弹性优化 AAO 算法

请尝试使用 AAO 算法优化此模型。若使用 BLISS 算法解决此问题，请自己画出 BLISS 算法的流程图并根据本章 6.6 节给出的一般数学表达式建立模型并进行优化。

6-2 简述多学科优化中协同优化策略的原理，并说明其在工程实践中的应用及优势。

6-3 虽然多学科优化技术得到了快速发展，但在实际应用中仍然存在着多方面挑战，请阅读相关资料，总结多学科优化面临的挑战。

6-4 简述多学科优化框架中，如何有效地进行学科间的信息交换和共享。

第 7 章　设计方案决策方法

选择最佳设计方案是确保产品成功的核心要素，这一环节不仅聚焦于创新和技术，更需全面考量诸如成本、市场需求和可行性等众多影响因素。因此，掌握一套科学、系统的设计方案决策流程，成为每位设计师不可或缺的能力。设计方案决策方法犹如设计师手中的指南针，引领他们精准地做出最优选择，通过合理应用这些方法，能够巧妙地平衡各项设计指标，使产品在竞争白热化的市场中独树一帜，脱颖而出。本章将紧密结合设计领域的案例，剖析并介绍层次分析法、网络分析法等几种常用的决策方法。

本章的学习目标如下：

1. 了解设计方案决策的基本概念与决策步骤。

2. 理解层次分析法、网络分析法、逼近理想解排序法、灰色关联分析法、模糊决策方法、择优排序方法、证据理论等决策方法的基本原理及求解步骤。

7.1　认识设计方案决策

在产品设计领域，设计方案的选择和决策十分关键。多属性决策方法（Multiple Criteria Decision-Making，MCDM）因其综合多种决策准则与因素的能力，以及科学化、系统化决策支持的优势，被广泛应用于设计决策中。

在众多 MCDM 方法中，层次分析法（Analytic Hierarchy Process，AHP）、网络分析法（Analytic Network Process，ANP）、逼近理想解排序法（Technique for Order Preference by Similarity to Ideal Solution，TOPSIS）、灰色关联分析法（Grey Relational Analysis，GRA）、模糊决策方法（Fuzzy Decision Method）、择优排序方法（ELimination Et Choix Traduisant la REalité，ELECTRE）及证据理论（Evidence Theory）等，各具特色且应用广泛。上述方法的实施流程通常遵循以下步骤：首先明确决策目标，并对潜在影响因素进行全面分析，以确定关键评价准则。随后，将成本、性能、用户满意度等准则具体化，形成可量化的评估指标，构建系统的指标体系。在量化指标之后，采用多属性决策算法进行计算，得出综合评估结果。通过这些方法，不同的设计方案可以被全面评估和对比，辅助决策者识别出最优方案，如图 7-1所示。

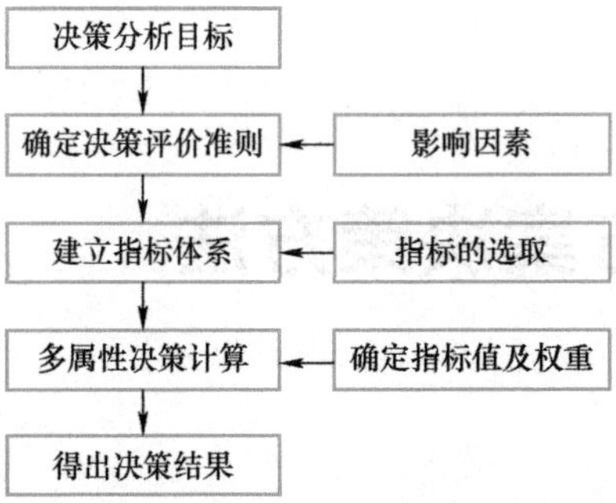

图 7-1 设计方案决策步骤

7.1.1 案例介绍

面对日益激烈的市场竞争，一家汽车制造商亟须推出一款既满足环保标准又紧跟市场潮流的新型轿车。为此，公司精心策划了三个备选设计方案。然而，在做出最终选择时，需要全面而深入地考量一系列复杂且相互关联的关键因素，主要包括排放量、发动机功率、造车成本、年销售量、自动驾驶等级，相关指标见表 7-1。这些因素之间存在复杂的关联关系，单纯通过直觉判断或对比不足以做出科学的决策。

表 7-1 各汽车性能指标

车型	排放量/10^{-6}	发动机功率/kW	造车成本/万元	年销售量/万辆	自动驾驶等级
环保城市轿车	50	90	2	1	2
动力性能优先轿车	150	150	2.8	0.5	1
经济型家庭轿车	70	70	1.5	2	1

7.1.2 模型构建

1. 基本概念

层次分析法是美国运筹学家 Saaty 于 20 世纪 70 年代初期提出的一种主观赋值评价方法。层次分析法将与决策有关的因素分解成目标、准则、方案等多个层次，并在此基础上进行定性和定量分析，是一种系统、简便、灵活，且被广泛采用的决策方法。

2. 基本步骤

(1) 建立结构层次模型

建立结构层次模型指的是，按照不同的目标和影响因素将系统分为几个层次所形成的评价模型。将决策的目标、考虑的因素和决策对象按指标间的相互关系分为目标层、准则层和方案层，如图 7-2 所示。

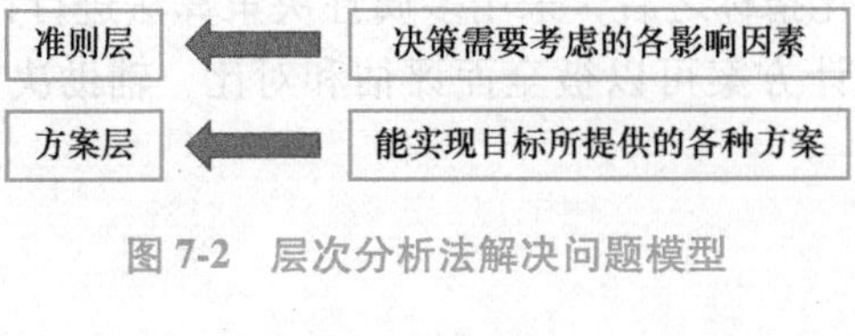

图 7-2 层次分析法解决问题模型

(2) 构建判断矩阵

在建立结构层次模型之后，对每个层次间的各个要素之间进行比较。要素之间的比较需按照“两两比较”的原则进行，也称“成对比较”原则(见表 7-2)。

表 7-2　成对比较表上作业法

	要素 1(x)	要素 2(y)	要素 3(z)	重要度
要素 1(x)	1	$x:y$	$x:z$	W_x
要素 2(y)	$y:x$	1	$y:z$	W_y
要素 3(z)	$z:x$	$z:y$	1	W_z

根据“成对比较”原则构建判断矩阵 $\boldsymbol{A}=(a_{ij})_{n\times n}$，$a_{ij}$为要素 i 与要素 j 的重要性之比。各要素间成对比较遵循一定的评价准则，判断矩阵应具有以下特性：$a_{ij}>0$；$a_{ji}=1/a_{ij}$；矩阵对角线为各要素自身之间的比较，所以 $a_{ii}=1$；a_{ij}的值越大，表示要素 i 比要素 j 的重要性越大(见表 7-3)。

表 7-3　层次分析法的 9 级评价标尺

成对比较标准	定义	含义
1	同等重要	表示两个要素相比，具有同等的重要性
3	稍微重要	表示两个要素相比，一个要素较另一个要素稍微重要
5	相当重要	表示两个要素相比，强烈倾向于某要素
7	明显重要	表示两个要素相比，非常倾向于某一要素
9	绝对重要	表示两个要素相比，一个要素较另一个要素极端重要
2，4，6，8	—	用于上述相邻判断之间的折中值
上述数值的倒数		当要素 i 与要素 j 比较的判断为 a_{ij}时，则要素 j 与要素 i 比较的标度为 $a_{ji}=1/a_{ij}$

(3) 重要度计算

通过处理判断矩阵，可以计算各要素的重要度，原理是求解判断矩阵的最大特征根及其对应的特征向量。由于判断矩阵是一个正互反矩阵(矩阵中每个元素 $a_{ij}>0$ 且满足 $a_{ji}\times a_{ij}=1$)，仅存在唯一的非零特征根，该非零特征根即为判断矩阵的最大特征根 $\lambda_{\max}$，对应的特征向量为 $\boldsymbol{w}$，此时各要素的权重即为 $\boldsymbol{w}$ 进行标准化处理后的向量。

上述判断矩阵在构建时，为确保决策过程的科学性和可靠性，对主观判断进行量化计算与处理，常用的方法包括特征根法与和积法等，具体计算过程如下。

1) 特征根法。设判断矩阵 $\boldsymbol{A}=(a_{ij})_{n\times n}$为 n 阶方阵，若存在常数 λ 和非零 n 维向量 $\boldsymbol{w}=(w_1,w_2,\cdots,w_n)^{\mathrm{T}}$，使得

$$\boldsymbol{A}\boldsymbol{w}=\lambda\boldsymbol{w}$$

则称 λ 是矩阵 $\boldsymbol{A}$ 的特征根或特征值，非零向量 $\boldsymbol{w}$ 是矩阵 $\boldsymbol{A}$ 关于特征根 λ 的特征向量，有

$$\boldsymbol{A}\boldsymbol{w}=\lambda_{\max}\boldsymbol{w}$$

式中，λ_{max}为判断矩阵的最大特征值，该最大特征值存在且唯一。$\boldsymbol{w}$ 的分量均为正分量。最后将求得的权重向量做归一化处理，得到层次单排序下的权重向量。

2）和积法。设判断矩阵 $\boldsymbol{A}=(a_{ij})_{n\times n}$ 为 n 阶方阵，具体计算步骤如下。

步骤 1：将 $\boldsymbol{A}$ 中的元素按列归一化处理，即求：

$$\bar{a}_{ij}=a_{ij}/\sum_{k=1}^{n}a_{kj},i,j=1,2,\cdots,n$$

步骤 2：将归一化后的矩阵的同一行各列相加，得到

$$\widetilde{w}_i=\sum_{j}^{n}\bar{a}_{ij},i=1,2,\cdots,n$$

步骤 3：将相加后的向量除以 n 即得到权重向量

$$w_i=\widetilde{w}_i/n$$

步骤 4：计算最大特征根为

$$\lambda_{max}=\frac{1}{n}\sum_{i=1}^{n}\frac{(\boldsymbol{Aw})_i}{w_i}$$

式中，$(\boldsymbol{Aw})_i$ 表示向量 $\boldsymbol{Aw}$ 的第 i 个分量。

3）一致性检验。层次分析法的判断矩阵 $\boldsymbol{A}$ 具有一致性是指要素 i 与要素 j 之间的重要性比值唯一。判断矩阵 $\boldsymbol{A}$ 的一致性指标 *C. I.*（Consistency Indicators）为：

$$C.I.=(\lambda_{max}-n)/(n-1)$$

式中，λ_{max}为判断矩阵 $\boldsymbol{A}$ 的最大特征值。

判断矩阵 $\boldsymbol{A}$ 的一致性比例 *C. R.*（Consistency Ratio）为：

$$C.R.=C.I./R.I.$$

式中，*R. I.*（Random Index）为随机一致性指标，其数值根据判断矩阵 A 的阶数通过查表获得，见表 7-4。

表 7-4　随机一致性指标

阶数	3	4	5	6	7	8	9	10	11	12	13	14	15
R. I.	0.58	0.89	1.12	1.24	1.323	1.41	1.45	1.49	1.52	1.54	1.56	1.58	1.59

当 $C.R.=0$ 时，判断矩阵 $\boldsymbol{A}$ 具有完全一致性；

当 $C.R.<0.1$ 时，判断矩阵 $\boldsymbol{A}$ 具有满意一致性；

当 $C.R.>0.1$ 时，判断矩阵 $\boldsymbol{A}$ 不具有一致性。

7.1.3　求解步骤

对案例进行层次分析，选出最佳方案。已经确定从排放量、发动机功率、造车成本、年销售量、自动驾驶等级五个准则来评估方案。在层次分析法中，要构建层次结构模型，包括目标层、准则层、方案层，如图 7-3 所示。

1. 判断矩阵构建

根据经验，一般认为评价指标重要性排序为排放量>发动机功率>自动驾驶等级>造车成

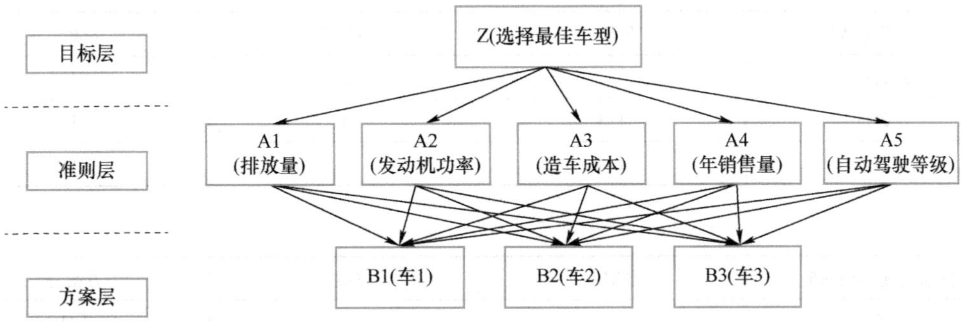

图 7-3　层次结构模型

本>年销售量。因此，准则层对目标层的判断矩阵和方案层对准则层中各元素的判断矩阵见表 7-5~表 7-10。

表 7-5　准则层对目标层的判断矩阵

	排放量	发动机功率	造车成本	年销售量	自动驾驶等级
排放量	1	0.5	3	4	2
发动机功率	2	1	5	4	3
造车成本	0.333	0.2	1	0.5	0.333
年销售量	0.25	0.25	2	1	1
自动驾驶等级	0.5	0.333	3	1	1

表 7-6　方案层对排放量 A1 的判断矩阵

排放量 A1	方案一	方案二	方案三
方案一	1	2	5
方案二	1/2	1	2
方案三	1/5	1/2	1

表 7-7　方案层对发动机功率 A2 的判断矩阵

发动机功率 A2	方案一	方案二	方案三
方案一	1	1/3	1/8
方案二	3	1	1/3
方案三	8	3	1

表 7-8　方案层对造车成本 A3 的判断矩阵

造车成本 A3	方案一	方案二	方案三
方案一	1	1	3
方案二	1	1	3
方案三	1/3	1/3	1

表 7-9　方案层对年销售量 A4 的判断矩阵

年销售量 A4	方案一	方案二	方案三
方案一	1	3	4
方案二	1/3	1	1
方案三	1/4	1	1

表 7-10　方案层对自动驾驶等级 A5 的判断矩阵

自动驾驶等级 A5	方案一	方案二	方案三
方案一	1	1	1/4
方案二	1	1	1/4
方案三	4	4	1

2. 重要度计算

基于和积法，准则层对目标层的判断矩阵结果见表 7-11。

根据表 7-12 和表 7-13 可知，三个方案的权重值为(0.33,0.23,0.44)，方案排序为：方案 3>方案 1>方案 2，即方案 3 为最佳方案。

表 7-11　准则层对目标层的判断矩阵

	排放量	发动机功率	造车成本	年销售量	自动驾驶等级	特征向量	权重值(%)
排放量	1	0.5	3	4	2	1.644	26.573
发动机功率	2	1	5	4	3	2.605	42.115
造车成本	0.333	0.2	1	0.5	0.333	0.407	6.573
年销售量	0.25	0.25	2	1	1	0.66	10.666
自动驾驶等级	0.5	0.333	3	1	1	0.871	14.073

表 7-12　方案层对准则层权重向量结果

	车型 1 号	车型 2 号	车型 3 号
排放量	0.648	0.23	0.122
发动机功率	0.082	0.236	0.682
造车成本	0.429	0.429	0.143
年销售量	0.634	0.192	0.174
自动驾驶等级	0.167	0.167	0.667

表 7-13　方案权重计算结果

	排放量	发动机功率	造车成本	年销售量	自动驾驶等级	方案权重
	0.26	0.42	0.07	0.11	0.14	
方案 1	0.648	0.082	0.429	0.634	0.167	0.33
方案 2	0.23	0.236	0.429	0.192	0.167	0.23
方案 3	0.122	0.682	0.143	0.174	0.667	0.44

3. 一致性检验

准则层对目标层的一致性检验：

$$\lambda_{\max}=\frac{1}{n}\sum_{i=1}^{n}\frac{(\boldsymbol{Aw})_i}{w_i}=5.135$$

$$C.I.=(\lambda_{\max}-n)/(n-1)=(5.135-5)/(5-1)=0.034$$

$$C.R.=C.I./R.I.=0.034/1.12=0.030$$

因此，准则层对目标层的判断矩阵通过一致性检验。

同理，方案层对准则层的判断矩阵进行一致性检验，结果见表 7-14。

表 7-14　方案层对准则层的判断矩阵一致性检验结果

	排放量	发动机功率	造车成本	年销售量	自动驾驶等级	结果
C. R.	0. 004	0. 001	0. 001	0. 009	0. 001	一致性检验通过

用 Python 软件做上述分析，代码如二维码所示。

对应文件：7_7. 1_1. py

7. 1. 4　结果分析

运行 7. 1. 3 节中算法代码，结果见表 7-15 和表 7-16。

表 7-15　层次分析法一致性检验结果

	一致性比率	一致性检验	一致性检验结果
准则层	0. 03	0. 03<0. 1	准则层对目标层的判断矩阵具有满意一致性
排放量对方案层	0. 004	0. 004<0. 1	方案层对准则层的判断矩阵具有满意一致性
发动机功率对方案层	0. 001	0. 001<0. 1	
造车成本对方案层	0	0<0. 1	
年销售量对方案层	0. 007	0. 007<0. 1	
自动驾驶等级对方案层	0	0<0. 1	

表 7-16　层次分析法方案权重运行结果

方案	权重	排序
方案 1	0. 33	2
方案 2	0. 23	3
方案 3	0. 44	1

准则层对目标层的一致性比率为 0. 03<0. 1，具有满意一致性。排放量对方案层一致性

比率：0.004<0.1；发动机功率对方案层一致性比率：0.001<0.1；造车成本对方案层一致性比率：0<0.1；年销售量对方案层一致性比率：0.007<0.1；自动驾驶等级对方案层一致性比率：0<0.1；方案层对准则层的判断矩阵具有满意一致性。因此，所选判断矩阵一致性检验通过，根据表 7-16 三个方案的权重值为(0.33,0.23,0.44)，方案排序为方案 3>方案 1>方案 2，即方案 3 为最佳方案。

本节采用汽车设计决策问题对层次分析法进行了学习，层次分析法展示了以下优势：

1）系统性。通过将复杂的决策问题分解为更易管理的小部分，允许决策者全面考虑所有相关因素。这种分解和重构的方法有助于简化问题，并使决策过程更加清晰。

2）定量与定性的结合。通过转化主观判断为数值，能够以定量方式处理定性信息，从而提供更加可靠的决策支持。

3）一致性检验。提供了一致性检验的机制，有助于识别和修正决策过程中可能出现的逻辑不一致。

4）适应性强。层次分析法的使用范围极其广泛，尤其是在多个目标和复杂决策场景中表现突出。

7.2 网络分析法

7.2.1 案例介绍

层次分析法(AHP)在处理元素间相互独立的决策问题时表现出色，但面对各元素间存在复杂关联的情况则显得力不从心。为此，Saaty 教授在其基础上进行了创新性改进，提出了网络分析法(Analytic Network Process，ANP)，这一新方法有效弥补了 AHP 的局限。

ANP 与 AHP 在核心原理上存在共通之处，两者均运用标度法来量化元素的重要性，并构建判断矩阵以反映元素间的相对权重。随后，通过一致性检验确保判断逻辑的合理性，最终求解特征向量以确定方案的综合排序。然而，ANP 的独到之处在于其网络层次结构的构建，这一结构能够全面捕捉并深入分析各元素之间的相互依存与影响关系，从而解决了 AHP 无法有效处理元素间复杂关联的问题。

本节将沿用 7.1 节中的汽车方案决策案例，但此次将重点考虑排放量、发动机功率、造车成本、年销售量以及自动驾驶等级等关键因素之间的内在联系。

7.2.2 模型构建

1. 网络分析法的基本原理

网络分析法将系统元素划分为两大部分。

第一部分为控制层，包括问题目标及决策准则。所有的决策准则均被认为是彼此独立的，且只受目标元素支配。控制因素中可以没有决策准则，但至少有一个目标。控制层中每个准则的权重均可用传统层次分析法获得。

第二部分为网络层，它是由所有受控制层支配的元素组成的，元素之间互相依存、互相支配，元素和层次间内部不独立，递阶层次结构中的每个准则支配的不是一个简单的内部独立的元素，而是一个互相依存、反馈的网络结构。控制层和网络层组成了典型的网络分析法层次结构，其内部是互相影响的网络结构，如图 7-4 所示。

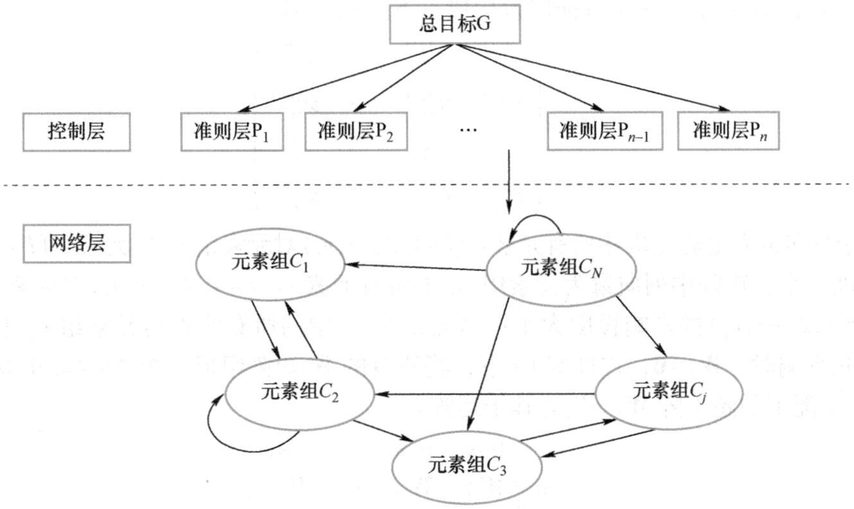

图 7-4　网络分析法的典型结构模型

2. 优势度的计算原理

优势度通常指的是在评估多个选项或元素时，某个选项在特定条件或准则下相对于其他选项的优越性或重要性。在层次分析法中，通常不直接使用“优势度”这一术语，但实质上通过判断矩阵来评估一个元素相对于另一个元素的重要性，可以视为一种优势度的体现。在网络分析法中，网络分析法的优势度不仅考虑要素间的独立性，还考虑元素间的相互依存关系。因而，优势度的确定可分为如下两种方式。

1）直接优势度。给定一个准则，两元素对于该准则的重要程度进行比较。

2）间接优势度。给出一个准则，两个元素在准则下对第三个元素（称为次准则）的影响程度进行比较。例如，要比较甲和乙方案在汽车安全性设计方面的优势度，可以通过分析两者对关键安全特性设计决策的影响力来间接得出。

前一种比较适用于元素间互相独立的情形，也是传统层次分析法的判断比较方式。第二种比较适用于元素间互相依存的情形，这也正是网络分析法与层次分析法的区别所在。

3. 超矩阵与加权矩阵的构造

设网络分析法的控制层有且只有一个准则层，共存在 m 个准则元素，被记为 $Ps(s=1,2,\cdots,m)$。网络层有元素组 C_1，…，C_N，其元素组 C_i 中有元素 e_{i1}，e_{i2}，…，$e_{in_i}(i=1,2,\cdots,N)$。以控制层元素 $Ps(s=1,2,\cdots,m)$ 为主准则，以 C_i 中的元素 $e_{jl}(l=1,2,\cdots,n_j)$ 为次准则，元素组 C_i 中各元素按其对 e_{jl} 的影响力大小进行间接优势度比较，即按表 7-3 中定义的标度进行两两因素比较判断，则构造比较判断矩阵为

e_{jl}	e_{i1}	e_{i2}	…	e_{in_i}	归一化特征向量
e_{i1}					$w_{i1}^{(jl)}$
e_{i2}					$w_{i2}^{(jl)}$
⋮					⋮
e_{in_i}					$w_{in_i}^{(jl)}$

在上述判断矩阵中 $l=1, 2, \cdots, n_j$，可得出 n_j 个比较判断矩阵，然后求得 n_j 个归一化特征向量，再由这 n_j 个归一化特征向量构成了下列矩阵 $\boldsymbol{W}_{ij}$。

$$\boldsymbol{W}_{ij}=\begin{pmatrix} w_{i1}^{(j1)} & w_{i1}^{(j2)} & \cdots & w_{i1}^{(jn_j)} \\ w_{i2}^{(j1)} & w_{i2}^{(j2)} & \cdots & w_{i2}^{(jn_j)} \\ \vdots & \vdots & & \vdots \\ w_{in_i}^{(j1)} & w_{in_i}^{(j2)} & \cdots & w_{in_i}^{(jn_j)} \end{pmatrix}$$

矩阵中行向量为元素组 C_j 中所有元素 $e_{jl}(l=1,2,\cdots,n_j)$ 对元素组 C_i 中元素 $e_{il}(l=1,2,\cdots,n_i)$ 的影响程度大小；矩阵中列向量为元素组 C_i 中所有元素 $e_{il}(l=1,2,\cdots,n_i)$ 对元素组 C_j 中各元素 $e_{jl}(l=1,2,\cdots,n_j)$ 的影响程度大小；当元素组 C_i 中的所有元素与元素组 C_j 中的所有元素没有彼此影响时，$\boldsymbol{W}_{ij}=\boldsymbol{0}$；在准则 P$s$ 下，将所有的 $\boldsymbol{W}_{ij}$矩阵组成一个 $N\times N$ 阶的块矩阵，即为准则 Ps 支配下的超矩阵 $\boldsymbol{W}$，$\boldsymbol{W}_{ij}$为其子矩阵。

$$\begin{array}{c} \\ 1\cdots n_1 \\ 1\cdots n_2 \\ \vdots \\ 1\cdots n_N \end{array}\begin{array}{c} \begin{array}{cccc} 1\cdots n_1 & 1\cdots n_2 & \cdots & 1\cdots n_N \end{array} \\ \begin{pmatrix} \boldsymbol{W}_{11} & \boldsymbol{W}_{12} & \cdots & \boldsymbol{W}_{1N} \\ \boldsymbol{W}_{21} & \boldsymbol{W}_{22} & \cdots & \boldsymbol{W}_{2N} \\ \vdots & \vdots & & \vdots \\ \boldsymbol{W}_{N1} & \boldsymbol{W}_{N2} & \cdots & \boldsymbol{W}_{NN} \end{pmatrix} \end{array}$$

这样的超矩阵共有 m 个，它们都是非负矩阵，超矩阵的子块 $\boldsymbol{W}_{ij}$都经过归一化处理，但是 $\boldsymbol{W}$ 却未经过归一化，为此，需要进行加权处理，将超矩阵 $\boldsymbol{W}$ 归一化。以 Ps 为主准则，$C_j(j=1,2,\cdots,N)$ 为次准则，Ps 中的元素组 $C_i(i=1,2,\cdots,N)$ 按其对 C_j 的影响力大小进行间接优势度比较。

C_j	C_1	C_2	$\cdots$	C_N	归一化特征向量
C_1					a_{1j}
C_2					a_{2j}
$\vdots$					$\vdots$
C_N					a_{Nj}

与 C_j 无关的元素组对应的排序向量分量为零，权矩阵 $\boldsymbol{A}$：

$$\boldsymbol{A}=\begin{pmatrix} a_{11} & a_{12} & \cdots & a_{1N} \\ a_{21} & a_{22} & \cdots & a_{2N} \\ \vdots & \vdots & & \vdots \\ a_{N1} & a_{N2} & \cdots & a_{NN} \end{pmatrix}$$

对超矩阵 $\boldsymbol{W}$ 的元素加权，得出在准则 Ps 下被归一化的加权超矩阵 $\overline{\boldsymbol{W}}$：

$$\overline{\boldsymbol{W}}_{ij}=a_{ij}(\boldsymbol{W}_{ij}) \quad i=1,2,\cdots,N;\ j=1,2,\cdots,N$$

4. 网络分析法权重确定的基本步骤

(1) 确定元素超矩阵

根据表 7-3 中标度定义，以控制层元素 P$s(s=1,2,\cdots,m)$ 为准则，以 $C_j(j=1,2,\cdots,N)$ 中的元素 $e_{jl}(l=1,2,\cdots,n_j)$ 为次准则，其他元素组 $C_i(i=1,2,\cdots,N)$ 中元素分别按其对 $e_{jl}(l=1,2,\cdots,n_j)$ 的影响力大小进行优势度比较，可得 $N\times\sum_{j=1}^{N} n_j$ 个判断矩阵，对每个矩阵计算其最大

特征值所对应的特征向量，然后进行一致性检验。若通过检验，则将这些特征向量归一化处理，若不通过检验需要重新构造比较矩阵。将这些归一化的特征向量组成一个 $\sum_{j=1}^{N} n_j$ 阶的超矩阵，且矩阵由 $N \times N$ 个块矩阵组成。

（2）确定元素组权矩阵

以控制层一个元素 $Ps(s=1,2,\cdots,m)$ 为准则，以 $C_j(j=1,2,\cdots,N)$ 一个元素组作为次准则，其他元素组相对于该准则作相对影响度比较，共构造 N 个比较矩阵，同样需要对这些判断矩阵进行一致性检验并求特征向量。将这些归一化的特征向量组成一个 N 阶的权矩阵。

（3）确定加权超矩阵

将(2)中权矩阵的每个元素与(1)中超矩阵的块相乘，构成加权超矩阵。加权超矩阵反映了元素组对元素的控制作用与元素对元素组的反馈作用。

（4）求解指标权重

对(3)中的加权超矩阵根据所属超矩阵类型，采用相应的计算方法，确定元素的相对排序向量，即 $\sum_{j=1}^{N} n_j$ 个元素的权重。

（5）元素总目标权重确定

分别以不同准则层的准则对网络层进行权重计算，即以准则 P_1，P_2，…，P_m 分别重复进行上述(1)~(4)各步。然后将各准则下的元素权重合成，得到所有最基层元素在总目标下的权重向量。

7.2.3　求解步骤

1. 网络分析法结构模型构建

新的网络分析法模型结构中，问题中的 3 个方案选择组成一个元素组。同时将 5 个关键因素——排放量、发动机功率、造车成本、年销售量、自动驾驶等级也列入一个元素组中，五个关键因素之间具有相互联系和影响(见图 7-5)。

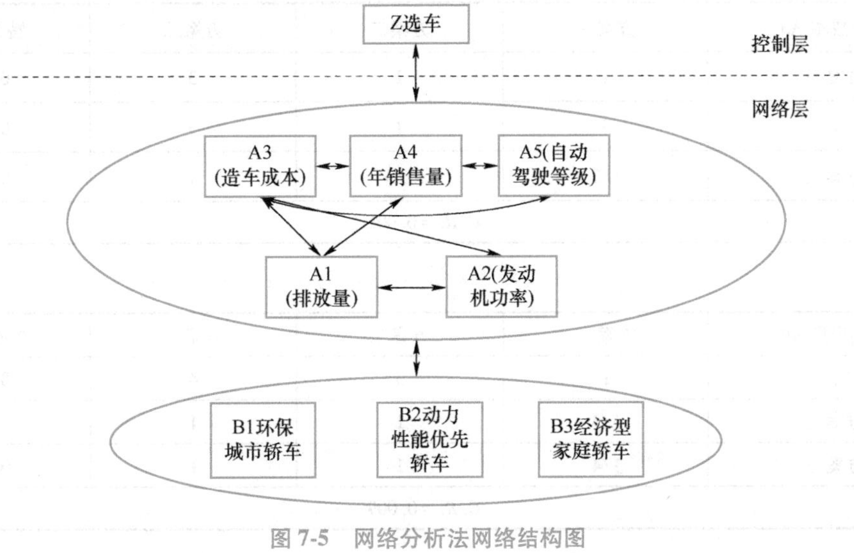

图 7-5　网络分析法网络结构图

1）降低排放量通常需要先进的技术和更高效的材料，这可能增加造车成本。

2）在环保意识日益增强的市场中，低排放或零排放车辆可能更受消费者欢迎，从而可能提高销售量。

3）更强大的发动机可能产生更高的排放量，尽管通过技术改进可以在一定程度上缓解这种情况。

4）更高功率的发动机可能增加生产成本，包括更昂贵的材料和更复杂的工程设计。

5）高级自动驾驶技术通常需要昂贵的传感器和复杂的软件系统，这会提高造车成本。

6）较高的销售量可以通过规模经济降低单位造车成本。

2. 超矩阵构建（见表 7-17 至表 7-24）

表 7-17　方案对排放量 A1 的判断矩阵

排放量 A1	方案一	方案二	方案三	特征向量
方案一	1	2	5	0.648
方案二	1/2	1	2	0.23
方案三	1/5	1/2	1	0.122
$C.R.=0.004$				

表 7-18　方案对发动机功率 A2 的判断矩阵

发动机功率 A2	方案一	方案二	方案三	特征向量
方案一	1	1/3	1/8	0.082
方案二	3	1	1/3	0.236
方案三	8	3	1	0.682
$C.R.=0.001$				

表 7-19　方案对造车成本 A3 的判断矩阵

造车成本 A3	方案一	方案二	方案三	特征向量
方案一	1	1	3	0.429
方案二	3	1	3	0.429
方案三	1/3	1/3	1	0.143
$C.R.=0.001$				

表 7-20　方案对年销售量 A4 的判断矩阵

年销售量 A4	方案一	方案二	方案三	特征向量
方案一	1	3	4	0.634
方案二	1/3	1	1	0.192
方案三	1/4	1	1	0.174
$C.R.=0.009$				

表 7-21　方案对自动驾驶等级 A5 的判断矩阵

自动驾驶等级 A5	方案一	方案二	方案三	特征向量
方案一	1	1	1/4	0.167
方案二	1	1	1/4	0.167
方案三	4	4	1	0.667
$C.R.=0.001$				

表 7-22　关键因素对方案一的判断矩阵

方案一	排放量	发动机功率	造车成本	年销售量	自动驾驶等级	特征向量
排放量	1	4	3	7	2	0.42
发动机功率	0.25	1	0.167	0.5	0.167	0.05
造车成本	0.333	6	1	2	0.333	0.17
年销售量	0.143	2	0.5	1	0.5	0.09
自动驾驶等级	0.5	6	3	2	1	0.27
$C.R.=0.081$						

表 7-23　关键因素对方案二的判断矩阵

方案二	排放量	发动机功率	造车成本	年销售量	自动驾驶等级	特征向量
排放量	1	7	4	3	5	0.49
发动机功率	0.143	1	0.333	0.167	0.5	0.05
造车成本	0.25	3	1	0.5	2	0.14
年销售量	0.333	6	2	1	3	0.23
自动驾驶等级	0.2	2	0.5	0.333	1	0.09
$C.R.=0.020$						

表 7-24　关键因素对方案三的判断矩阵

方案三	排放量	发动机功率	造车成本	年销售量	自动驾驶等级	特征向量
排放量	1	3	3	3	1	0.34
发动机功率	0.333	1	1	1	0.5	0.12
造车成本	0.333	1	1	3	0.5	0.16
年销售量	0.333	1	0.333	1	0.333	0.09
自动驾驶等级	1	2	2	3	1	0.29
$C.R.=0.031$						

根据因素之间相互影响，得到五个因素之间的权重矩阵见表 7-25。

表 7-25　因素的权重矩阵

	排放量	发动机功率	造车成本	年销售量	自动驾驶等级
排放量	0.2	0.31	0.20	0.19	0.07
发动机功率	0.43	0.25	0.16	0.27	0.09

(续)

	排放量	发动机功率	造车成本	年销售量	自动驾驶等级
造车成本	0.20	0.16	0.2	0.09	0.29
年销售量	0.15	0.14	0.15	0.19	0.3
自动驾驶等级	0.02	0.14	0.29	0.26	0.25

初始超矩阵见表7-26。

表7-26 初始超矩阵

	排放量	发动机功率	造车成本	年销售量	自动驾驶等级	方案一	方案二	方案三
排放量	0.2	0.31	0.2	0.19	0.07	0.42	0.49	0.34
发动机功率	0.43	0.25	0.16	0.27	0.09	0.05	0.05	0.12
造车成本	0.2	0.16	0.2	0.09	0.29	0.17	0.14	0.16
年销售量	0.15	0.14	0.15	0.19	0.3	0.09	0.23	0.09
自动驾驶等级	0.02	0.14	0.29	0.26	0.25	0.27	0.09	0.29
方案一	0.648	0.082	0.429	0.634	0.167	—	—	—
方案二	0.23	0.236	0.429	0.192	0.167	—	—	—
方案三	0.122	0.682	0.143	0.174	0.667	—	—	—

假定 $\boldsymbol{A}=\begin{pmatrix}0.5 & 1\\ 0.5 & 1\end{pmatrix}$，为一个2×2矩阵，则加权矩阵见表7-27。

表7-27 加权矩阵

	排放量	发动机功率	造车成本	年销售量	自动驾驶等级	方案一	方案二	方案三
排放量	0.1	0.155	0.1	0.095	0.035	0.42	0.49	0.34
发动机功率	0.215	0.125	0.08	0.135	0.045	0.05	0.05	0.12
造车成本	0.1	0.08	0.1	0.045	0.145	0.17	0.14	0.16
年销售量	0.075	0.07	0.075	0.095	0.15	0.09	0.23	0.09
自动驾驶等级	0.01	0.07	0.145	0.13	0.125	0.27	0.09	0.29
方案一	0.324	0.041	0.2145	0.317	0.0835	—	—	—
方案二	0.115	0.118	0.2145	0.096	0.0835	—	—	—
方案三	0.061	0.341	0.0710	0.087	0.3330	—	—	—

3. 权重计算

对加权超矩阵做稳定处理，即自乘4~6次，得到稳定的基线超矩阵，见表7-28。需要注意的是，每一步自乘之前需要将列向量归一化，否则加权超矩阵会越变越小，无法收敛。

表7-28 基线超矩阵

	排放量	发动机功率	造车成本	年销售量	自动驾驶等级	方案一	方案二	方案三
排放量	0.2	0.2	0.2	0.2	0.2	0.2	0.2	0.2
发动机功率	0.11	0.11	0.11	0.11	0.11	0.11	0.11	0.11

（续）

	排放量	发动机功率	造车成本	年销售量	自动驾驶等级	方案一	方案二	方案三
造车成本	0.11	0.11	0.11	0.11	0.11	0.11	0.11	0.11
年销售量	0.10	0.10	0.10	0.10	0.10	0.10	0.10	0.10
自动驾驶等级	0.13	0.13	0.13	0.13	0.13	0.13	0.13	0.13
方案一	0.15	0.15	0.15	0.15	0.15	0.15	0.15	0.15
方案二	0.08	0.08	0.08	0.08	0.08	0.08	0.08	0.08
方案三	0.12	0.12	0.12	0.12	0.12	0.12	0.12	0.12

各因素的权重见表 7-29。

表 7-29　各因素权重表

	排放量	发动机功率	造车成本	年销售量	自动驾驶等级	方案一	方案二	方案三
权重	0.20	0.11	0.11	0.10	0.13	0.15	0.08	0.12

网络分析法的分析结果表明，方案一是最优选择，排放量是决定性因素。

用 Python 软件做上述分析，代码如二维码所示。

对应文件：7_7.2_2.py

7.2.4 结果分析

运行 7.2.3 节中算法代码，结果见表 7-30。

表 7-30　网络分析法方案权重运行结果

方案	权重	排序
排放量	0.20	
发动机功率	0.11	
造车成本	0.12	
年销售量	0.11	
自动驾驶等级	0.13	
方案一	0.13	1
方案二	0.09	3
方案三	0.11	2

根据表 7-30，排放量、发动机功率、造车成本、年销售量、自动驾驶等级、方案一、方案二、方案三的权重分别为(0.20,0.11,0.12,0.11,0.13,0.13,0.09,0.11)，三个方案排序

为：方案一>方案三>方案二，即方案一为最佳方案。

本节采用汽车设计决策案例对网络分析法进行了深入学习，网络分析法展示了以下优势：

1）考虑因素间的相互依赖和反馈。与层次分析过程不同，网络分析法能够处理决策元素之间的依赖关系和反馈循环，这使得网络分析法在处理复杂系统中元素相互作用时更为有效。

2）更为全面的决策框架。网络分析法提供了一种结构化的方法来解决决策问题，通过创建一个包含所有相关因素和关系的网络模型，开展全面的问题分析与设计决策。通过分析决策网络中的关系，网络分析法帮助决策者更好地理解问题的各个方面及其相互作用，从而做出更加信息充分的决策。

3）灵活性。网络分析法不仅限于线性或层次结构，它可以适应多种类型的决策问题，包括那些涉及多重目标、多个选项和多个标准的复杂问题。

4）可用于群体决策。网络分析法适合群体决策环境，因为它可以集成和协调多个决策者的观点和优先级，这对于需要考虑多方利益和观点的决策场景尤为重要。

5）灵活处理定性和定量数据。网络分析法能够整合定性判断和定量数据，使得分析不仅仅基于硬数据，还能够包括专家的见解和经验。

7.3 逼近理想解排序法

7.3.1 案例介绍

下面是一个汽车设计的简化案例，说明如何应用逼近理想解排序法。

在汽车工业中，设计和性能测试是确保新车型成功上市的关键步骤。为了评估和选择最佳的汽车设计方案，汽车制造商需要对一系列备选车型进行全面的性能测试。在本案例中，有六种不同的汽车设计方案，它们在关键性能指标上有所差异，包括燃油效率、车内噪声水平、故障率、维护成本，见表7-31。现在需要评估哪种设备在综合考虑效率、环境影响和经济性方面表现最佳。汽车设计不仅仅是一个单一目标的优化问题，它涉及多个评价指标，如燃油效率、车内噪声水平、故障率、维护成本等。这些指标之间可能存在相互影响的关系，例如，提高安全性可能会增加成本和重量，从而影响续航里程和最高速度。因此，决策者需要在这些指标之间找到最佳平衡点。

表7-31 各汽车性能指标

产品型号	燃油效率/mpg	车内噪声水平/dB	故障率/(次数·a^{-1})	维护成本/(百元·a^{-1})
A	4.69	6.59	51	11.94
B	2.03	7.86	19	6.46
C	9.11	6.31	46	8.91
D	8.61	7.05	46	26.43
E	7.13	6.50	50	23.57
F	2.39	6.77	38	6.01

7.3.2　模型构建

1. 基本原理

逼近理想解排序法(Technique for Order Preference by Similarity to Ideal Solution，TOPSIS)是一种多属性决策分析方法，它通过比较各选项与理想解和负理想解的相似度来进行排序和选择。在产品设计和选型过程中，TOPSIS 方法可以帮助决策者从多个备选方案中选出最优解。

首先了解逼近理想解排序法的核心概念，它是一种多属性决策分析方法，主要基于一个简单的假设：最优的决策方案应该与理想解尽可能相似，同时与负理想解尽可能不相似。

理想解：具体指在所有评价指标上都是最优的方案，它的各个属性值都达到各备选方案中的最好的值，例如在收益型指标上取最大值，在成本型指标上取最小值。

负理想解：与理想解相反，在所有评价指标上都是最劣的方案，它的各个属性值都达到各备选方案中的最坏的值。

2. 模型构建

逼近理想解排序法算法求解的一般步骤如下。

(1) 形成决策矩阵

设共有 n 个评价对象，每个评价对象含有 m 个参数指标。将 n 个评价对象的参数指标排列得到一个 $n \times m$ 矩阵，即决策矩阵：

$$\begin{pmatrix} x_{11} & x_{12} & \cdots & x_{1m} \\ x_{21} & x_{22} & \cdots & x_{2m} \\ \vdots & \vdots & & \vdots \\ x_{n1} & x_{n2} & \cdots & x_{nm} \end{pmatrix}$$

(2) 计算加权决策矩阵

1) 指标向量化处理。常见的四种指标见表 7-32。

表 7-32　常见的四种指标

指标类型	指标特点	举例
极大型指标(效益型)	越大越好	成绩、利润
极小型指标(成本型)	越小越好	成本、费用
中间型指标	越接近某个值越好	人体所处环境温度
区间型指标	落在某个区间最好	饮用水中的矿物质含量

为了方便计算，需要将所有类型的指标都转换为极大型指标，并且将所有指标类型统一转换为各自对应的正向化指标。下面给出一些转换公式的参考。

① 极大型指标正向化：

$$x_i' = \frac{x_i - x_{\min}}{x_{\max} - x_{\min}}$$

式中，x_i 指第 i 个原始指标值，x_i' 是正向化后的第 i 个指标值，$x_{\min}$ 是该指标的最小值，$x_{\max}$ 是该指标的最大值。正向化后的指标值 x_i' 介于 0 和 1 之间，且值越大表示指标越好。

② 极小型指标极大正向化：

$$x_i' = \frac{x_{\max} - x_i}{x_{\max} - x_{\min}}$$

③ 中间型指标极大正向化：

$$x_i' = 1 - \frac{|x_i - x_{\text{best}}|}{|x_i - x_{\text{best}}|_{\max}}$$

④ 区间型指标极大正向化。

⑤ 设最佳区间为[a, b]，且记

$$\boldsymbol{M} = \max\{a - \min\{x_i\}, \max\{x_i - b\}\}$$

则

$$x_i' = \begin{cases} 1 - \dfrac{a - x}{M} & x < a \\ 1 & a \leqslant x \leqslant b \\ 1 - \dfrac{x - b}{M} & x > b \end{cases}$$

2）指标标准化处理。在进行向量化之后，对指标进行以下标准化处理。

$$a_i = \frac{x_i'}{\sum_{j=1}^{n} x_j'}$$

此时得到一个经过正向化、标准化的决策矩阵：

$$\boldsymbol{A}_{n\times m} = \begin{pmatrix} a_{11} & a_{12} & \cdots & a_{1m} \\ a_{21} & a_{22} & \cdots & a_{2m} \\ \vdots & \vdots & & \vdots \\ a_{n1} & a_{n2} & \cdots & a_{nm} \end{pmatrix}$$

3）计算加权决策矩阵。对于 m 个因素，使用层次分析法 AHP 计算 m 个因素的权重向量：

$$\boldsymbol{\omega} = (\omega_1, \omega_2, \cdots, \omega_m)$$

将各个指标对应的权重与正向化标准化的决策矩阵相乘得到加权决策矩阵 $\boldsymbol{R} = (r_{ij})_{n\times m}$，式中 $r_{ij} = \omega_j \times a_{ij}$，$i = 1, 2, \cdots, n$。

(3) 计算每个方案的优劣值

1）计算每个参数对应的最大最小值。

$$z_j^+ = \max\{r_{1j}, r_{2j}, \cdots, r_{nj}\}, j = 1, 2, \cdots, m$$

$$z_j^- = \min\{r_{1j}, r_{2j}, \cdots, r_{nj}\}, j = 1, 2, \cdots, m$$

其中，通过结合之前正向化的步骤可知 z_j^- 为零向量。

2）计算每个方案距离理想解与负理想解的距离。由于已经将四种类型的指标转换为了极大型指标，所以可以认为，每个参数存在的最大值就是理想解，每个参数存在的最小值就是负理想解。采用欧氏距离计算每个方案在各个因素下距理想解的距离 d_i^+ 与距负理想解的距离 d_i^-。

$$d_i^+ = \sqrt{\sum_{j=1}^{m} (z_j^+ - r_{ij})^2}$$

$$d_i^- = \sqrt{\sum_{j=1}^{m} (z_j^- - r_{ij})^2}$$

其中，距离值越大，说明离得越远；距离值越小，说明离得越近。对应地，d_i^+ 越大，说明离最优情况越远，该方案越不优秀；d_i^+ 越小，说明离最优情况越近，该方案越优秀，反之 d_i^- 同理。

3）计算每个方案的优劣值。定义第 i 个方案的优劣值：

$$v_i = \frac{d_i^-}{d_i^+ + d_i^-}$$

当 d_i^+ 越大，离最优解越远，优劣值 v_i 越小，方案越不优秀；当 d_i^- 越大，离最劣解越远，优劣值 v_i 越大，方案越优秀。

7.3.3　求解步骤

1. 形成决策矩阵

根据表 7-31 中内容得到决策矩阵如下。

$$M = \begin{pmatrix} 4.69 & 6.59 & 51 & 11.94 \\ 2.03 & 7.86 & 19 & 6.46 \\ 9.11 & 6.31 & 46 & 8.91 \\ 8.61 & 7.05 & 46 & 26.43 \\ 7.13 & 6.50 & 50 & 23.57 \\ 2.39 & 6.77 & 38 & 6.01 \end{pmatrix}$$

2. 计算加权决策矩阵

1）指标正向化处理。

$$M' = \begin{pmatrix} 0.3676 & 0.7172 & 0.0612 & 1.0000 \\ 0.0027 & 0.4069 & 0.7143 & 0.6940 \\ 0.9739 & 0.5241 & 0.1633 & 0.9058 \\ 0.7023 & 0.6552 & 0.0816 & 0.6914 \\ 0.0521 & 0.8414 & 0.3265 & 0.6007 \\ 0.7791 & 0.8552 & 0.3265 & 0.6551 \end{pmatrix}$$

2）指标标准化处理。

$$A = \begin{pmatrix} 0.1284 & 0.2483 & 0.0245 & 0.3065 \\ 0.0010 & 0.1408 & 0.2863 & 0.2127 \\ 0.3163 & 0.3342 & 0.0655 & 0.2776 \\ 0.3163 & 0.3342 & 0.0655 & 0.1361 \\ 0.2453 & 0.2268 & 0.0327 & 0.2119 \\ 0.0182 & 0.2912 & 0.1309 & 0.2008 \end{pmatrix}$$

3）使用层次分析法中的两两比较判断矩阵来衡量四个影响因素的权重，假设四个影响因素的两两比较判断矩阵为

$$\boldsymbol{C}=\begin{pmatrix}1 & 1 & 7 & 5\\ 1 & 1 & 7 & 5\\ \frac{1}{7} & \frac{1}{7} & 1 & \frac{1}{3}\\ \frac{1}{5} & \frac{1}{5} & 3 & 1\end{pmatrix}$$

该矩阵最大特征值 $\lambda_{\max}=4.0735$。

4）一致性检验。

$$C.I.=\frac{4.0735-4}{4-1}\approx 0.0245$$

$$R.I.=0.89$$

$$C.R.=\frac{0.0245}{0.89}\approx 0.0275<0.1$$

因此，认为该判断矩阵的一致性可以接受。

5）计算得到权重向量。

$$\omega=(0.4225,0.4225,0.0506,0.1044)$$

6）接下来计算加权决策矩阵。

$$\boldsymbol{R}=\begin{pmatrix}0.0543 & 0.1049 & 0.0012 & 0.0320\\ 0.0004 & 0.0595 & 0.0145 & 0.0222\\ 0.1437 & 0.0767 & 0.0033 & 0.0290\\ 0.1336 & 0.1412 & 0.0033 & 0.0142\\ 0.1037 & 0.0958 & 0.0017 & 0.0221\\ 0.0077 & 0.1230 & 0.0066 & 0.0192\end{pmatrix}$$

3. 计算每个方案的优劣值

1）计算每个参数对应的最大最小值。

$$z_j^+=(0.1476,0.1412,0.0203,0,-0.0320)$$

$$z_j^-=(0,0,0,0)$$

2）计算每个方案距离理想解/负理想解的距离。

$$\boldsymbol{d}_i^+=\begin{pmatrix}0.1019\\ 0.1687\\ 0.0669\\ 0.0283\\ 0.0666\\ 0.1423\end{pmatrix}\quad \boldsymbol{d}_i^-=\begin{pmatrix}0.1224\\ 0.0651\\ 0.1655\\ 0.1950\\ 0.1429\\ 0.1249\end{pmatrix}$$

3）计算每个方案的优劣值。

$$
\boldsymbol{v}=\begin{pmatrix}0.5455\\0.2786\\0.7121\\0.8734\\0.6821\\0.4675\end{pmatrix}
$$

4. 根据优劣值进行排序得到结果

TOPSIS 方法的结果提供了一个基于量化分析的汽车设计方案排名。这个排名反映了每辆汽车相对于理想的汽车状态的接近程度。具体来说，排名靠前的汽车具有更好的综合性能，因为它们在多个评价指标上更接近理想状态。

用 Python 软件做上述分析，代码如二维码所示。

对应文件：7_7. 3_3. py

7. 3. 4　结果分析

运行 7. 3. 3 节中算法代码，结果见表 7-33。

表 7-33　逼近理想解排序法代码运行结果

排名	方案序号	优劣值
1	D	0. 6667
2	B	0. 4947
3	C	0. 4935
4	E	0. 4503
5	A	0. 2868
6	F	0. 2015

评估结果可知：方案 D 以最高的优劣值(0. 6667)被认定为最佳方案，这表明它在效率、环境影响和经济性等多个关键指标上达到了最优平衡。方案 B 和方案 C 分别以 0. 4947 和 0. 4935 的优劣值位列第二和第三，它们在某些性能指标上表现接近方案 D，但在整体上仍有提升空间。方案 E、方案 A 和方案 F 的优劣值较低，分别为 0. 4503、0. 2868 和 0. 2015，需要在关键性能指标上进行改进以提高竞争力。

本节采用汽车设计决策案例对逼近理想解排序法进行了深入学习，逼近理想解排序法展示了以下优势：

1）简洁性。逼近理想解排序法的计算过程简单直观，易于理解和实施。它不需要复杂的数学运算，使得决策者即使不具备深厚的数学背景也能够应用该方法。

2）数据处理的有效性。逼近理想解排序法能够有效地处理多个评价指标，并且不需要假设决策标准之间的独立性。这使得它在面对多维度评价问题时具有很强的适用性。

3）权重的灵活性。逼近理想解排序法允许决策者为不同的评价指标赋予不同的权重，从而反映出不同指标在决策过程中的重要性。这种灵活性使得逼近理想解排序法能够适应各种不同的决策环境。

4）结果的可解释性。逼近理想解排序法的结果提供了清晰的排名顺序，使得决策者可以直观地看到每个选项相对于最优解的位置。这种直观性有助于决策者进行沟通和解释。

5）广泛的适用性。逼近理想解排序法对数据分布及样本含量没有严格限制，适用于多种类型的决策问题，包括那些数据不完全确定或存在模糊性的情况。

7.4 灰色关联分析法

7.4.1 案例介绍

7.3 节使用逼近理想解排序法对 6 种不同的汽车设计方案进行评估，综合考虑燃油效率、车内噪声水平、故障率、维护成本等因素，得到了基于量化分析的汽车设计方案排名，并确定出最优的汽车设计方案(表 7-34 中参考型号所对应的行)，该方案对应的汽车型号具有更好的综合性能，在多个评价指标上更接近理想状态。当新的设计方案出现时，是否需要再次对所有方案重新按照逼近理想解排序法计算决策矩阵和参数权重，得到这些方案的优劣排序呢？

现在该汽车制造商又接收到了见表 7-34 的 4 个新的设计方案，要求在同样的评估标准下，快速筛选出这些方案中效率、环境影响和经济性表现最佳的方案。

表 7-34 新增设计方案的性能指标

产品型号	燃油效率 /mpg	车内噪声水平 /dB	故障率 /(次数 · a^{-1})	维护成本 /(百元 · a^{-1})
G	7.69	6.79	38	6.01
H	9.30	6.81	27	31.57
I	5.45	7.62	5	18.46
J	6.19	7.27	17	7.51
参考型号	8.61	7.05	46	26.43

7.4.2 模型构建

1. 灰色关联分析法的原理

灰色系统理论由我国学者邓聚龙教授创立，以“部分信息已知，部分信息未知”的“小样本”“贫信息”不确定性系统为研究对象，主要通过对“部分”已知信息的生成、开发，提取有价值的信息，实现对系统运行行为、演化规律的正确描述和有效监控。

灰色关联分析是灰色系统理论的重要组成部分，是挖掘数据内部规律的有效方法。灰色关联是指事物之间的不确定性关联，或是系统因子与主行为之间的不确定性关联。灰色关联分析法通过比较数据的几何相似程度(几何关系和曲线几何形状的相似程度)来衡量它们之间的关联程度，曲线越接近，相应序列之间的关联度越大，反之则越小。对于理想方案已经存在的情况，可以利用灰色关联分析法来直接判断备选方案与理想方案的关联程度，进而确定最优方案。

2. 模型构建

运用灰色关联分析法构建模型流程如下。

(1) 确定参考数据序列

灰色关联分析法主要通过计算比较序列与参考序列之间的灰色关联度来衡量它们之间联系的紧密程度，因此，需要确定出数据集中作为计算关联度参考的数据序列。当灰色关联分析用于方案综合评价时，参考序列可能需要自行拟定，参考序列应当是一个理想的方案，可以采用各指标的最优值(或者最劣值)构成参考数据列，也可根据评价目的选择其他参照值。

一般将参考数据序列记作

$$\boldsymbol{X}_0'=(x_0'(1),x_0'(2),\cdots,x_0'(m))$$

将比较序列按照对应序号依次记作

$$(\boldsymbol{X}_1',\boldsymbol{X}_2',\cdots,\boldsymbol{X}_n')=\begin{pmatrix} x_1'(1) & x_2'(1) & \cdots & x_n'(1) \\ x_1'(2) & x_2'(2) & \cdots & x_n'(2) \\ \vdots & \vdots & & \vdots \\ x_1'(m) & x_2'(m) & \cdots & x_n'(m) \end{pmatrix}$$

(2) 数据序列标准化

由于序列中各影响因素的量纲与数量级可能存在较大差异，在运算过程中部分数量级较大的影响因素对灰色关联度计算结果的影响较大，这会弱化其他影响因素的作用。因此，在计算灰色关联度前需要对数据序列进行标准化处理，去除量纲影响，使数据序列中各影响因素控制在相同的数值特征范围内。数据序列标准具体有以下三种常用方法。

1) 归一化。

$$x_i(k)=\frac{x_i'(k)-\min\limits_k(x_i'(k))}{\max\limits_k(x_i'(k))-\min\limits_k(x_i'(k))}$$

2) 均值化。

$$x_i(k)=\frac{x_i'(k)}{\dfrac{1}{n}\sum\limits_{k=1}^{m}x_i'(k)}$$

3) 标准差标准化。

$$x_i(k)=\frac{x_i'(k)-\dfrac{1}{n}\sum\limits_{k=1}^{m}x_i'(k)}{\sqrt{\dfrac{1}{n}\sum\limits_{k=1}^{m}\left(x_i'(k)-\dfrac{1}{n}\sum\limits_{k=1}^{m}x_i'(k)\right)^2}}$$

上述三种常见的数据序列标准化方法中，归一化处理后得到的 $x(k)\in[0,1]$；均值化处理后得到的 $x(k)$ 整体呈现以 1 为中心的分布；标准差标准化处理后得到的数据符合标准正态分布，即均值为 0，适合数据量较多且数据值分布有正有负的情况。

(3) 计算灰色关联度

将数据序列标准化后，即可计算参考序列与比较序列的灰色关联度。灰色关联度计算公式为

$$\delta_i(k)=\frac{\min_i \min_k |x_0(k)-x_i(k)|+\rho\times\max_i \max_k |x_0(k)-x_i(k)|}{|x_0(k)-x_i(k)|+\rho\times\max_i \max_k |x_0(k)-x_i(k)|}$$

式中，$k=1, 2, \cdots, m$，$i=1, 2, \cdots, n$，$\rho\in(0,1)$为分辨系数，取值越小则分辨力越大，一般取$\rho=0.5$。上述计算过程也可以拆分为三个步骤来进行。

1）求差序列。首先逐一计算参考数据序列与各比较序列的差序列，并对差序列中各项取绝对值：

$$\Delta \boldsymbol{X}_i=|\boldsymbol{X}_0-\boldsymbol{X}_i|=(|x_0(1)-x_i(1)|,|x_0(2)-x_i(2)|,\cdots,|x_0(m)-x_i(m)|)$$
$$i=1,2,\cdots,n$$

2）求两级差。根据 1）中计算得到的差序列，可以得到各差序列中元素的最小值$\min_k \Delta x_i(k)=\min_k |x_0(k)-x_i(k)|$和最大值$\max_k \Delta x_i(k)=\max_k |x_0(k)-x_i(k)|$，在此基础上再统计得到所有差序列的最小值$\min_i \min_k \Delta x_i(k)=\min_i \min_k |x_0(k)-x_i(k)|$与最大值$\max_i \max_k \Delta x_i(k)=\max_i \max_k |x_0(k)-x_i(k)|$。

3）计算关联度。根据预先设定好的分辨系数ρ，将各差序列中的元素逐项代入公式计算关联度$\delta_i(k)$。

上述过程仅对各比较序列中每个元素逐项计算了关联度，为得到参考序列$\boldsymbol{X}_0$与比较序列$\boldsymbol{X}_i$的整体灰色关联度，还需要对比较序列中各元素对应的关联度求平均值：

$$r_i=\frac{1}{m}\sum_{k=1}^{m}\delta_i(k)\quad i=1,2,\cdots,n$$

如果在灰色关联分析前已经通过层次分析法(AHP)等方法初步确定了序列中各指标对应的权重$\boldsymbol{W}=(w_1,w_2,\cdots,w_n)$，也可以采用加权平均的方式来计算各比较序列的灰色关联度：

$$r_i=\frac{1}{m}\sum_{k=1}^{m}w_i\delta_i(k)\quad i=1,2,\cdots,n$$

最终得到所有比较序列的灰色关联度$\boldsymbol{R}=(r_1,r_2,\cdots,r_n)$，即可得出与参考序列关联度最大的序列。

7.4.3 求解步骤

使用灰色关联分析法对 7.3.2 节中案例进行求解的步骤如下。

1. 确定参考序列

由于在 7.3 节中已经通过逼近理想解排序法方法得到了 6 组设计方案中的最优方案，因此考虑采用该方案作为灰色关联分析中的参考序列：

$$\boldsymbol{X}'_0=(8.61,7.05,46,26.43)$$

2. 数据序列标准化

采用均值化方法对参考序列和 4 个新设计方案对应的比较序列进行处理，得到：

$$\boldsymbol{X}_0=(0.3910,0.3201,2.0888,1.2001)$$

$$X_1=(0.5259,0.4644,2.5987,0.4110)$$
$$X_2=(0.4981,0.3648,1.4462,1.6909)$$
$$X_3=(0.5968,0.8344,0.5475,2.0214)$$
$$X_4=(0.6521,0.7659,1.7909,0.7912)$$

3. 计算灰色关联度

首先分别计算四个比较序列对应的差序列：

$$\Delta X_1=(0.1349,0.1442,0.5100,0.7891)$$
$$\Delta X_2=(0.1072,0.0446,0.6426,0.4908)$$
$$\Delta X_3=(0.2058,0.5143,1.5413,0.8212)$$
$$\Delta X_4=(0.2611,0.4457,0.2979,0.4090)$$

可得各差序列中元素的最小值和最大值分别为：

$$\min_k \Delta x_1(k)=0.1349,\ \max_k \Delta x_1(k)=0.7981$$
$$\min_k \Delta x_2(k)=0.0466,\ \max_k \Delta x_2(k)=0.6426$$
$$\min_k \Delta x_1(k)=0.2058,\ \max_k \Delta x_1(k)=1.5413$$
$$\min_k \Delta x_1(k)=0.2611,\ \max_k \Delta x_1(k)=0.4457$$

所有差序列的最小值和最大值分别为：

$$\min_i \min_k \Delta x_i(k)=0.0466,\ \max_i \max_k \Delta x_i(k)=1.5413$$

将上述计算结果代入灰色关联度计算公式，取分辨系数 $\rho=0.5$，可得各比较序列对应的关联度序列为：

$$\boldsymbol{\delta}_{X_1}=(0.9025,0.8933,0.6382,0.5240)$$
$$\boldsymbol{\delta}_{X_2}=(0.9310,1.0000,0.5783,0.6479)$$
$$\boldsymbol{\delta}_{X_3}=(0.8370,0.6360,0.3535,0.5134)$$
$$\boldsymbol{\delta}_{X_4}=(0.7921,0.6719,0.7648,0.6928)$$

经过算数平均，求得四个设计方案的灰色关联度。

$$\boldsymbol{R}=(r_1,r_2,r_3,r_4)=(0.7395,0.7899,0.5850,0.7304)$$

4. 根据灰色关联度确定最优方案

由于四个设计方案灰色关联度排序为 $r_2>r_1>r_4>r_3$，因此可以初步判断案例中的方案 H 与作为理想方案的参考方案关联度最高，是四个方案中的最优方案。

用 Python 软件做上述分析，代码如二维码所示。

	对应文件：7_7.4_4.py

7.4.4　结果分析

运行 7.4.3 节中算法代码，结果见表 7-35。

表 7-35 灰色关联分析法代码运行结果

方案序号	灰色关联度	排序
G	0.73768	2
H	0.78798	1
I	0.58356	4
J	0.72923	3

根据表 7-35，方案 G、方案 H、方案 I、方案 J 与参考方案之间的灰色关联度分别为（0.738,0.788,0.584,0.729），四个方案按照灰色关联度大小排序为方案 H>方案 G>方案 J>方案 I，可以得到最佳方案为关联度最大的方案 H。

本节采用汽车设计决策案例对灰色关联分析法进行了深入学习，灰色关联分析展示了以下优势：

1）计算简洁。与其他数学分析方法相比，灰色关联分析法的计算过程相对简单，基本未涉及微分、求导等复杂的运算，在实际实施过程中能够有效节约决策的时间成本。

2）对于数据样本无特殊要求。灰色关联分析法对于样本容量要求不高，案例中仅有 4 个样本也可以进行灰色关联分析，同时灰色关联分析法对无规律性、评价指标难以量化统计的数据同样适用，这使得决策者在不确定性较高的环境下，依然能够进行有效的方案评估和选择。

3）较强的抗干扰性。灰色关联分析方法在处理数据时具有较强的抗干扰性，能够减少异常值和随机波动对分析结果的影响，进而保证决策过程的稳定性和可靠性。

7.5 模糊决策方法

7.5.1 案例介绍

一家机械制造公司正在开发一款新的齿轮传动系统，需要在不同的齿轮设计方案中做出选择。决策者需要考虑的关键属性包括：可生产量、设备投资、生产成本、不稳定费用以及净现值。见表 7-36。

表 7-36 齿轮设计方案数据表

项目	方案一	方案二	方案三	方案四	方案五
可生产量/万个	470	670	590	880	760
设备投资/万元	5000	5500	5300	6800	6000
生产成本/(元/个)	4.0	6.1	5.5	7.0	6.8
不稳定费用/万元	30	50	40	200	160
净现值/万元	1500	700	1000	50	100

现已知该公司最大可生产量不超过 880 万个，生产总投资不超过 8000 万元，试给出各方案的优劣排序，选出最佳方案。

7.5.2　模型构建

1. 模糊决策相关概念

在模糊综合决策中，隶属度(Membership Degree)是一个关键概念，用于表示一个元素属于某个模糊集的程度。隶属度反映了元素对某个模糊集合的隶属关系，它是介于 0 和 1 之间的实数。隶属度越接近 1，表示该元素属于模糊集合的程度越高；隶属度越接近 0，则表示该元素属于模糊集合的程度越低。

定义 1：论域 X 到[0,1]闭区间上的任意映射

$$\mu_A: X \to [0,1]$$

$$x \to \mu_A(x)$$

对于模糊集合 A 在一个论域 X 上隶属函数 $\mu_A(x)$ 是一个映射。其中，对于任意 $x \in X$，$\mu_A(x)$ 的值称为 x 对模糊集 A 的隶属度，表示 x 属于 A 的程度，范围在 0 和 1 之间。

隶属函数 $\mu_A(x)$ 描述了元素 x 对于模糊集 A 的隶属度。它通常用一个数学函数来表示，根据不同的隶属度分布选择不同的函数形式。常见的隶属函数包括三角形隶属函数、梯形隶属函数、高斯隶属函数等。

定义 2：设论域 U，V，乘积空间 $U \times V = \{(u,v) \mid u \in U, v \in V\}$ 上的一个模糊子集 R 是集合 U 到集合 V 的模糊关系。如果模糊关系 R 的隶属函数为

$$\mu_R: U \times V \to [0,1], (x,y) \to \mu_R(x,y)$$

则称隶属度 $\mu_R(x,y)$ 是 (x,y) 关于模糊关系 R 的相关程度。这是二元模糊关系的数学定义，多元模糊关系也可以类似定义。

设 $U = \{x_1, x_2, \cdots, x_n\}$，$V = \{y_1, y_2, \cdots, y_n\}$，$R$ 为从 U 到 V 的模糊关系，其隶属函数为 $\mu_R(x,y)$，对任意的 $(x_i, y_j) \in U \times V$，有

$$\mu_R(x,y) = r_{ij} \in [0,1],\ i=1,2,\cdots,m,\ j=1,2,\cdots,n$$

记 $R=(r_{ij})_{m\times n}$，则 R 就是所谓的模糊矩阵。

定义 3：设矩阵 $R=(r_{ij})_{m\times n}$，且 $r_{ij} \in [0,1]$，$i=1, 2, \cdots, m$，$j=1, 2, \cdots, n$，则称 R 为模糊矩阵。

模糊矩阵的运算及其性质如下：

(1) 模糊矩阵间的关系及并、交、余运算

定义 4：设 $A=(a_{ij})_{m\times n}$，$B=(b_{ij})_{m\times n}$，$i=1, 2, \cdots, m, j=1, 2, \cdots, n$ 都是模糊矩阵，定义

1) 相等。

$$A = B \Leftrightarrow a_{ij} = b_{ij};$$

2) 包含。

$$A \leqslant B \Leftrightarrow a_{ij} \leqslant b_{ij};$$

3) 并。

$$A \cup B \Leftrightarrow (a_{ij} \vee b_{ij})_{m\times n};$$

4) 交。

$$A \cap B \Leftrightarrow (a_{ij} \wedge b_{ij})_{m\times n};$$

5) 余。

$$A^{C} = (1 - a_{ij})_{m\times n}$$

(2) 模糊矩阵的合成

定义 5：设 $A=(a_{ij})_{m\times s}$，$B=(b_{kj})_{s\times n}$，称模糊矩阵 $A\circ B=(c_{ij})_{m\times n}$ 为 A 与 B 的合成，式中，

$$c_{ij}=\max\{a_{ik}\wedge b_{kj}\mid 1\leqslant k\leqslant s\}。$$

2. 模糊决策的基本方法

在实际问题中，可供选择的方案往往有多个(记为集合 U)。由于决策相关参数具有模糊性，方案集合中蕴藏的决策目标很难确切描述。因此，可供选择的方案集合 U 也是一个模糊集。模糊决策的目的是要把论域中的对象按优劣进行排序，或者按照某种方法从论域中选择一个令人满意的方案。

以下介绍三种模糊决策的方法：模糊意见集中决策、模糊二元对比决策、模糊综合评判决策。

(1) 模糊意见集中决策

模糊意见集中决策是一种将多个专家或决策者的模糊意见整合的方法，以得出一个综合的决策结果。这种方法通常应用于那些决策过程中存在主观判断或经验性因素，并且这些因素很难以精确的数值形式表示的情况。

在模糊意见集中决策中，每个专家提供的意见都被视为一个模糊集，通常用模糊数或模糊语言来描述。假设有 n 个专家提供意见，他们的意见可以表示为以下形式：

$$\boldsymbol{A}_1=(a_{11},a_{12},\cdots,a_{1m})$$
$$\boldsymbol{A}_2=(a_{21},a_{22},\cdots,a_{2m})$$
$$\vdots$$
$$\boldsymbol{A}_n=(a_{n1},a_{n2},\cdots,a_{nm})$$

式中，a_{ij} 是专家 i 对决策方案 j 的评价，可能是一个模糊数或一个模糊语言描述。接下来，需要对这些意见进行加权和组合，得到一个综合的意见。

一种常用的加权组合方法是使用加权平均。假设给定每个专家的权重为 ω_i，则综合意见可以表示为：

$$\boldsymbol{C}=(c_1,c_2,\cdots,c_m)$$

式中，

$$c_j=\frac{\sum_{i=1}^{n}\omega_i a_{ij}}{\sum_{i=1}^{n}\omega_i}$$

这里，c_j 是决策方案 j 的综合评价，ω_i 是专家 i 的权重。通过这种方式，可以将每个专家的意见按照其权重加权，然后将加权后的意见进行平均，得到一个综合的评价结果。

(2) 模糊二元对比决策

模糊二元对比决策是一种常用的模糊决策方法，适用于需要比较多个方案之间相对优劣的情况。在这种方法中，每个方案都会与其他方案逐一进行对比，以确定它们之间的相对优劣关系。这种方法的关键是将模糊的对比转化为数值，以便进行决策。下面详细介绍模糊二元对比决策的步骤和相关概念。

1）确定决策方案。首先，明确需要进行决策的方案集合，记为 U。这些方案可以是任何可行的选项或解决方案，可以是产品、项目、策略等。

2）建立对比矩阵。将每个方案与其他方案进行逐一对比，并根据某种评价标准或指标确定它们之间的相对优劣关系。这种对比通常用一个对比矩阵来表示，记为 $\boldsymbol{C}$。矩阵中的每个元素表示方案 i 相对于方案 j 的优劣程度。这些对比值可能是模糊的，因为可能存在不确定的因素或无法精确衡量的因素。

3）模糊对比转化为数值。模糊对比值可以通过隶属函数进行数值化。常用的隶属函数包括三角隶属函数、梯形隶属函数等。假设采用三角隶属函数，对比值的数值化如下：

$$c_{ij}=\mu_{ij}(x)$$

式中，$\mu_{ij}(x)$ 是隶属函数，x 是隶属函数的自变量，表示相对优劣程度。

4）计算综合评价值。对于每个方案 i，可以计算其综合评价值 E_i。常用的方法包括加权求和或求平均值：

$$E_i=\sum_{j=1}^{n}\omega_j\cdot c_{ij}$$

式中，ω_j 是方案 j 的权重，通常为正数且和为 1，权重可以根据具体情况来确定，比如专家意见、层次分析法等。

5）进行决策。根据每个方案的综合评价值，选择综合评价值最高(或最低，根据具体情况而定)的方案作为最终决策结果。

这就是模糊二元对比决策的基本流程和数学模型。通过建立对比矩阵、将模糊对比转化为数值、计算综合评价值和进行决策，可以帮助决策者在模糊环境中做出合理的决策。

（3）模糊综合评判决策

模糊综合评判决策的数学模型由三个要素组成，其步骤分为 4 步：

1）因素集 $U=\{u_1,u_2,\cdots,u_n\}$，若因素众多，可以将 $U=\{u_1,u_2,\cdots,u_n\}$ 按某些属性分成 s 个子集，$U_i=\{u_1^{(i)},u_2^{(i)},\cdots,u_n^{(i)}\}$，$i=1，2，\cdots，s$，且满足条件：

$$\sum_{i=1}^{s}n_i=n$$

$$\bigcup_{i=1}^{s}U_i=U$$

$$U_i\cap U_j=\phi,\quad i\neq j$$

2）评判集 $V=\{v_1,v_2,\cdots,v_m\}$

3）由因素集 U 与评判集 V 可得到评价矩阵 $\boldsymbol{R}=\begin{pmatrix} r_{11} & r_{12} & \cdots & r_{1m} \\ r_{21} & r_{22} & \cdots & r_{2m} \\ \vdots & \vdots & & \vdots \\ r_{n1} & r_{n2} & \cdots & r_{nm} \end{pmatrix}$

$(U,V,\boldsymbol{R})$ 构成一个模糊综合评判决策，U，V，$\boldsymbol{R}$ 称为此模型的三要素。

4）综合评判。对于权重 $\boldsymbol{A}=\{a_1,a_2,\cdots,a_n\}$，取 max-min 合成运算，即运用模型 $M(\wedge,\vee)$ 计算，可得综合评判 $\boldsymbol{B}=\boldsymbol{A}\cdot\boldsymbol{R}$。输入一种权重，则输出一个综合评判。

模糊综合决策中，权重是至关重要的，它反映了各个因素在综合过程中所占有的地位或所起的作用，直接影响到综合决策的结果。权重确定的方法有统计方法、模糊协调决策法、模糊关系方程法、层次分析法等。

7.5.3 求解步骤

接下来采用模糊决策方法对 7.5.2 节中的案例进行求解，该问题是一个多目标模糊综合决策问题。确定隶属函数。

1）可生产量的隶属函数。因为所需生产量最高为 880 万个，故可用资源的利用函数作为隶属函数

$$\mu_A(x)=\frac{x}{880}$$

2）投资约束是 8000 万元，所以 $\mu_B(x)=-\frac{x}{8000}+1$。

3）根据专家意见，每个齿轮生产成本 $a_1\leqslant 5.5$ 元/个为低成本，$a_2=8.0$ 元/个为高成本，故：

$$\mu_C(x)=\begin{cases}1, & 0\leqslant x\leqslant a_1\\ \dfrac{a_2-x}{a_2-a_1} & a_1\leqslant x\leqslant a_2\\ 0 & a_2<x\end{cases}$$

4）不稳定费用的隶属函数 $\mu_D(x)=1-\frac{x}{200}$。

5）净现值的隶属函数。取上限 15(百万元)，下限 0.5(百万元)，采用线性隶属函数

$$\mu_E(x)=\frac{1}{14.5}(x-0.5)$$

根据各隶属函数计算出 5 个方案所对应的不同隶属度，见表 7-37。

表 7-37 隶属度表

项目	方案一	方案二	方案三	方案四	方案五
可生产量	0.5341	0.7614	0.6705	1	0.8636
设备投资	0.3750	0.3125	0.3375	0.15	0.25
生产成本	1	0.76	1	0.4	0.48
不稳定费用	0.85	0.75	0.8	0	0.2
净现值	1	0.4480	0.6552	0	0.0345

这样的模糊关系矩阵为

$$\boldsymbol{R}=\begin{pmatrix}0.5341 & 0.7614 & 0.6705 & 1 & 0.8636\\ 0.3750 & 0.3125 & 0.3375 & 0.15 & 0.25\\ 1 & 0.76 & 1 & 0.4 & 0.48\\ 0.85 & 0.75 & 0.8 & 0 & 0.2\\ 1 & 0.4480 & 0.6552 & 0 & 0.0345\end{pmatrix}$$

根据专家评价，各项目在决策中所占权重为 $\boldsymbol{A}=(0.25,0.20,0.20,0.10,0.25)$，于是得出各方案的综合评价为 $\boldsymbol{B}=\boldsymbol{AR}=(0.7435,0.5919,0.6789,0.3600,0.3905)$。

由此可知：从优到劣排序依次是方案一、方案三、方案二、方案五和方案四，其中方案一最佳。

用 Python 软件做上述分析，代码如二维码所示。

对应文件：7_7.5_5.py

7.5.4　结果分析

运行 7.5.3 节中算法代码，结果见表 7-38。

表 7-38　模糊决策法代码运行结果

排名	方案序号	综合评价值
1	方案一	0.7435
2	方案三	0.6789
3	方案二	0.5919
4	方案五	0.3905
5	方案四	0.3600

输出的结果中 $\boldsymbol{R}$ 矩阵的每一行代表一个属性的模糊评价，每一列代表一个方案的评价。$\boldsymbol{B}$ 向量是每个方案的综合评价值，它是通过将 $\boldsymbol{R}$ 矩阵的每一行(即每个方案的属性评价)与权重向量进行加权求和得到的。分析可得方案一的综合评价最高，为 0.7435，表明方案一在所有属性上的表现最好，方案三、二、五的综合评价依次降低，排名随后。方案四的综合评价最低，为 0.3600，这表明方案四在多个属性上的表现都不理想。

本节采用齿轮传动系统案例对模糊综合决策方法进行了深入学习，模糊综合决策方法展示了以下优势：

1）处理不确定性和模糊性。模糊综合评价方法能够有效处理评价对象中的不确定性和模糊性问题。在现实世界中，很多评价对象难以用精确的数值来描述，而模糊综合评价方法通过模糊集和模糊关系来表达这种不确定性，使得评价更加符合实际情况。

2）多因素综合评价。该方法能够综合考虑多个评价指标和因素，通过构建模糊数学模型来分析这些因素之间的相互作用和综合影响，从而得到更为全面和科学的评价结果。

3）灵活性和适应性。模糊综合评价方法具有较强的灵活性和适应性，可以根据不同的问题需求和实际情况调整评价指标和模型结构，以适应复杂多变的评价环境。

7.6 择优排序方法

7.6.1 案例介绍

本节基于7.5.1节中的实际案例，深入学习择优排序方法，需要考虑的元素包括：可生产量、设备投资、生产成本、不稳定费用以及净现值，每个属性的权重设置为：$\boldsymbol{W}=(0.3,0.2,0.2,0.15,0.15)^{\mathrm{T}}$。

7.6.2 模型构建

择优排序方法(ELimination Et Choix Traduisant la REalité，ELECTRE)最早由法国学者Bernard Roy提出，用于解决具有多个评价标准的复杂决策问题。传统的多属性决策方法将所有属性值通过效用函数融合起来得到方案的有效值，并据此进行优选、排序。此方法隐含了指标间完全可补偿的假设。指标间完全可补偿假设：通常指的是决策包含多个评价指标时，允许在某些指标上的低得分通过在其他指标上的高得分来得到"补偿"。换句话说，这意味着一个选项在某个指标上的不足可以由在另一个指标上的良好表现来平衡。这种假设常常违背决策者的初衷，在很多情况下不能反映决策者的实际需要。择优排序方法则改变了这种思路，它采用指标间非补偿性或者条件补偿性的原则。指标间非补偿性原则：在决策过程中，一个方案在某些关键指标上的低得分或弱点无法被其他指标上的高得分或优点所弥补。换句话说，只要某一选项在某一或多个指标上未达到设定的最低标准或门槛，该方案就会被直接排除或否决，不考虑其他方面的优势。进行优选和排序，更能符合实际情况。

择优排序方法的核心在于构建级别高于关系，实现对非劣方案的有效分类与排序。不同的级别高于关系设定衍生出多样化的ELECTRE方法变体。鉴于ELECTRE-Ⅱ方法的广泛应用及其计算的复杂性，Van Delft等学者创新性地提出了利用净优势值来简化级别高于关系的构建过程，从而使ELECTRE-Ⅱ的应用更为便捷。该方法的步骤如下。

1. 建立规范化的决策矩阵

设$\boldsymbol{A}=(a_{ij})_{m\times n}$为有$m$个方案$n$个指标的标准化指标矩阵，$a_{ij}$表示第$i$个方案在第$j$个指标下的标准化的属性值。设$a_{ij}$为效益型指标，即指标越大越好，$\boldsymbol{W}=(w_1,w_2,\cdots,w_n)^{\mathrm{T}}$表示各指标的权重向量。规范化决策矩阵为

$$\boldsymbol{V}=\boldsymbol{A}\boldsymbol{W}^{\mathrm{T}}$$

2. 一致性计算

(1) 确定一致集和不一致集

x_i表示第i个方案，根据属性j，如果x_i优于x_k，那么$y(x_i)\geqslant y(x_k)$。一致集的定义为所有满足$y(x_0)\geqslant y(x_k)$条件的属性集合记作：

$$J^{+=}(x_i,x_k)=\{j\|1\leqslant j\leqslant n,y(x_0)\geqslant y(x_k)\}$$

不一致集的定义为所有满足$y(x_0)<y(x_k)$条件的属性集合记作：

$$J^{-}(x_i,x_k)=\{j\|1\leqslant j\leqslant n,y(x_0)<y(x_k)\}$$

(2) 一致性矩阵和非一致性矩阵的构建

一致性指标C_{ik}被定义为x_i不劣于x_k的属性的权重之和与所有属性的权重之和的比率，

C_{ik}越大反映了方案 i 优于方案 k 的可能性越大，$C_{ik}=0$ 时，表明方案 i 不可能优于方案 k，$C_{ik}=1$ 时，说明方案 i 肯定优于方案 k。其公式如下：

$$c_{ik}=\frac{\sum_{j\in J^{+}=(x_i,x_k)} w_j}{\sum_{j=1}^{n} w_j}$$

一致性指数组成一致性矩阵：

$$\boldsymbol{C}=(c_{kt})_{m\times m}=\begin{pmatrix} - & c_{12} & c_{13} & \cdots & c_{1m} \\ c_{21} & - & c_{23} & \cdots & c_{2m} \\ \vdots & \vdots & \vdots & & \vdots \\ c_{m1} & c_{m2} & c_{m3} & \cdots & - \end{pmatrix}$$

非一致性指数 d_{kt}的分子为不一致集中所对应的两方案的加权指标值之差中的最大值，分母为所有指标中对应两方案的加权指标值之差的最大值。显然，$0\leqslant d_{kt}\leqslant 1$，$d_{kt}$表示加权指标值之间的差距大小，反映了方案 k 劣于方案 t 的程度，d_{kt}越小越反映方案 k 劣于方案 t 的程度越小。

$$d_{kt}=\frac{\max\limits_{j\in J^{-}(v_k,v_j)} |v_{kj}-v_{bj}|}{\max |v_{kj}-v_{bj}|}$$

非一致性矩阵：

$$\boldsymbol{D}=(d_{kl})_{m\times m}=\begin{pmatrix} - & d_{12} & d_{13} & \cdots & d_{1m} \\ d_{21} & - & d_{23} & \cdots & d_{2m} \\ \vdots & \vdots & \vdots & & \vdots \\ d_{m1} & d_{m2} & d_{m3} & \cdots & - \end{pmatrix}$$

(3) 一致性和非一致性支配矩阵的构建

阈值帮助定义何时一个选项在某个标准上的表现可以被视为显著优于或劣于另一个选项。这种界定确保了只有在足够显著的情况下，优势或劣势才会影响最终的决策结果。

一致性指数的阈值 α 和非一致性指数的阈值 β：

$$\alpha=\sum_{k=1,k\neq l}^{m}\sum_{l=1,l\neq k}^{m}\frac{c_{kl}}{m(m-1)}$$

$$\beta=\sum_{k=1,k\neq l}^{m}\sum_{l=1/\neq k}^{m}\frac{d_{kl}}{m(m-1)}$$

支配矩阵提供了一种直观的方式来查看所有决策选项间的相互关系，使决策者能够一目了然地理解哪些选项优于其他选项

一致性支配矩阵 $\boldsymbol{F}$：

$$\boldsymbol{F}=(f_{kl})_{m\times m}=\begin{cases} 1 c_{kl}\geqslant\alpha \\ 0 c_{kl}<\alpha \end{cases}$$

非一致性支配矩阵 $\boldsymbol{E}$：

$$\boldsymbol{E}=(e_{kl})_{m\times m}=\begin{cases} 1 d_{kl}\leqslant\beta \\ 0 d_{kl}>\beta \end{cases}$$

(4) 综合优势判断矩阵的构建

综合优势判断矩阵结合了一致性和非一致性的视角，确保决策过程不仅考虑到各选项在多个标准上的总体优势(一致性)，而且关注到可能的关键弱点(非一致性)。这种全面的评估有助于形成更均衡和周全的决策结果。

综合优势判断矩阵 $\boldsymbol{H}$:

$$\boldsymbol{H}=(h_{kl})_{m\times m}=\boldsymbol{F}\cdot\boldsymbol{E}$$

$h_{kl}=1$ 即 $f_{kl}=1$ 与 $e_{kl}=1$ 同时成立，方案 k 不劣于方案 l 的程度高于一致性指数的阈值，且方案 k 劣于方案 l 的程度低于非一致性指数的阈值，即方案 l 被淘汰。

(5) 净优势值计算

$$c_k=\sum_{l=1,j\neq k}^{m}c_{kl}-\sum_{l=1,j\neq k}^{m}c_{lk}$$

c_k 越大，说明方案的优越程度越大。

7.6.3 求解步骤

1. 指标值标准化

为消除量纲不同对各指标带来的差异问题，本文采用 7.5 节的隶属度表表 7-37 作为标准化处理结果，见表 7-39。

表 7-39 标准化指标值表

项目	方案一	方案二	方案三	方案四	方案五
可生产量	0.5341	0.7614	0.6705	1	0.8636
设备投资	0.3750	0.3125	0.3375	0.15	0.25
生产成本	1	0.76	1	0.4	0.48
不稳定费用	0.85	0.75	0.8	0	0.2
净现值	1	0.4480	0.6552	0	0.0345

2. 构建规范化决策矩阵

假定因素(可生产量，投资设备，…，净现值)权重为 $\boldsymbol{W}=(0.3,0.2,0.2,0.15,0.15)^{\mathrm{T}}$，数据见表 7-40。

表 7-40 加权规范化决策矩阵 V 表

项目	可生产量	设备投资	生产成本	不稳定费用	净现值
方案一	0.16	0.075	0.2	0.128	0.15
方案二	0.228	0.063	0.2	0.113	0.067
方案三	0.201	0.068	0.2	0.12	0.098
方案四	0.3	0.03	0.2	0	0
方案五	0.259	0.05	0.2	0.03	0.005

3. 一致性和非一致性集合确定

一致性集合用 $J^{+=}(v_k,v_l)$ 表示，非一致性集合用 $J^{-}(v_k,v_l)$ 表示，以方案一和方案二为例(见表 7-41)：

$$J^{+=}(v_k,v_l)=\{2,3,4,5\}$$

$$J^{-}(v_k,v_l)=\{1\}$$

表 7-41　一致性和非一致性集合表

$k,\ l(k\neq l)$	$J^{+=}$	J^{-}	$k,\ l(k\neq l)$	$J^{+=}$	J^{-}
1，2	2，3，4，5	1	3，4	2，3，4，5	1
1.3	2，3，4，5	1	3，5	2，3，4，5	1
1.4	2，3，4，5	1	4，1	1，3	2，4，5
1，5	2，3，4，5	1	4，2	1，3	2，4，5
2，1	1，3	2，4，5	4，3	1，3	2，4，5
2，3	1，3	2，4，5	4，5	1，3	2，4，5
2，4	2，3，4，5	1	5，1	1，3	2，4，5
2，5	2，3，4，5	1	5，2	1，3	2，4，5
3，1	1，3	2，4，5	5，3	1，3	2，4，5
3，2	2，3，4，5	1	5，4	2，3，4，5	1

4. 一致性矩阵与非一致性矩阵构建

以方案一与方案二为例：

（1）一致性指标

$$I_{12}=\frac{\sum\limits_{j\in J^{+=}(x_1,x_2)} w_j}{\sum\limits_{j=1}^{n} w_j}=\frac{0.2+0.2+0.15+0.15}{1}=0.7$$

（2）非一致性指标

$$d_{12}=\frac{\max\limits_{j\in J^{-}(v_k,v_j)} |v_{1j}-v_{2j}|}{\max|v_{1j}-v_{2j}|}=\frac{\max|0.16-0.228|}{\max|(0.16-0.228),\cdots,(0.15-0.067)|}=0.82$$

（3）一致性矩阵 $\boldsymbol{C}$

$$\boldsymbol{C}=\begin{pmatrix} - & 0.7 & 0.7 & 0.7 & 0.7 \\ 0.5 & - & 0.5 & 0.5 & 0.7 \\ 0.5 & 0.7 & - & 0.7 & 0.7 \\ 0.5 & 0.5 & 0.5 & - & 0.5 \\ 0.5 & 0.5 & 0.5 & 0.7 & - \end{pmatrix}$$

（4）非一致性矩阵 $\boldsymbol{D}$

$$\boldsymbol{D}=\begin{pmatrix} - & 0.82 & 0.79 & 0.93 & 0.68 \\ 1 & - & 1 & 0.64 & 0.37 \\ 1 & 0.87 & - & 0.83 & 0.62 \\ 1 & 1 & 1 & - & 0.73 \\ 1 & 1 & 1 & 1 & - \end{pmatrix}$$

（5）一致性支配矩阵 $\boldsymbol{F}$

$$\alpha=\sum_{k-1,k+l}^{m}\sum_{l-1,i+k}^{m}\frac{c_{kl}}{m(m-1)}=\frac{0.7+0.7,\cdots,+0.7}{5\times4}=\frac{11.8}{20}=0.59$$

$$\boldsymbol{F}=(f_{kl})_{m\times m}=\begin{cases}1 & c_{kl}\geqslant\alpha\\0 & c_{kl}<\alpha\end{cases}$$

$$\boldsymbol{F}=\begin{pmatrix}- & 1 & 1 & 1 & 1\\0 & - & 0 & 0 & 1\\0 & 1 & - & 1 & 1\\0 & 0 & 0 & - & 0\\0 & 0 & 0 & 1 & -\end{pmatrix}$$

（6）非一致性支配矩阵 $\boldsymbol{E}$

$$\beta=\sum_{k=1,k\neq l}^{m}\sum_{l=1,l\neq k}^{m}\frac{d_{kl}}{m(m-1)}=\frac{0.82,\cdots,1}{20}=\frac{17.28}{20}=0.86$$

$$\boldsymbol{E}=(e_{kl})_{m\times m}=\begin{cases}1 & d_{kl}\leqslant\beta\\0 & d_{kl}>\beta\end{cases}$$

$$\boldsymbol{E}=\begin{pmatrix}- & 1 & 1 & 0 & 1\\0 & - & 0 & 0 & 1\\0 & 0 & - & 1 & 1\\0 & 0 & 0 & - & 1\\0 & 0 & 0 & 0 & -\end{pmatrix}$$

5. 综合优势判定矩阵 $\boldsymbol{H}$

$$\boldsymbol{H}=(h_{kl})_{m\times m}=\boldsymbol{F}\cdot\boldsymbol{E}$$

$$\boldsymbol{H}=\begin{pmatrix}0 & 1 & 1 & 1 & 3\\0 & 0 & 0 & 0 & 0\\0 & 0 & 0 & 0 & 2\\0 & 0 & 0 & 0 & 0\\0 & 0 & 0 & 0 & 1\end{pmatrix}$$

6. 计算净优势值

以方案一为例，求其净优势值：

$$c_1=\sum_{l=1,\ j\neq k}^{m}c_{1l}-\sum_{l=1,\ j\neq k}^{m}c_{l1}=0.7\times4-0.5\times4=0.8$$

同理求得，其他四组方案的净优势值为：$c_1=0.8$，$c_2=-0.2$，$c_3=0.4$，$c_4=-0.6$，$c_5=-0.6$。排序为：$c_1>c_3>c_2>c_4=c_5$。根据 $\boldsymbol{H}$ 矩阵可得，只有第一列的元素值没有 1，所以剔除方案二、三、四、五，因此最优方案为方案一。

用 Python 软件做上述分析，代码如二维码所示。

	对应文件：7_7.6_6.py

7.6.4　结果分析

运行 7.6.3 节中算法代码，结果见表 7-42。

表 7-42　择优排序方案权重运行结果

方案	净优势值	排序
方案一	1.40	1
方案二	0.00	3
方案三	1.00	2
方案四	-1.60	5
方案五	-0.80	4

根据表 7-42，方案由大到小排序为方案一>方案三>方案二>方案五>方案四，即方案一为最佳方案。

本节采用 7.5 节的齿轮传动系统案例对择优排序方法进行了深入学习，择优排序方法展示了以下优势：

1）全面性与灵活性。ELECTRE 允许同时考虑多个决策准则，对方案进行全面评估；同时，提供了不同版本和多种参数设置，使得决策者可以根据不同情况和偏好进行灵活调整。

2）偏好关系。与只考虑绝对值的方法相比，ELECTRE 强调偏好关系的重要性，它可以处理非完全比较的情况（如当选项在某些准则下不能明确比较时）。

3）不确定性和模糊性。它可以处理决策过程中的不确定性和模糊性，允许存在不一致和模糊的偏好。

4）阈值的应用。ELECTRE 使用阈值（如一致性阈值和非一致性阈值），帮助决策者根据实际情况设置“容忍度”，而不是寻求绝对的优势。

5）群体决策。ELECTRE 能够融合多个利益相关者的观点和偏好，可用于群体决策环境。

7.7　证据理论

7.7.1　案例介绍

某锅炉给水控制系统评估正常运转的性能指标包括锅炉汽包水位、给水流量、小汽机转速等，每个变量指标都有相应传感器对其进行监测。现需要根据满负荷情况下的模拟运行数据设计模型，实现对系统故障的排查与诊断，可能发生的故障主要包括“小汽机转速发生 5%偏差”以及“给水流量发生恒增益 1.03”两类，初定使用 PCA 构建模型，构造得到的统计量可以正确评估系统是否发生故障，但无法对故障来源进行判断。因此考虑在模型中引入新方法，结合 PCA 所构建分类识别网络的输出结果，对故障来源进行分析。关于模型构建中所用到的具体数据将在 7.7.4 节中详细给出。

7.7.2　模型构建

1. 问题分析

在案例中，由于 PCA 方法仅能判别系统是否发生故障，而无法定位故障来源，因此可以考虑结合证据理论方法，对故障来源进行分离和诊断。证据理论在不确定的表示、组合方面具有很大优势，是非常适合目标识别的非精确推理方法之一，被广泛地应用在目标识别及分类任务中，但证据理论方法用于故障诊断时，需要合成、处理多个信息源提供的关于故障的各种证据，因此考虑首先利用 PCA 把传感器监测数据所组成的高维数据空间投影压缩到低维特征子空间，用少部分独立的主元变量来描述多维空间的绝大部分动态信息，从而得到相应的低维特征矩阵，以此训练分类识别网络，将网络的输出结果作为证据理论的证据，再进行融合处理，最终分离得到系统故障来源。图 7-6 展示了使用证据理论(D-S 理论)对案例问题进行建模与求解的整体思路。

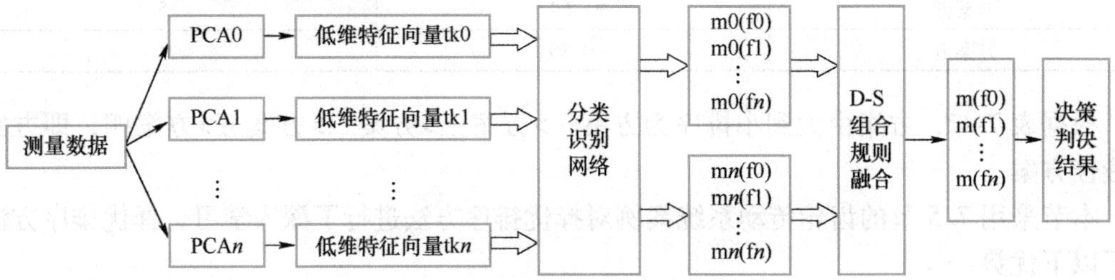

图 7-6　融合证据理论的建模与求解思路

2. 基本概念

在正式使用证据理论对问题进行建模前，首先简单了解证据理论。证据理论源于 20 世纪 60 年代美国哈佛大学数学家 A. P. Dempster 在利用上、下限概率来解决多值映射问题方面的研究工作，后由其学生 G. Shafer 进一步发展，引入信任函数的概念，形成了一套基于“证据”和“组合”来处理不确定性推理问题的数学方法。由于在证据理论中需要的先验数据比概率推理理论中的更为直观、更容易获得，加上 Dempster 合成公式可以综合不同专家或数据源的知识或数据，使得证据理论在专家系统、信息融合等领域中得到了广泛应用。

3. 模型构建

为了更好地理解证据理论的建模过程，首先需要了解证据理论中的一些基本概念，主要包括识别框架及其幂集和证据理论的三个重要函数——基本概率分配函数(Basic probability assignment Function)、信任函数(Belief Function，Bel)以及似然函数(Plausibility function，Pl)。

(1) 识别框架(假设空间)及其幂集

假设所考察或判断的事件或对象一共有 n 个，共同构成非空集合

$$\because=\{a_1,a_2,\cdots,a_n\}$$

式中 a_1，a_2，…，a_n 两两互斥，则将该集合称为识别框架，亦可称为假设空间。

识别框架$\because$的所有子集构成一个新的集合 $2^{\because}$，包含 2^n 个元素，也称为识别框架的幂集。其形式可以展开如下：

$$2^{\because}=\{\phi,\{a_1\},\{a_2\},\cdots,\{a_n\},\{a_1,a_2\},\{a_2,a_3\},\cdots\}$$

(2) 基本概率分配

识别框架$\because$上的基本概率分配是一个 $2^{\because}\rightarrow[0,1]$的函数，记为 m：$2^{\because}\rightarrow[0,1]$，且满足

$$m(\phi)=0$$

$$\sum_{A\subseteq\because}m(A)=1\text{ 或}\sum_{A\in 2^{\because}}m(A)=1$$

式中，使得 $m(A)>0$ 的 A 称为焦元(Focal Element)。基本概率分配函数也被称为 mass 函数。

(3) 信任函数

在识别框架∵上，基于基本概率分配函数 m 定义信任函数 Bel：$2^{\because} \to [0,1]$，表达式如下

$$\mathrm{Bel}(A)=\sum_{B \subseteq A} m(B) \quad \forall A \subseteq \because$$

Bel(A)表示 A 所有子集的可能性度量之和，即表示对 A 的总体信任程度。

(4) 似然函数

在识别框架∵上，基于基本概率分配函数 m 定义似然函数 Pl：$2^{\because} \to [0,1]$，表达式如下

$$\mathrm{Pl}(A)=\sum_{B \cap A \neq \phi} m(B) \quad \forall A,B \subseteq \because$$

了解关于识别框架以及证据理论中三个重要函数的相关概念后，便可以对信任区间进行定义。在证据理论中，对于识别框架∵中的某个假设 A，根据基本概率分配函数分别计算出关于该假设的信任函数 Bel(A)和似然函数 Pl(A)组成信任区间[Bel(A),Pl(A)](如图 7-7 所示，见表 7-43)，用以表示对假设 A 的支持程度。

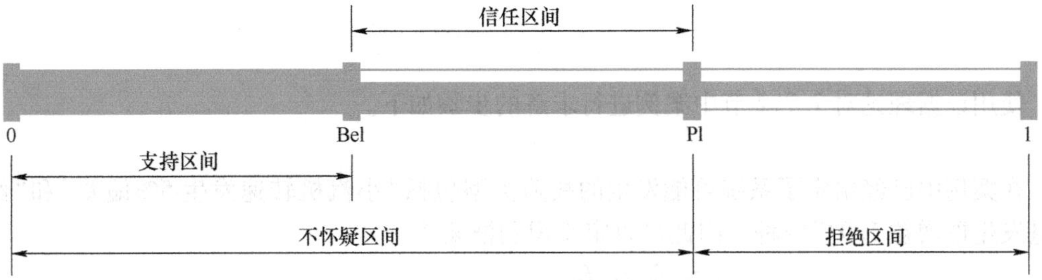

图 7-7　信任区间

表 7-43　常见的信任区间形式

信任区间	解释
[1,1]	完全为真
[0,0]	完全为假
[0,1]	完全无知
[Bel,1]，0<Bel<1	趋向支持
[0,Pl]，0<Pl<1	趋向反驳
[Bel,Pl]，0<Bel≤Pl<1	既趋向支持又趋向反驳

这里就上述信任区间的概念进行简单解释。如果信任区间为[0,1]，表示对假设 A 一无所知，因为证据没有直接支持假设 A，也没有直接反驳假设 A；如果信任区间为[0.6,0.6]，信任函数值和似然函数值相等，说明假设 A 有确定的发生概率 0.6，因为证据的直接支持和似然支持都是 0.6，不确定区间的宽度为 0；如果信任区间为[0.3,1]，说明证据部分支持假设 A，支持的程度为 0.3，似然函数值为 1 说明了证据没有直接反驳假设 A，此时位于宽为 0.7 的信任区间里的概率赋值可以自由地转化为支持该假设；如果信任区间为[0.2,0.8]，说明证据部分直接支持假设 A，但也部分直接反驳假设 A。

理解了信任区间的概念，接下来要介绍的是证据理论的核心——Dempster 合成规则，也称为证据合成公式。首先由两个证据合成出发，对于 $\forall A \subseteq \because$，识别框架∵上的两个基本概率分配函数 m_1、m_2 的 Dempster 合成规则定义为：

$$m_1 \oplus m_2(A) = \frac{1}{K} \sum_{B \cap C = A} m_1(B) \cdot m_2(C)$$

式中，K 为归一化常数，其计算方式如下：

$$K = \sum_{B \cap C \neq \phi} m_1(B) \cdot m_2(C) = 1 - \sum_{B \cap C = \phi} m_1(B) \cdot m_2(C)$$

$1-K = \sum_{B \cap C = \phi} m_1(B) \cdot m_2(C)$ 反映了两个基本概率分配函数对应证据源之间的冲突程度。

考虑多个证据合成的情况，对于 $\forall A \subseteq ∵$，识别框架∵上的有限个基本概率分配函数 m_1，m_2，…，m_n 的 Dempster 合成规则定义为：

$$(m_1 \oplus m_2 \oplus \cdots \oplus m_n)(A) = \frac{1}{K} \sum_{A_1 \cap A_2 \cap \cdots \cap A_n} m_1(A_1) \cdot m_2(A_2) \cdots \cdot m_n(A_n)$$

式中归一化常数 K 的计算方式为：

$$K = \sum_{A_1 \cap \cdots \cap A_n \neq \phi} m_1(A_1) \cdot m_2(A_2) \cdots \cdot m_n(A_n) = 1 - \sum_{A_1 \cap \cdots \cap A_n = \phi} m_1(A_1) \cdot m_2(A_2) \cdots \cdot m_n(A_n)$$

7.7.3 求解步骤

使用证据理论对 7.7.2 节中案例进行求解的步骤如下。

1. 确定识别框架

在案例中已经给定了系统可能发生的故障类型包括“小汽机转速发生 5%偏差”和“给水流量发生恒增益 1.03”两种，因此可以定义识别框架为

$$∵ = \{f_0, f_1, f_2\}$$

f_0:系统正常运转

f_1:小汽机转速发生 5%偏差故障

f_2:给水流量发生恒增益 1.03 故障

2. 确定基本概率分配

结合三种情况下构建的 PCA 主元模型及分类网络识别结果，给出相应的基本概率分配情况见表 7-44。

表 7-44 基本概率分配情况

分类网络识别结果	$m_0(f_0)=0.14927$	$m_0(f_1)=0.6163$	$m_0(f_2)=0.23442$
	$m_1(f_0)=0.14654$	$m_1(f_1)=0.72553$	$m_1(f_2)=0.12794$
	$m_2(f_0)=0.12542$	$m_2(f_1)=0.55428$	$m_2(f_2)=0.32031$

3. 计算归一化常数 K

根据基本概率分配情况可知，对于识别框架幂集中所有的元素，有且仅有 $m_i(f_0)$，$m_i(f_1)$，$m_i(f_2)\,(i=0,1,2)$ 三项满足 $m(A)>0$ 的条件，因此根据归一化常数计算公式，代入数据可以计算得到

$$K = \sum_{A_0 \cap A_1 \cap A_2 \neq \phi} m_0(A_0) \cdot m_1(A_1) \cdot m_2(A_2)$$

$$= m_0(f_0) \cdot m_1(f_0) \cdot m_2(f_0) + m_0(f_1) \cdot m_1(f_1) \cdot m_2(f_1) + m_0(f_2) \cdot m_1(f_2) \cdot m_2(f_2)$$

$$= 0.14927 \times 0.14654 \times 0.12542 + 0.6163 \times 0.72553 \times 0.55428 + 0.23442 \times 0.12794 \times 0.32031$$

$$= 0.26$$

4. 计算各假设的联合概率分配结果

由上述分析可知，由于有且仅有 $m_i(f_0)$，$m_i(f_1)$，$m_i(f_2)$ $(i=0,1,2)$ 三项满足 $m(A)>0$ 的条件，因此对于三种主元模型提供证据的合成计算过程如下

$$\begin{aligned} m(f_0) &= (m_0 \oplus m_1 \oplus m_2)(f_0) \\ &= \frac{1}{K}(m_0(f_0) \cdot m_1(f_0) \cdot m_2(f_0)) \\ &= \frac{1}{0.26}(0.14927 \times 0.14654 \times 0.12542) \\ &= 0.01055 \end{aligned}$$

$$\begin{aligned} m(f_1) &= (m_0 \oplus m_1 \oplus m_2)(f_1) \\ &= \frac{1}{K}(m_0(f_1) \cdot m_1(f_1) \cdot m_2(f_1)) \\ &= \frac{1}{0.26}(0.6163 \times 0.72553 \times 0.55428) \\ &= 0.95324 \end{aligned}$$

$$\begin{aligned} m(f_2) &= (m_0 \oplus m_1 \oplus m_2)(f_2) \\ &= \frac{1}{K}(m_0(f_2) \cdot m_1(f_2) \cdot m_2(f_2)) \\ &= \frac{1}{0.26}(0.23442 \times 0.12794 \times 0.32031) \\ &= 0.03695 \end{aligned}$$

5. 故障源判断

根据证据理论合成结果，有 $m(f_1) \gg m(f_2) > m(f_0)$，因此基本可以判断故障来源为 f_1 对应的“小汽机转速发生 5%偏差”故障。最终诊断结果见表 7-45。

表 7-45　证据理论分析所得故障诊断结果

分类网络识别结果	$m_0(f_0)=0.14927$	$m_0(f_1)=0.6163$	$m_0(f_2)=0.23442$
	$m_1(f_0)=0.14654$	$m_1(f_1)=0.72553$	$m_1(f_2)=0.12794$
	$m_2(f_0)=0.12542$	$m_2(f_1)=0.55428$	$m_2(f_2)=0.32031$
D-S 融合结果	$m(f_0)=0.01054$	$m(f_1)=0.95254$	$m(f_2)=0.03692$
诊断结论	发生 f_1“小汽机转速发生 5%偏差”故障		

用 Python 软件做上述分析，代码如二维码所示。

对应文件：7_7.7_7.py

7.7.4 结果分析

运行7.7.3节中算法代码，结果见表7-46。

表7-46 证据理论代码运行结果

假设	联合概率分配结果	排序
f_0	0.01054	3
f_1	0.95253	1
f_2	0.03692	2

根据表7-46，假设f_0：系统正常运转的联合概率分配结果为0.01；假设f_1：小汽机转速发生5%偏差故障的联合概率分配结果为0.95；假设f_2：给水流量发生恒增益1.03故障的联合概率分配结果为0.04，在联合概率上有$f_1>f_0>f_2$，可以得到故障来源诊断结果为f_1：小汽机转速发生5%偏差故障。

本节采用某锅炉给水控制系统评价案例对证据理论方法进行了深入学习，证据理论方法展示了以下优势：

1）对于不确定性问题具有灵活性。证据理论是一种处理不确定性问题的完整理论，它不仅能够强调事物的客观性，还能强调人类对事物估计的主观性，其最大的特点就是在处理由不知道所引起的不确定性时，采用信任函数而非概率作为度量，对不确定性信息的描述采用“区间估计”而非“点估计”，在区分不知道和不确定方面以及精确反映证据收集方面显示出很大的灵活性。

2）对于多源信息的融合处理。证据理论提供了一种机制，可以将多个独立或部分相关的信息源得到的信息进行融合，生成一个统一的信度分配，这对于多传感器系统和分布式决策等场景具有十分重要的意义。

3）问题表征上的优越性。证据理论不但允许人们将信度赋予识别框架中的单个元素，而且还能赋予它的子集，这一点与人类在各级抽象层次上的证据收集过程有异曲同工之处。

本章小结

本章介绍了多种决策方法，用于帮助决策者做出科学正确的设计决策。层次分析法(AHP)通过构建多层次框架明确目标、准则和方案，并量化决策者偏好；但其不考虑准则间的相互依赖性。网络分析法(ANP)作为AHP的延伸，引入准则间的依赖和反馈机制，更适合处理复杂情境。TOPSIS方法通过确定方案与理想解的距离来排名，适用于寻找最接近理想状态的解决方案。灰色关联分析法适用于数据不完整或存在不确定性的情况，通过衡量方案与预定目标的关联度来辅助决策。模糊决策方法允许在模糊和不明确的准则下使用模糊逻辑来表达偏好。ELECTRE方法通过建立一致性和非一致性矩阵，提供深入理解各选项优劣的方法。证据理论则提供了一种在信息不完整或存在不确定性时整合多源证据的决策框架。这些方法各有特点，适用于不同类型的决策场景。此外，还有其他多准则决策方法，如决策实验室方法、多属性效用理论等，掌握这些方法的基本概念和应用，对复杂多变的决策环境有实质性帮助。

本章习题

7-1　一家科技公司计划推出一款新型智能手表。他们提出了三个不同的设计方案，每个方案在功能、设计、成本和市场潜力等方面都有所不同。公司希望分别通过层次分析法(AHP)和网络分析法(ANP)来评估这些方案，以便决定哪一个最符合其战略目标。

方案 A　运动健康型智能手表

功能：高级健康追踪(心率、血氧、睡眠监测)、全球定位系统(GPS)、运动模式多样化。

设计：轻巧、防水、有多种运动风格的表带可选。

成本：制造成本较高，定价中等。

市场潜力：面向运动和健康意识强的消费者，有一定的市场需求。

方案 B　商务智能型手表

功能：基本健康追踪、智能通知、支持移动支付。

设计：优雅时尚，金属表壳，适合商务场合佩戴。

成本：制造成本中等，定价较高。

市场潜力：吸引商务人士，注重手表外观和智能功能。

方案 C　经济实用型智能手表

功能：基本健康监测、步数统计、简单消息提醒。

设计：简单实用，塑料表壳，耐用。

成本：制造成本低，定价亲民。

市场潜力：面向价格敏感型消费者，大众市场。

7-2　假设你是一个城市规划师，需要根据以下四个指标来评价三个住宅区的居住环境：绿化率、噪声水平、交通便利性和安全性。指标数据见表 7-47。

表 7-47　居住环境指标数据

住宅区	绿化率(%)	噪声水平/dB	交通便利性评分	安全性评分
A	45	55	85	95
B	50	45	80	90
C	48	50	90	85

其中，绿化率越高越好，噪声水平越低越好，交通便利性和安全性评分越高越好。请使用 TOPSIS 方法和 ELECTRE 方法对这三个住宅区进行综合评价，并提出你的建议。

7-3　表 7-48 为 Z 市国内生产总值(GDP)统计数据(单位：百万元)，图 7-8 给出了 GDP 及第一、二、三产业总值逐年变化趋势，请使用灰色关联分析法分析 Z 市从 2000 年到 2005 年间哪一产业对 GDP 影响最大，并给出灰色关联度计算结果。

表 7-48　Z 市 GDP 统计数据　　(单位：百万元)

年份	GDP	第一产业	第二产业	第三产业
2000	1988	386	839	763
2001	2061	408	846	808

（续）

年份	GDP	第一产业	第二产业	第三产业
2002	2335	422	960	953
2003	2750	482	1258	1010
2004	3356	511	1577	1268
2005	3806	561	1893	1352

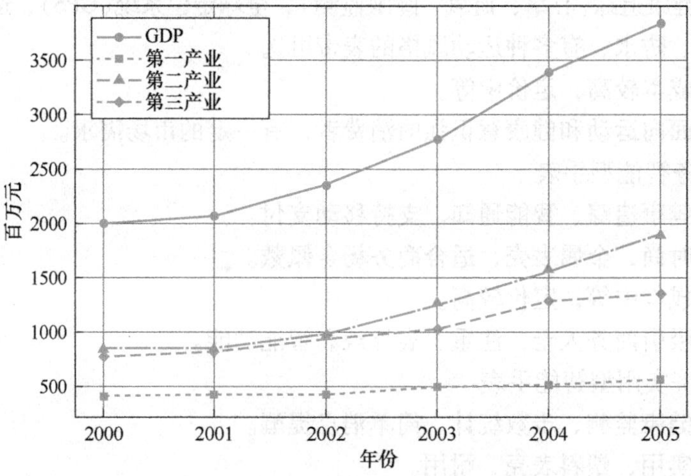

图 7-8　Z 市 GDP 及各产业总值变化趋势

7-4　某建设单位组织一项工程项目的招标，现组建成评标专家组对 4 个投标单位的标书进行评标。4 个标书的指标信息见表 7-49，其中前 3 个指标信息是各投标单位给定的精确数据，后 3 个指标信息是评标专家组经考察后的定性结论。请你帮评标专家组设计一个工程评标模型，以确定最后中标单位。

表 7-49　各投标单位基本信息表

指标单位	投标报价/万元	工期/月	主材用料/万元	施工方案	质量业绩	企业信誉度
A_1	480	15	192	很好	好	高
A_2	490	14	196	好	一般	一般
A_3	501	14	204	好	好	很高
A_4	475	18	190	一般	很好	一般
权重	0.3	0.1	0.1	0.2	0.1	0.2

7-5　请简述不同决策方法的基本原理及其选择原则。

第 8 章　综合应用案例

在系统学习实验设计、代理模型、典型优化算法、智能优化算法、多学科优化算法、方案决策方法的基础上，本章给出两个具体案例（风力发电机叶片优化、隧道掘进机刀盘优化），阐述上述知识在实践问题中的应用。

本章的学习目标如下：

1. 了解智能优化设计相关知识体系在实践中的应用方法。
2. 了解智能优化设计对解决实践问题的作用和价值。

8.1　风力发电机叶片优化设计案例

8.1.1　问题描述

风力发电机的叶片对发电效率具有至关重要的影响。叶片的设计、形状、材料和尺寸等因素直接决定了风能被转化为电能的效率。优化设计的叶片能够更好地捕捉风能，提高风能的利用率，从而在相同的风速条件下产生更多的电能。因此，叶片优化设计是提高风力发电效率、降低成本、推动风能可持续发展的重要方向之一，对于促进清洁能源的发展具有重要意义。

在叶片设计的初步阶段，由于需要快速验证设计方案并进行多次迭代优化，传统仿真方法往往因计算量大、耗时长而显得不够实用。为解决这一问题，业界开始探索采用代理模型来替代模拟仿真的方法。然而，在小样本集的情况下，代理模型的训练效果可能会受到数据不完整性的影响，尤其是在处理高维复杂问题时，模型精度难以保证。因此，在构建代理模型时，需要充分结合叶片设计的专业知识与经验，以提高模型的准确性和可靠性，进而基于优化算法对叶片进行更为精细的设计。

8.1.2　实现步骤

1. 优化模型构建

叶素动量理论已成为风力发电机叶片空气动力学计算与分析中最为普遍应用的理论框架。该理论通过将叶片沿其半径方向分割成多个微小的“叶素”，并考虑每个叶素的弦长和扭转角等参数，构建出分析风力机叶片气动性能的数学模型。在该具体案例中，针对叶片方案的设计，关键参数涵盖叶片各节段截面叶素的弦长及其扭转角。整体而言，叶片被细致地划分为16个独立段，因此，每个叶片设计方案均包含17个弦长参数以及17个扭转角参数，共计34个优化变量。在评估叶片性能时，特别关注其气动性能，采用风能利用系数作为衡量标准，旨在实现风能利用系数的最大化。假设其他相关参数均为已知且其数值保持固定。优化模型如下所述。

$$\max\ \mathrm{d}C_{\mathrm{p}}=\frac{8a'}{\lambda_0^2}(1-a)F\lambda^3\mathrm{d}\lambda \tag{8-1}$$

约束条件为周向诱导因子和轴向诱导因子之间的关系，即

$$a'(1+a')\lambda^2=a(1-aF) \tag{8-2}$$

式中，

$$F=\frac{2}{\pi}\arccos(\mathrm{e}^{-f}) \tag{8-3}$$

$$f=\frac{B(R-r)}{2R\sin\varphi} \tag{8-4}$$

$$\varphi=\mathrm{arctg}\left[\frac{1-a}{\lambda(1+a')}\right] \tag{8-5}$$

$$C=\frac{(1-aF)aF}{(1-a)^2}\cdot\frac{8\pi r\sin^2\varphi}{BC_{\mathrm{L}}\cos\varphi} \tag{8-6}$$

$$\theta=\varphi-\alpha \tag{8-7}$$

式中，a为轴向诱导因子；a'为周向诱导因子；λ为所设计处半径的叶尖速比；F为普朗特修正因子；r为设计处半径；φ为入流角；C为弦长；α为攻角；C_{L}为翼型的升力系数；θ为扭转角；C_{p}为风能利用系数。

2. 设计数据采集

采用拉丁方采样方法进行实验设计，生成100组叶片设计方案。根据实际的设计经验对每个设计变量的取值范围(见表8-1)进行约束。

表8-1 设计变量取值范围

序号	半径/m	弦长/m		扭转角/(°)	
		最大值	最小值	最大值	最小值
1	4.2	2.8	2.1	18	13
2	5.25	2.5	1.8	16	10
3	6.3	2.3	1.6	12	7
4	7.35	2.1	1.4	9	5
5	8.4	1.9	1.2	8	4
6	9.45	1.75	1.05	7	3
7	10.5	1.6	0.9	5	1
8	11.55	1.5	0.8	5	0
9	12.6	1.4	0.7	4	0
10	13.65	1.4	0.7	3	0

（续）

序号	半径/m	弦长/m		扭转角/(°)	
		最大值	最小值	最大值	最小值
11	14.7	1.3	0.7	2	-2
12	15.75	1.2	0.6	2	-2
13	16.8	1.2	0.6	2	-3
14	17.85	1.1	0.5	1	-3
15	18.9	1	0.5	1	-4
16	19.95	0.9	0.5	0	-5
17	21	0.8	0.4	0	-5

采样后的数据见表 8-2。

表 8-2　叶片设计数据采样

方案 1		方案 2			方案 100	
弦长/m	扭转角/(°)	弦长/m	扭转角/(°)		弦长/m	扭转角/(°)
2.172	17.914	2.298	14.550		2.760	16.799
2.073	10.775	2.239	13.464		2.219	11.424
1.862	9.699	2.164	11.987		1.850	10.658
1.758	7.349	1.667	7.564		1.716	6.872
1.705	6.054	1.581	7.308		1.695	5.558
1.441	4.598	1.481	6.306		1.649	5.540
1.293	4.236	1.398	3.172		1.319	2.927
1.082	3.411	1.135	2.860		1.266	2.686
1.074	3.006	0.973	2.631	…	1.064	1.820
0.972	2.129	0.817	0.605		0.945	0.523
0.932	1.695	0.817	-0.421		0.934	0.343
0.820	0.968	0.776	-1.022		0.931	0.005
0.801	0.440	0.759	-1.741		0.866	-0.063
0.788	-0.788	0.732	-1.843		0.690	-0.517
0.773	-1.923	0.730	-2.982		0.650	-0.770
0.753	-2.436	0.647	-3.862		0.608	-0.771
0.673	-3.758	0.468	-4.587		0.549	-0.890

3. 代理模型构建

考虑到在叶片设计过程中，设计人员已经积累了关于叶片性能与设计变量之间映射规律的丰富经验，利用这些经验来构建融合知识的代理模型，对叶片方案进行预测。以下是总结出的叶片各段弦长和扭转角与叶片风能利用系数之间关系的三条经验：

专家经验一：

叶片在半径等于 4.2m 处截面叶素的弦长在 2.3~2.6m 时，如果弦长增大，则风能利用系数降低。

专家经验二：

叶片在半径等于14.7m处截面叶素的弦长在0.85~1m时，如果弦长增大，则风能利用系数降低。

专家经验三：

叶片在半径等于4.2m处截面叶素的扭转角在15°~17°时，如果扭转角增大，则风能利用系数降低。

此外，每个设计变量的取值范围也可以被视为一种专家经验，称为属性型专家经验，叶片各设计参数的属性型专家经验在表8-1中已经给出。

通过第3章介绍的融合知识的方法开展代理模型构建。在图8-1中，给出了每一代中15次运行的平均最小训练误差。从图中可以看出，当不使用设计经验时，各代的训练误差都比使用设计经验时大，这意味着设计经验的使用有利于代理模型的收敛。另一个发现是，当使用更多的设计经验时，训练误差都会变小。例如，在实验中，当使用三个设计经验时，几乎所有的训练误差都比只使用一个设计经验的训练误差小。同样，当使用一条设计经验，与使不用设计经验相比，各代的训练误差更小。这一结果表明，更多的设计经验对收敛速度更有利。

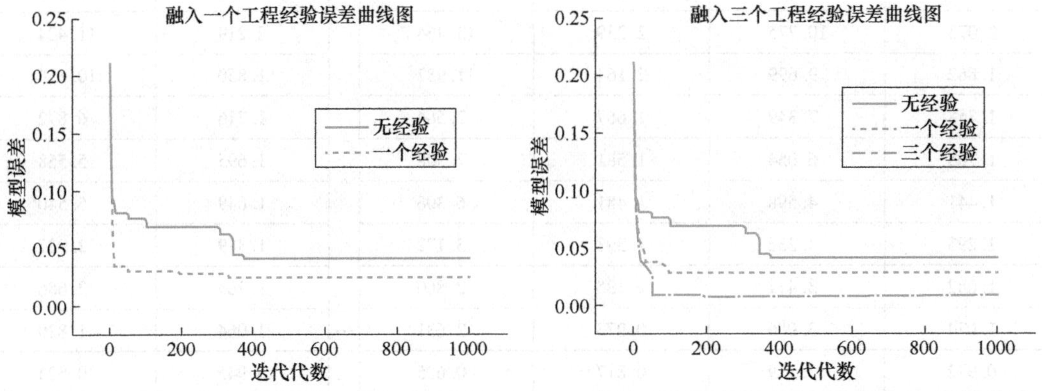

图8-1　预测误差曲线图

4. 优化设计求解

通过第5章介绍的遗传算法对风力发电机叶片进行优化设计。使用Python对基于遗传算法的风力发电机叶片优化设计方法进行程序编写，具体参数见表8-3，其余值均采用默认值。

表8-3　遗传算法参数设置表

参数	数值	注释
种群数	100	任何一代种群中个体的总数目
最大进化次数	1000	优化过程的总迭代代数
选择策略	ses	采用均匀排序进行个体选择
交叉概率	0.7	执行交叉操作的概率
变异概率	0.3	执行变异操作的概率

风能利用系数迭代优化过程如图8-2所示，从图中可以看出整个优化设计过程在600代以后几乎完全拟合，优化到最后最低值与最优值相差无几，趋近于收敛，与初代相比平均

值、最低值和最优值均有大幅提升，最终叶片优化设计方案的风能利用系数在 51%左右。

通过此方法对叶片的整个优化过程用时 25min 48s，通过代理模型作为适应度函数对叶片的设计方案进行快速评估与传统仿真耗时 62.5d 相比大大缩短了优化设计的时间，提高设计效率。

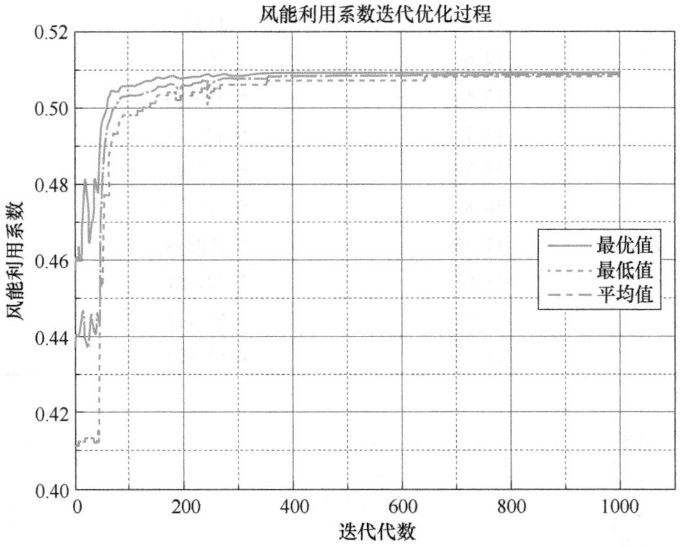

图 8-2　风能利用系数迭代优化过程

5. 设计决策

在多次运行程序，获得多个备选方案后，需要对这些方案进行综合评估，以选择最优方案。使用第 7 章介绍的灰色关联分析法（GRA）对方案进行详细分析和决策，综合关联度系数最高的方案二为最优方案，见表 8-4。

表 8-4　详细分析和决策结果

准则	方案一	方案二	方案三
C_p	0.8	0.9	0.7
制造成本	0.6	0.7	0.5
结构强度	0.7	0.8	0.9
疲劳寿命	0.9	0.8	0.7

根据上述优化方法对叶片各段弦长和扭转角的优化设计结果为表 8-5，各段弦长和扭转角与叶片半径的关系分别如图 8-3 和图 8-4 所示。

表 8-5　优化后叶片各段设计参数

序号	半径长度/m	弦长/m	扭转角/(°)
1	4.2	2.38891	17.6492
2	5.25	2.11696	13.328
3	6.3	1.85702	10.256
4	7.35	1.68948	7.9717

（续）

序号	半径长度/m	弦长/m	扭转角/(°)
5	8.4	1.5178	6.21222
6	9.45	1.37495	4.81739
7	10.5	1.25498	3.68584
8	11.55	1.1532	2.75013
9	12.6	1.06602	1.96387
10	13.65	0.990626	1.29413
11	14.7	0.924878	0.71695
12	15.75	0.86709	0.214475
13	16.8	0.815937	−0.226851
14	17.85	0.770363	−0.617506
15	18.9	0.729521	−0.965713
16	19.95	0.692724	−1.27801
17	21	0.659407	−1.55967

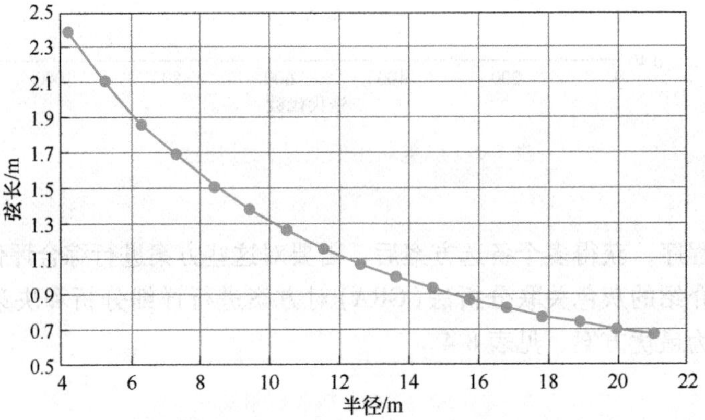

图 8-3　弦长与半径关系图

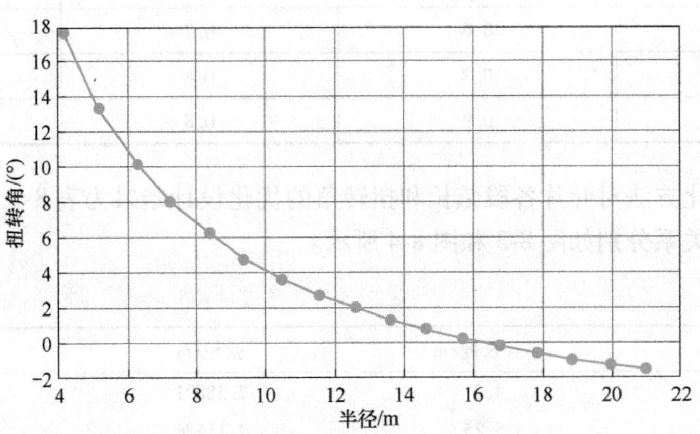

图 8-4　扭转角与半径关系图

8.1.3 结果分析

针对该叶片的优化设计与传统方案进行对比，主要从叶片的外部形态和效率表现两个方面进行分析。

外形参数对比。将两组叶片设计方案的弦长和扭转角与叶片半径的关系图分别进行对比分析，根据图 8-5 可以看出，两组设计方案的弦长在叶片中间部分变化不大，主要区别在于叶片根部和尖部，叶片根部该设计方案的弦长略小于传统设计方案，叶尖处该设计方案的弦长略大于传统设计方案。

该设计方案的整体弦长相对于传统设计方案的整体弦长变化更加的平缓，有利于提高风能利用系数，且根部弦长较短可以降低制造成本，传统设计方案的叶尖处弦长突然变短，会降低叶片的可靠性。

根据图 8-6 可以看出融合经验的代理模型叶片优化设计方案的扭转角均大于传统设计方案的扭转角。

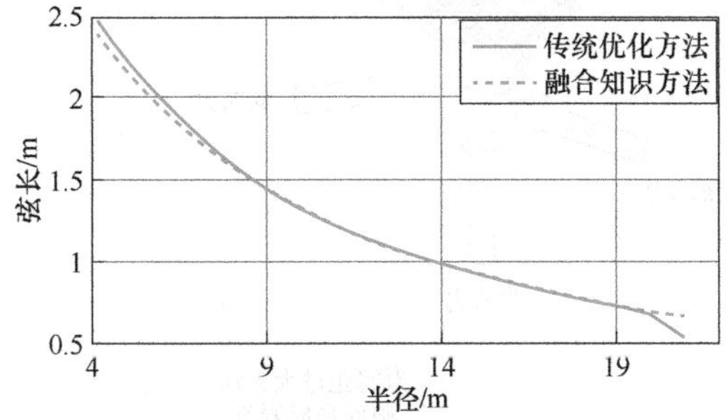

图 8-5　两种设计方法的弦长对比

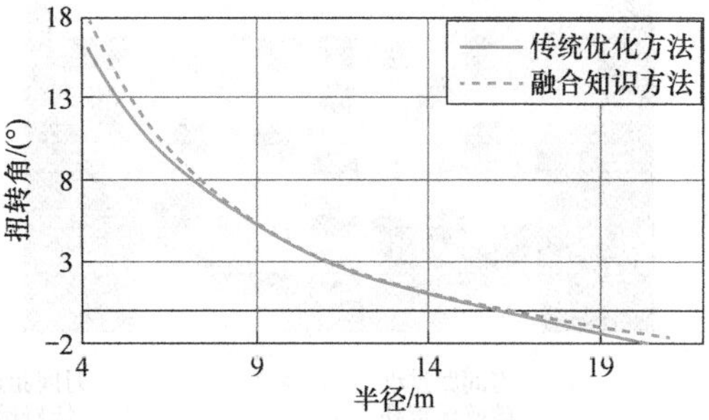

图 8-6　两种设计方法的扭转角对比

效率值对比。在同等工作环境条件下，对融合经验的代理模型优化设计方法设计出的叶片与传统的 Wilson 设计方法设计出的叶片分别放到仿真模型中，得到两个叶片的风能利用系数分别为 51.69%和 48.85%。由此可知，优化设计方法可以将风能利用系数提高 2.84%，能够显著提升风力发电机的发电效率。

8.2 隧道掘进机刀盘优化设计案例

8.2.1 问题描述

隧道掘进机(Tunnel Boring Machine，TBM)是一种用于地下施工的大型工程装备，其利用刀盘在特定推力下与岩石表面接触，通过刀具进行滚压破碎，一次性形成隧道断面。TBM 特别适用于山区隧道的硬岩挖掘，相比于传统的钻爆法，TBM 的挖掘速度是后者的 4~10 倍。这意味着在长隧道中运用 TBM 施工，可以节省 5%~20%的成本。TBM 对我国地铁、隧道等交通基础设施建设具有重要意义。

如图 8-7 所示，刀盘作为 TBM 的最前端破岩部分，对 TBM 的施工效率产生重要影响，是 TBM 的核心部件。合理的刀盘设计可以提升隧道挖掘的效率，减少挖掘所需的时间，降低施工费用，并延长刀盘刀具的使用寿命。由于 TBM 刀盘属于大尺寸非标准件，需要根据地质情况和工程运输等影响因素进行优化设计。其中，刀间距作为刀盘的关键参数之一对刀盘性能有重要影响。如果刀间距过小，岩石碎裂纹会过于密集，导致破岩效率浪费；而刀间距过大，则岩石碎裂纹无法连接，使破岩效率降低。目前，刀间距的设计主要采用类比调整后进行试验台切削试验或仿真优化两种方法确定。但是试验台法的价格昂贵，仿真法耗时长，设计效率依赖于设计人员的经验，无法达到令人满意的效果。因此，研究面向复杂施工环境的 TBM 刀盘优化设计方法，探索一种基于施工环境的刀间距参数快速计算方法，对改进 TBM 设计具有积极意义。

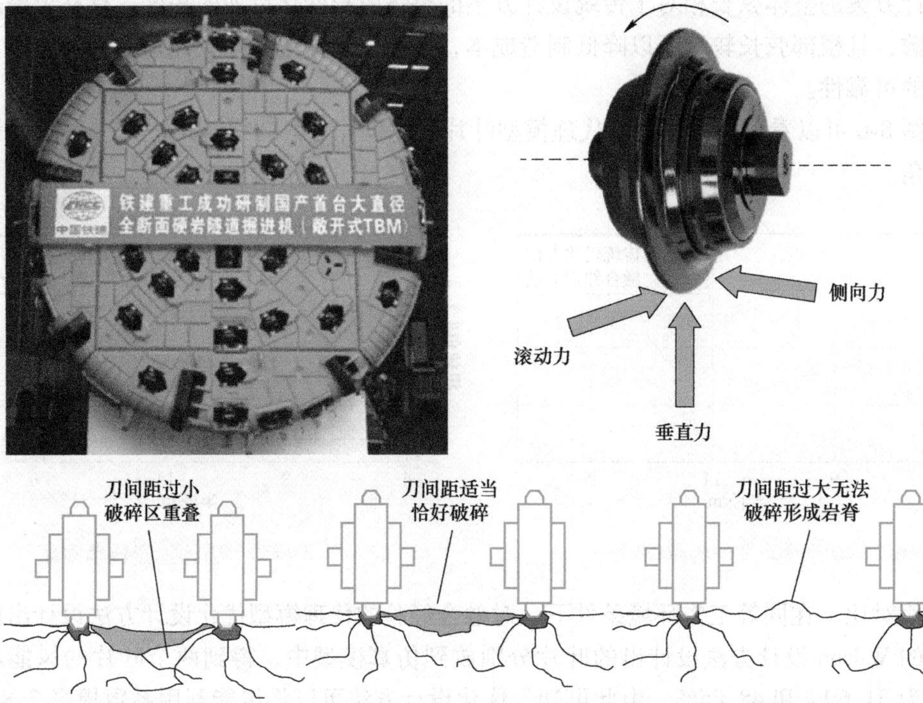

图 8-7　TBM 刀盘及破岩示意图

8.2.2　实现步骤

1. 优化模型构建

TBM 刀盘优化设计建模需结合 TBM 刀盘受力、地质等情况，建立以切削比能耗最小为目标的优化模型。切削比能耗是指切削单位体积的岩石所需要的能量，是的衡量 TBM 切削效率的准则之一，简化公式如式(8-8)：

$$E_s=\frac{W}{V}=\frac{F_R l}{shl}=\frac{F_R}{sh}=\frac{F_R}{A} \tag{8-8}$$

式中，F_R 为滚刀平均滚动力；W 为切削做功；V 为岩屑体积 $V=Al$；l 为切削轨迹；s 为滚刀的刀间距；h 为贯入度；A 为破岩面积。

根据切削实验数据采用回归方法给出切削力综合预测模型，见式(8-9)：

$$\begin{cases} F_R = F_t \sin\left(\dfrac{\varphi}{2}\right) = C\dfrac{\varphi RT}{1+\Psi}\left(\dfrac{s\sigma_c^2\sigma_t}{\varphi\sqrt{RT}}\right)^{\frac{1}{3}}\sin\left(\dfrac{\varphi}{2}\right) \\ F_V = F_t \cos\left(\dfrac{\varphi}{2}\right) = C\dfrac{\varphi RT}{1+\Psi}\left(\dfrac{s\sigma_c^2\sigma_t}{\varphi\sqrt{RT}}\right)^{\frac{1}{3}}\cos\left(\dfrac{\varphi}{2}\right) \end{cases} \tag{8-9}$$

式中，F_t 为滚刀合力；F_R 为滚刀滚动力；F_V 为滚刀垂直力；R 为滚刀半径；T 为滚刀刀刃宽；Ψ 为刀具压力分布系数，一般 Ψ 取 0.2～-0.2；φ 为滚刀刀刃角，一般 $\varphi=\cos^{-1}\left(\dfrac{R-h}{R}\right)$；$h$ 为滚刀贯入度；s 为滚刀的刀间距；σ_c 为岩石抗压强度；σ_t 为岩石抗剪强度；C 为切割系数，根据经验一般取 2.12。

滚刀贯入度计算见式(8-10)：

$$h=\frac{10^6 L}{\eta_0 t_1 t_2 \cdot 60 \cdot n \cdot T} \tag{8-10}$$

式中，h 为平均贯入度(mm)；L 为施工里程(km)；T 为预计工期(月)；t_1 为月工作天数(d)；t_2 为日掘进时长(h)；η_0 为工作效率，取 0.65；n 为转速(r/min)，根据经验 $n=22.22D^{-0.7453}$，D 为刀盘直径(m)。

滚刀刀间距选取以不出现累积岩脊为标准，见式(8-11)：

$$S=\begin{cases} <2h\tan\theta & \text{不出现累积岩脊} \\ \geqslant 2h\tan\theta & \text{出现累积岩脊} \end{cases} \tag{8-11}$$

破岩面积计算见式(8-12)：

$$A=sh-\frac{(s-T)^2}{4\tan\theta} \tag{8-12}$$

由上述式(8-8)～式(8-12)得到 TBM 关键参数优化设计模型：

目标函数：

$$E_s=\min\left(\frac{F_R}{A}\right) \tag{8-13}$$

约束条件：

$$\begin{cases} F_R = F_t \sin\left(\dfrac{\varphi}{2}\right) = C\dfrac{\varphi RT}{1+\Psi}\left(\dfrac{s\sigma_c^2\sigma_t}{\varphi\sqrt{RT}}\right)^{\frac{1}{3}}\sin\left(\dfrac{\varphi}{2}\right) \\ F_V = F_t \cos\left(\dfrac{\varphi}{2}\right) = C\dfrac{\varphi RT}{1+\Psi}\left(\dfrac{s\sigma_c^2\sigma_t}{\varphi\sqrt{RT}}\right)^{\frac{1}{3}}\cos\left(\dfrac{\varphi}{2}\right) \\ A=sh-\dfrac{(s-T)^2}{4\tan\theta} \\ s<2h\tan\theta \\ h=\dfrac{10^6 L}{\eta_0 t_1 t_2 \cdot 60 \cdot nT} \end{cases} \tag{8-14}$$

刀盘布局：

刀盘直径 $D=D_1+2(h_1+h_2+\cdots+h_i)$，式中，$D_1$ 为成洞直径；h_i 为第 i 次支护厚度。布局采用正刀均置部分螺旋线布局，边刀布局约束如式(8-15)：

$$\begin{cases}\sum_{i=1}^{n}\rho_i\sin\theta_i=0\\ \sum_{i=1}^{n}\rho_i\cos\theta_i=0\\ \sum_{i=1}^{n}\sin\theta_i=0\\ \sum_{i=1}^{n}\cos\theta_i=0\end{cases} \tag{8-15}$$

式中，ρ_i 为各滚刀的极径；θ_i 为各滚刀极角。

TBM 刀盘系统的优化设计模型可以输出刀盘设计的关键参数——刀间距，结合数据驱动方法修正刀间距的设计，并进一步给出包括贯入度、刀盘直径和刀盘布局，实现刀盘关键参数的设计。

2. 设计数据采集

选取隧道、地铁等 TBM 施工案例共 10 例，设计数据见表 8-6。

表 8-6　TBM 施工案例数据

名称	案例 1	案例 2	案例 3	案例 4	案例 5	案例 6	案例 7	案例 8	案例 9	案例 10
开挖直径	4.03	4.03	4.53	5.53	6.53	6.53	7.03	7.03	7.93	9.03
掘进地层	片麻岩、砂岩	片麻岩、砂岩	花岗岩	凝灰岩、花岗岩	砂岩、花岗闪长岩	砂岩、花岗闪长岩	凝灰岩、花岗岩	凝灰岩、花岗岩	凝灰岩、花岗岩	花岗岩
分块型式	整体	1+1	整体	整体	1+4	整体	1+1	1+1	1+4	1+4
中心刀数	4	4	4	4	4	4	4	4	4	4
正刀数	10	9	12	19	23	24	35	28	4	41
边刀数	9	9	9	10	11	12	15	12	32	11
刀间距	75	83	75	75	83	83	60	78	11	78
围岩等级	Ⅱ Ⅲ Ⅳ	Ⅰ Ⅱ Ⅲ	Ⅱ Ⅲ Ⅳ	Ⅱ Ⅲ Ⅳ	Ⅰ Ⅱ Ⅲ	Ⅱ Ⅱ Ⅲ	Ⅲ Ⅲ Ⅳ	Ⅱ Ⅲ Ⅳ	Ⅲ Ⅳ Ⅴ	Ⅱ Ⅲ Ⅳ
平均抗压强度	115	80	125	120	80	80	150	115	200	115
风化程度	正常	严重	正常	正常	严重	严重	轻微	正常	轻微	正常

3. 代理模型构建

为了提升代理模型的预测精度，案例采用数据驱动与知识驱动融合方式。主要处理步骤包括叠加法、因子相乘法、加权求和法和函数控制法等。直接叠加和因子相乘法，通常适用于机理模型性能不佳的情况，可以通过数据驱动来预测机理模型的误差。加权求和法和函数控制法则适用于机理模型和经验模型都表现良好的情况。案例采用加权求和法，权重通过专家评定法进行确定(见图 8-8)。

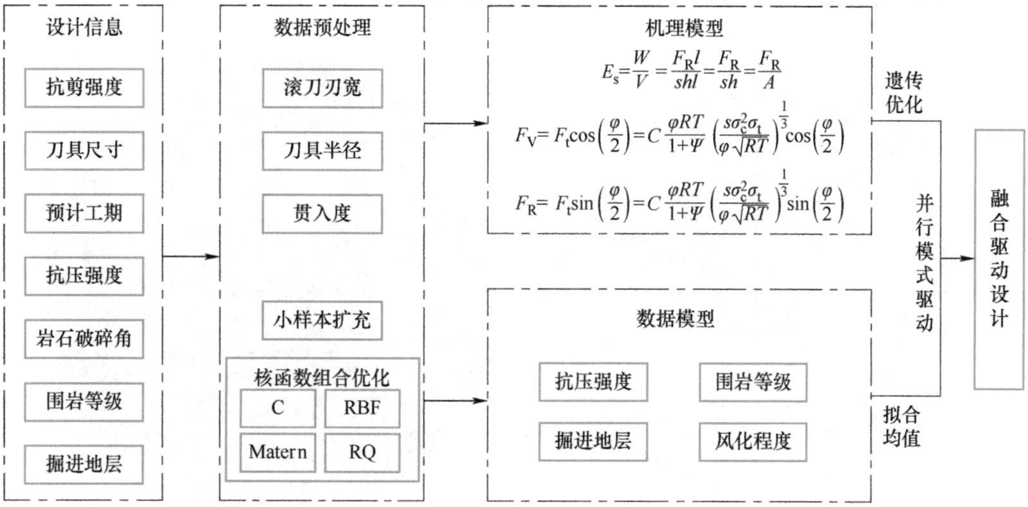

图 8-8　TBM 刀盘代理模型构建思路

4. 优化设计求解

针对 TBM 刀盘系统优化设计模型，采用差分进化(Differential Evolution，DE)算法寻优。差分进化算法是在遗传算法等进化思想基础上提出的，本质是一种多目标(连续变量)优化算法(MOEAs)，用于求解多维空间中整体最优解。本案例中 TBM 优化设计模型的差分进化算法采用 DE/rand/1/bin，表示选取随机个体的一维差分向量二项式交叉方式的差分进化，这种差分进化策略可以保持种群多样性，扩大搜索范围，减少陷入局部最优的可能性。案例采取可行性原则处理约束条件，在搜索时允许优化设计模型在一定程度上违反约束条件进行求解迭代，通过对比解的优劣性找到最优解。相比经典的罚函数法，可行性法则不需要定义参数，求解迅速，更加适用于优化设计模型的求解。

差分进化算法步骤包括：群体初始化、变异操作、交叉操作和选择操作。其中突变过程、突变操作和交叉操作被称为突变过程，被设计用于利用或探索搜索空间，而选择操作被用于确保有希望的个体的信息可以进一步利用。

8.2.3　结果分析

考虑到厂家设计方案已经过工程实践验证，因此采用新设计方案与厂家实际方案的逼近程度作为评价指标，在典型施工条件下，新设计方案越接近厂家实际方案则认为新设计方案越好。

结合设计数据采集及代理模型构建，由于 TBM 刀盘关键参数设计过程中，识驱动设计主要针对易表达的围岩参数而没有考虑围岩属性，数据驱动设计小样本受限，因此采用知识与数据融合驱动，得到不同驱动方式下刀间距的设计结果，见表 8-7。

表 8-7　不同驱动方式下刀间距设计对比

设计参数	知识驱动		数据驱动		本方法		厂家方案
	计算值	误差	设计值	误差	设计值	误差	
刀间距	79	5.3%	73	2.7%	75.4	0.5%	75
刀盘直径	—	—	—	—	10	2%	10.23

基于融合驱动设计的 TBM 刀盘与工程实际应用的刀盘对比如图 8-9 所示。

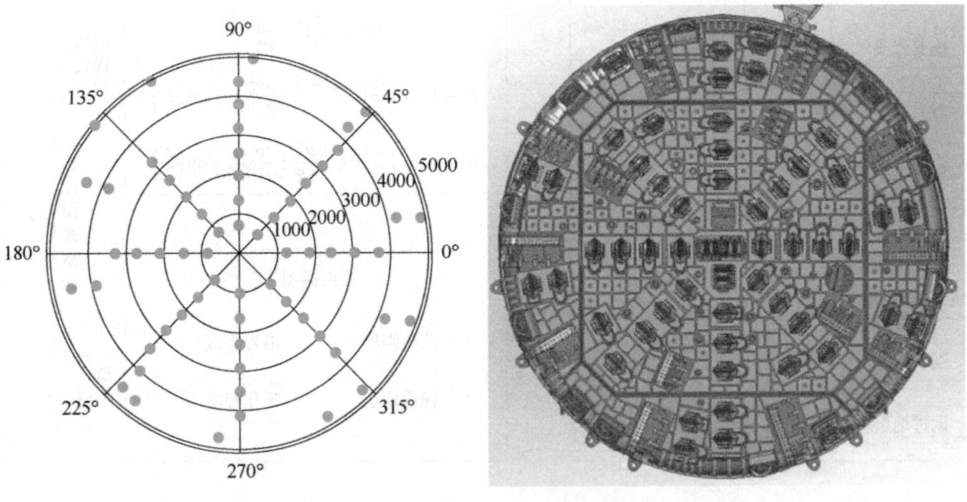

a) b)

图 8-9　刀盘设计布局对比图

a）优化设计刀盘　b）工程应用刀盘

从上述实例验证结果可以看出，TBM 刀盘的关键参数设计即刀间距采用知识与数据融合驱动的优化方案与厂家方案最为接近，同时基于此优化设计得到的刀盘布局与厂家方案也非常接近，因此本案例中对 TBM 刀盘系统的优化设计结果是可行且有效的。

本章小结

第 2 章到第 7 章分别介绍了实验设计方法、代理模型构建方法、典型的优化算法、智能优化算法、多学科优化设计方法、设计方案决策方法等关键技术。在此基础上，本章采用两个案例介绍了如何应用这些技术解决现实工程问题。可以发现，在很多情况下，仅仅掌握这些关键技术是不足以解决现实工程问题，一方面需要系统的考量现实问题，灵活地选择和应用这些技术；另一方面，需要对这些技术进行改进和优化，以适应问题的特殊性。

参考文献

[1] 刘文卿. 实验设计[M]. 北京：清华大学出版社，2005.
[2] 张文庆. 试验设计与数据分析——从宏观到微观[M]. 北京：科学出版社，2022.
[3] MONTGOMERY D. Design and analysis of experiments[M]. 10th ed. New Jersey：John Wiley & Sons，2019.
[4] DEAN A，VOSS D. Design and analysis of experiments[M]. Berlin：Springer，1999.
[5] 茆诗松. 试验设计[M]. 3 版. 北京：中国统计出版社，2020.
[6] 易泰河. 试验设计与分析[M]. 北京：机械工业出版社，2022.
[7] PEAKE R. Planning an experiment in a cotton spinning mill[J]. Applied statistics，1953，2：184-192.
[8] 边洁，王威强，管从胜. 金属腐蚀防护有机涂料的研究进展[J]. 材料科学与工程学报，2003(5)：769-772.
[9] 丰友中. 应用拉丁方设计与分析研究防护服防护性能的方法[J]. 中国个体防护装备，1994(4)：30-33.
[10] 王国浩，孙浩，崔义龙，等. 基于正交试验的高速齿轮箱箱体静动态分析及优化设计[J]. 煤矿机械，2024，45(4)：131-134.
[11] 福瑞斯特，索比斯特，肯尼. 基于代理模型的工程设计：实用指南[M]. 北京：航空工业出版社，2012.
[12] 肖人彬，陶振武，刘勇. 智能设计原理与技术[M]. 北京：科学出版社，2006.
[13] 周志华. 机器学习[M]. 北京：清华大学出版社，2016.
[14] 费成巍，路成，闫成，等. 基于先进代理模型的航空结构可靠性设计理论方法[M]. 北京：科学出版社，2023.
[15] HAO J，YE W B，JIA L Y，et al. Building surrogate models for engineering problems by integrating limited simulation data and monotonic engineering knowledge[J]. Advanced engineering informatics，2021，49：101342.
[16] MENG X H，KARNIADAKIS G E. A composite neural network that learns from multi-fidelity data：application to function approximation and inverse pde problems[J]. Journal of computational physics，2019，401：109020.
[17] BAYDIN A G，PEARLMUTTER B A，RADUL A A，et al. Automatic differentiation in machine learning：a survey[J]. Journal of machine learning research，2018，18(1)：5595-5637.
[18] 孙靖民，梁迎春. 机械优化设计[M]. 2 版. 北京：机械工业出版社，1990.
[19] 罗中华. 最优化方法及其在机械行业中的应用[M]. 北京：电子工业出版社，2008.
[20] 梁礼明. 优化方法导论[M]. 北京：北京理工大学出版社，2017.
[21] LEPINE J，GUIBAULT F，TREPANIER J Y，et al. Optimized nonuniform rational B-Spline geometrical representation for aerodynamic design of wings[J]. AIAA Journal，2001，39(11)：2033-2041.
[22] 敖特根. 单纯形法的产生与发展探析[J]. 西北大学学报(自然科学版)，2012，42(5)：861-864.
[23] 劳沙德. 系统可靠性理论：模型、统计方法及应用[M]. 北京：国防工业出版社，2010.
[24] 许国根，赵后随，黄智勇. 最优化方法及其 MATLAB 实现[M]. 北京：北京航空航天大学出版社，2018.
[25] 胡运权. 运筹学教程[M]. 4 版. 北京：清华大学出版社，2012.
[26] 何盛明. 财经大辞典[M]. 北京：中国财政经济出版社，1990.

[27] 陈宝林. 最优化理论与算法[M]. 北京：清华大学出版社，2005.
[28] RAO S S. Optimization—theory and applications [M]. 2nd ed. New Delhi：Wiley Eastern Limited，1984.
[29] HILDEBRAND R. Optimal step length for the Newton method：case of self-concordant functions [J]. Math. Methods Oper. Res.，2021，94：253-279.
[30] METROPOLIS N，ROSENBLUTH A W，ROSEN BLUTH M N，et al. Equation of state calculations by fast computing machines[J]. The journal of chemical physics，1953，21(6)：1087-1092.
[31] KIRKPATRICK S，GELATT C D，VECCHI M P. Optimization by simulated annealing [J]. Science，1983，220(4598)：671-680.
[32] 王凌. 智能优化算法及其应用[M]. 北京：清华大学出版社，2001.
[33] 邢文训. 现代优化计算方法[M]. 2 版. 北京：清华大学出版社，2005.
[34] DORIGO M，MANIEZZO V，COLORNI A. Ant system：optimization by a colony of cooperating agents[J]. IEEE transactions on systems，man，and cybernetics，part b (cybernetics)，1996，26(1)：29-41.
[35] 高海昌，冯博琴，朱利. 智能优化算法求解 TSP 问题[J]. 控制与决策，2006(3)：241-247；252.
[36] 尹泽勇，米栋. 航空动力系统整机多学科设计优化[M]. 北京：科学出版社，2022.
[37] 陈小前，赵雯，赵勇，等. 飞行器多学科设计优化理论与应用研究[M]. 北京：国防工业出版社，2023.
[38] 高亮，李玉良，邱浩波. 优化设计[M]. 北京：清华大学出版社，2023.
[39] 索比斯. 基于知识工程的多学科设计优化[M]. 赵良玉，林蔚，任珊珊，等译. 北京：国防工业出版社，2021.
[40] 黄俊，仪明旭，宋磊. 飞行器多学科优化[M]. 北京：北京航空航天大学出版社，2024.
[41] 刘继红，李连升. 考虑多源不确定性的多学科可靠性设计优化[M]. 武汉：华中科技大学出版社，2018.
[42] 杨磊，韦喜忠，赵峰，等. 多学科设计优化算法研究综述[J]. 中国船舶科学研究中心，2017，39(2)：1-5.
[43] 孙玉凯，王传胜. 欧美飞行器多学科设计优化项目发展概述[J]. 战术导弹技术，2021(4)：21-32.
[44] 易永胜. 基于协同近似和集合策略的多学科设计优化方法研究[D]. 武汉：华中科技大学，2019.
[45] 刘克龙，姚卫星，余雄庆. 几种新型多学科设计优化算法及比较[J]. 计算机集成制造系统，2007，13(2)：209-216.
[46] 杨磊，韦喜忠，赵峰，等. 多学科设计优化算法研究综述[J]. 舰船科学技术，2017，39(2)：1-5.
[47] 王毅，姚卫星，刘梦. 机翼结构布局优化的并行子空间方法[J]. 航空工程进展，2019，10(5)：593-600.